宇宙には138億年のふしぎがいっぱい!

月と銀河と星のロマン

山岡 均
監修

ナツメ社

はじめに

みなさんは夜空《よぞら》の星《ほし》を見上《みあ》げたことはありますか？　星々《ほしぼし》からの光《ひかり》は淡《あわ》く、街《まち》の明《あ》かりにじゃまされて、わたしたちは星空《ほしぞら》を体感《たいかん》することが少《すく》なくなっているかもしれません。でも、空《そら》の暗《くら》いところにいくと、空《そら》は一面《いちめん》の星々《ほしぼし》で埋《う》め尽《つ》くされていることがわかります。わたしたちは、「星《ほし》の世界《せかい》」＝宇宙《うちゅう》の真《ま》っただ中《なか》にいるのです。

この宇宙《うちゅう》には、たくさんの不思議《ふしぎ》＝「謎《なぞ》」がちりばめられています。それぞれの天体《てんたい》がもつ色《いろ》や形《かたち》、光《ひか》るエネルギーの源《みなもと》。天体《てんたい》がどうやって生《う》まれてきたのか、そしてどのようにその終焉《しゅうえん》を迎《むか》えるのか。また、宇宙《うちゅう》そのものがどうやって生《う》まれたのか、将来《しょうらい》の宇宙《うちゅう》の姿《すがた》はどのようなものなのか。地球《ちきゅう》以外《いがい》にも生命《せいめい》がいるのだろうか、いるとしたらわたしたちと似《に》ているのか、それともまったく違《ちが》う姿《すがた》をしているのか。天文学者《てんもんがくしゃ》たちは、常《つね》に新《あたら》しい謎《なぞ》を見《み》つけ、そしてそれに答《こた》えを出《だ》そうと一生懸命《いっしょうけんめい》に研究《けんきゅう》を進《すす》めています。

みなさんもこの本《ほん》を通《つう》じて、謎《なぞ》がいっぱいの宇宙《うちゅう》へ心《こころ》を馳《は》せてみてください。

山岡均《やまおかひとし》

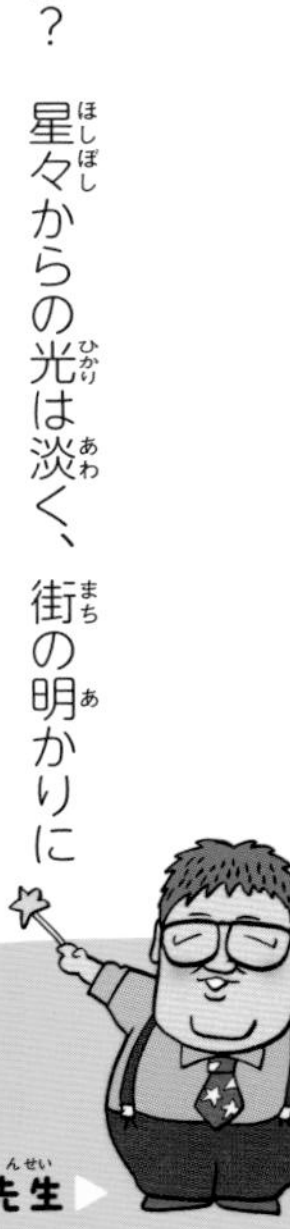

山岡先生《やまおかせんせい》

キャラクター紹介《しょうかい》

本書《ほんしょ》にときどき登場《とうじょう》する、「宇宙《うちゅう》」に関係《かんけい》した、いくつかのかわいいキャラクターを紹介《しょうかい》します！

銀河 ぎんが

たくさんの星《ほし》やガスの集《あつ》まり。この銀河《ぎんが》は、わたしたちの地球《ちきゅう》がある「天《あま》の川銀河《がわぎんが》」と同《おな》じ棒渦巻銀河《ぼううずまきぎんが》です。渦巻《うずま》きの腕部分《うでぶぶん》では、赤《あか》ちゃん星《ぼし》が生《う》まれています。

太陽 たいよう

太陽系《たいようけい》の中心《ちゅうしん》にある恒星《こうせい》。大部分《だいぶぶん》は水素《すいそ》でできていて、中心部《ちゅうしんぶ》で、ものすごいエネルギーが生《う》まれています。観測《かんそく》するときには直接見《ちょくせつみ》ないようにしましょう。

月 つき

地球唯一《ちきゅうゆいいつ》の衛星《えいせい》で、いつも同《おな》じ面《めん》を地球《ちきゅう》に向《む》けています。大《おお》きさは地球《ちきゅう》の4分《ぶん》の1、太陽《たいよう》の400分《ぶん》の1ほどしかありません。地球《ちきゅう》とは約《やく》38万《まん》km離《はな》れています。

地球 ちきゅう

水星《すいせい》、金星《きんせい》に次《つ》いで太陽《たいよう》に近《ちか》い軌道《きどう》を回《まわ》っている太陽系第《たいようけいだい》3惑星《わくせい》。岩石《がんせき》でできていて、太陽系《たいようけい》はもちろん宇宙《うちゅう》でも唯一《ゆいいつ》、生《い》きものが確認《かくにん》されています。

恒星 こうせい

地球《ちきゅう》のような惑星《わくせい》とは違《ちが》って、自分《じぶん》のエネルギーによって光《ひかり》や熱《ねつ》を出《だ》している星《ほし》です。星《ほし》には寿命《じゅみょう》があって、重《おも》さ（質量《しつりょう》）によって最期《さいご》の姿《すがた》が違《ちが》ってきます。

ブラックホール

一度吸《いちどす》い込《こ》まれてしまうと、宇宙《うちゅう》で一番《いちばん》スピードのある光《ひかり》でさえ逃《に》げ出《だ》すことができない不思議《ふしぎ》な天体《てんたい》です。大《おお》きな星《ほし》が起《お》こす大爆発後《だいばくはつご》に現《あらわ》れます。

星雲 せいうん

宇宙空間《うちゅうくうかん》を漂《ただよ》っているガスや塵《ちり》でできた「雲《くも》」のように見《み》える天体《てんたい》です。チョウやネックレス、リングなど、特徴的《とくちょうてき》な見《み》た目《め》で呼《よ》ばれる星雲《せいうん》もあります。

もくじ

Part2

驚《おどろ》きの太陽系《たいようけい》に大接近《だいせっきん》！

Part 5 系外惑星《けいがいわくせい》と地球外生命《ちきゅうがいせいめい》の世界《せかい》

Part6
宇宙《うちゅう》はどんなしくみになっているの？

Part 1

遠《とお》くにある大《おお》きな星《ほし》や銀河《ぎんが》の謎《なぞ》

宇宙《うちゅう》にはいろんな色《いろ》の星《ほし》があって、
輝《かがや》かない星《ほし》だってあります。
何《なん》でも吸《す》い込《こ》むブラックホールや
赤《あか》ちゃん星《ぼし》がたくさん見《み》える場所《ばしょ》、
さまざまな形《かたち》をした銀河《ぎんが》もあります。
地球《ちきゅう》からはずっと遠《とお》くにある、
天体《てんたい》の不思議《ふしぎ》を見《み》ていきましょう。

01

宇《う》宙《ちゅう》の大《おお》きさは10兆《ちょう》kmの１３８億《おく》倍《ばい》？

宇《う》宙《ちゅう》は、とても大《おお》きいので、距《きょ》離《り》を地《ち》球《きゅう》上《じょう》のようにkmで表《あらわ》すと、桁《けた》の大《おお》きい数《すう》字《じ》になってしまいます。そのため、宇《う》宙《ちゅう》の距《きょ》離《り》を表《あらわ》すときには**光《こう》年《ねん》**という単《たん》位《い》をよく使《つか》います。１光《こう》年《ねん》とは**光《ひかり》が真《しん》空《くう》のなかを１年《ねん》間《かん》に進《すす》む距《きょ》離《り》**です。光《ひかり》は１秒《びょう》間《かん》に約《やく》30万《まん》km進《すす》むので、１光《こう》年《ねん》とは30万《まん》km×60秒《びょう》（１分《ぶん》）×60分《ぶん》（１時《じ》間《かん》）×24時《じ》間《かん》（１日《にち》）×３６５日《にち》（１年《ねん》）≒９兆《ちょう》４６００億《おく》km、**約《やく》10兆《ちょう》km**になります。

光《ひかり》の速《はや》さはとても速《はや》いのですが、たとえば１００光《こう》年《ねん》離《はな》れた天《てん》体《たい》から出《で》た光《ひかり》は、１００年《ねん》もの間《あいだ》、宇《う》宙《ちゅう》空《くう》間《かん》を進《すす》んで、ようやく地《ち》球《きゅう》にやってきます。わたしたちの目《め》に届《とど》くのは、その天《てん》体《たい》の１００年《ねん》前《まえ》の姿《すがた》なのです。

このように、光《ひかり》の速《はや》さに、光《ひかり》が天《てん》体《たい》を出《で》てからわたしたちに届《とど》くまでにかかった時《じ》間《かん》をかけた距《きょ》離《り》を、その天《てん》体《たい》までの距《きょ》離《り》とする考《かんが》え方《かた》を**光《こう》行《こう》距《きょ》離《り》**といいます。わたしたちの宇《う》宙《ちゅう》が誕《たん》生《じょう》してから１３８億《おく》年《ねん》。宇《う》宙《ちゅう》では、遠《とお》くを見《み》ることは過《か》去《こ》を見《み》ることなので、わたしたちが観《かん》測《そく》できる宇《う》宙《ちゅう》の大《おお》きさは１３８億《おく》光《こう》年《ねん》先《さき》まで。これをkmで表《あらわ》すと、**10兆《ちょう》（１光《こう》年《ねん》）×１３８億《おく》km**になります。

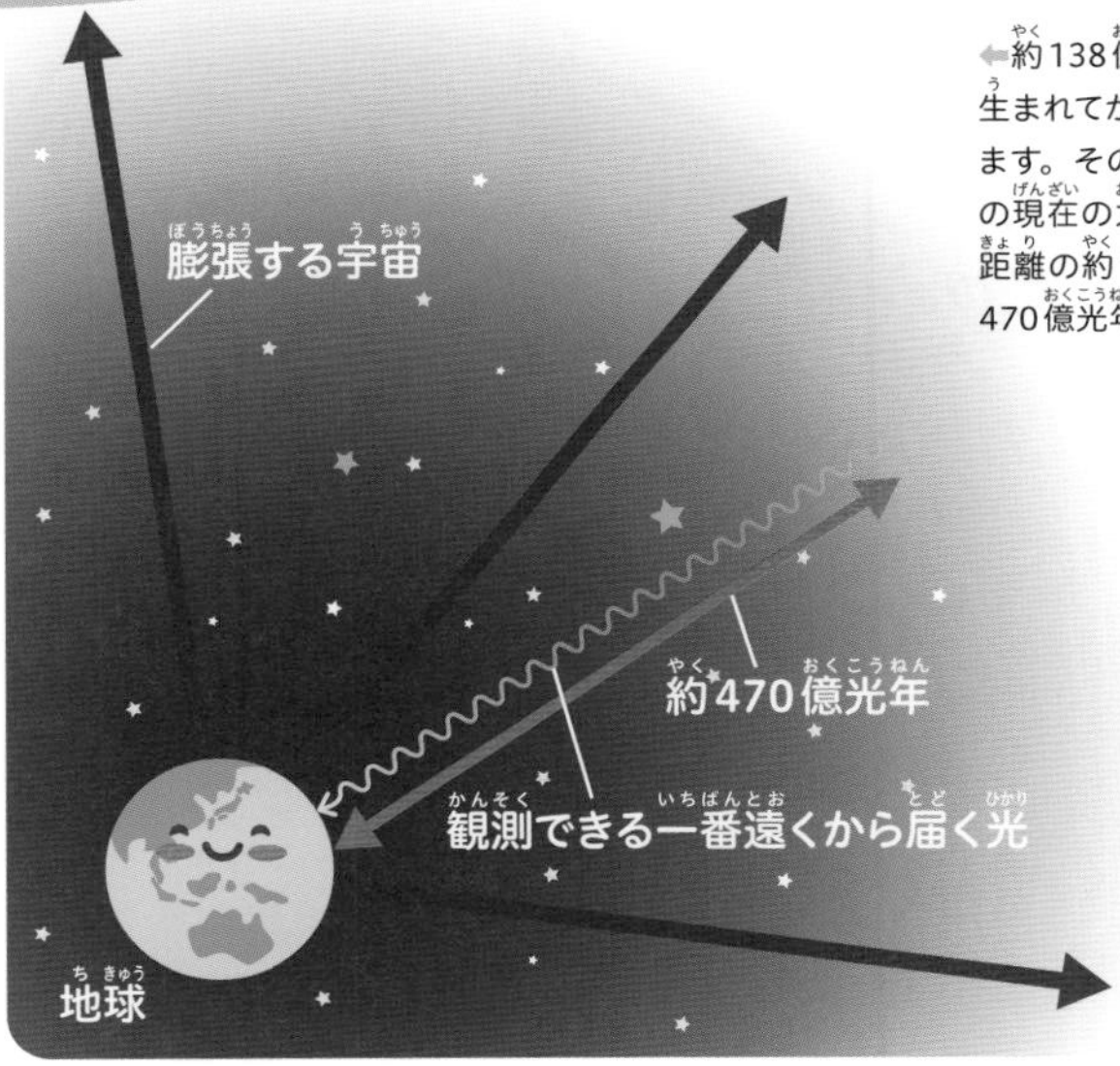

⬅約《やく》138億年前《おくねんまえ》に誕生《たんじょう》した宇宙《うちゅう》は、生《う》まれてからずっと膨張《ぼうちょう》を続《つづ》けています。そのため、観測可能《かんそくかのう》な宇宙《うちゅう》の現在《げんざい》の大《おお》きさ（半径《はんけい》）は、光行《こうこう》距離《きょり》の約《やく》138億光年《おくこうねん》ではなく、約《やく》470億光年《おくこうねん》にまで広《ひろ》がっています。

⬇ジェームズ・ウェッブ宇宙望遠鏡《うちゅうぼうえんきょう》が撮影《さつえい》した、とびうお座《ざ》の方向《ほうこう》、約《やく》46億光年《おくこうねん》も遠《とお》くにある銀河団《ぎんがだん》「SMACS 0723」。画像《がぞう》には、もっと遠《とお》くにある約《やく》131億《おく》年《ねん》も前《まえ》に生《う》まれた銀河《ぎんが》も映《うつ》し出《だ》されています。

宇宙《うちゅう》の豆知識《まめちしき》

宇宙《うちゅう》の一番遠《いちばんとお》くからきた光《ひかり》は138億年《おくねん》かけて138億光年《おくこうねん》の距離《きょり》を進《すす》んできました。光《ひかり》が出《で》たときは近《ちか》くにあった場所《ばしょ》も、宇宙《うちゅう》が膨《ふく》らんだことで、現在《げんざい》では470億光年離《おくこうねんはな》れています。この距離《きょり》を「固有距離《こゆうきょり》」といいます。

Part1
遠《とお》くにある大《おお》きな星《ほし》や銀河《ぎんが》の謎《なぞ》

02

銀《ぎん》河《が》の集《あつ》まりの銀《ぎん》河《が》団《だん》の集《あつ》まりの超《ちょう》銀《ぎん》河《が》団《だん》！

銀《ぎん》河《が》は、何千億個《なんぜんおくこ》もある星《ほし》やガスなどの集《あつ》まりです。わたしたちの太陽系《たいようけい》は、**天《あま》の川銀河《がわぎんが》**という銀河《ぎんが》に属《ぞく》しています。天《あま》の川《がわ》銀河《ぎんが》は直径《ちょっけい》が約《やく》10万光年《まんこうねん》ある円盤《えんばん》のような形《かたち》をしています。

銀河《ぎんが》が、数個《すうこ》〜10個《こ》くらい集《あつ》まっている集《しゅう》団《だん》を**銀河群《ぎんがぐん》**といいます。銀河群《ぎんがぐん》の大《おお》きさは１００〜数百万光年《すうひゃくまんこうねん》くらいです。そして、銀《ぎん》河《が》が数十《すうじゅう》〜数千個《すうせんこ》以上《いじょう》集《あつ》まった集団《しゅうだん》を**銀河団《ぎんがだん》**といいます。銀河団《ぎんがだん》の大《おお》きさは、１０００万《まん》光年《こうねん》以上《いじょう》にもなります。代表的《だいひょうてき》な銀河団《ぎんがだん》には、おとめ座銀河団《ざぎんがだん》（直径《ちょっけい》１２００万光年《まんこうねん》）、か

宇宙《うちゅう》の階層構造《かいそうこうぞう》

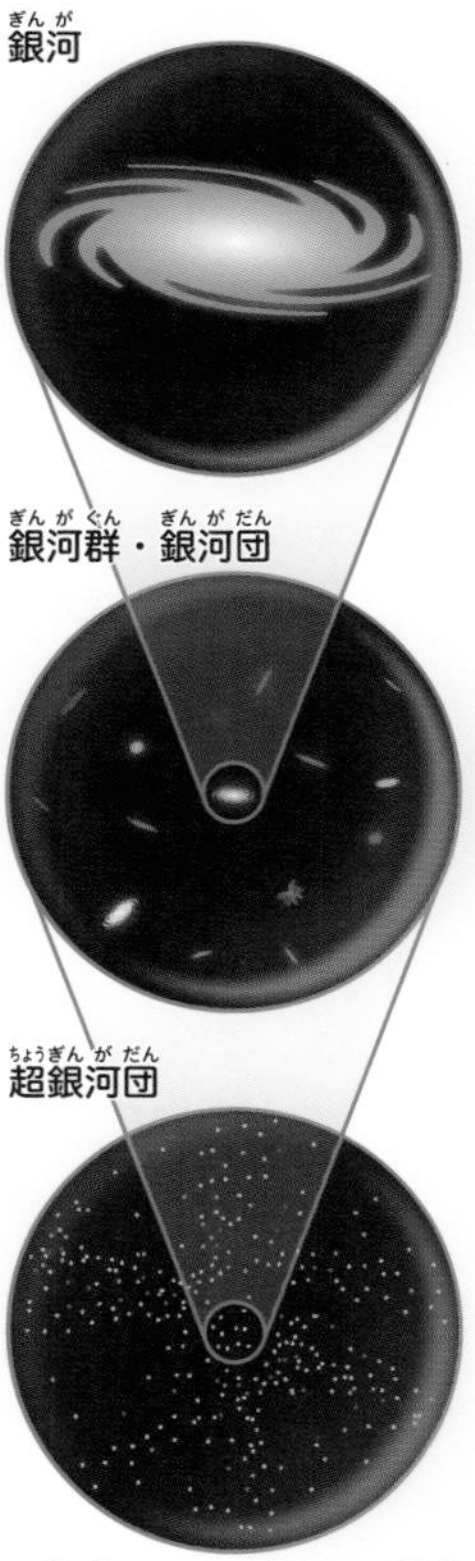

⬆銀河《ぎんが》がいくつも集《あつ》まって銀河《ぎんが》群《ぐん》や銀河団《ぎんがだん》になります。さらに銀河群《ぎんがぐん》や銀河団《ぎんがだん》の集団《しゅうだん》が超銀《ちょうぎん》河団《がだん》になります。宇宙《うちゅう》は銀河《ぎんが》だけでなく多《おお》くの天体《てんたい》でこうした構造《こうぞう》（階層構造《かいそうこうぞう》）をとっています。

約《やく》115億年前《おくねんまえ》という初期宇宙《しょきうちゅう》に見《み》つかった巨大《きょだい》な超銀河団《ちょうぎんがだん》「ハイペリオン」。

©ESO/L.Calçada & Olga Cucciati et al.
https://www.eso.org/public/france/images/eso1833a/

みのけ座銀河団《ざぎんがだん》（直径《ちょっけい》2000万光年《まんこうねん》）などがあります。

銀河群《ぎんがぐん》や銀河団《ぎんがだん》に属《ぞく》している銀河《ぎんが》は、重力《じゅうりょく》でお互《たが》いを引《ひ》きつけ合《あ》って、集団《しゅうだん》になっています。

たくさんの銀河群《ぎんがぐん》や銀河団《ぎんがだん》が集《あつ》まって、1億光年以上《おくこうねんいじょう》の大《おお》きさになっているものを**超《ちょう》銀河団《ぎんがだん》**といいます。これまでに超銀河団《ちょうぎんがだん》は無数《むすう》に見《み》つかっていて、天《あま》の川銀河《がわぎんが》は、おとめ座超銀河団《ざちょうぎんがだん》のなかのおとめ座銀河団《ざぎんがだん》の端《はし》っこにあります。超銀河団《ちょうぎんがだん》は、**宇宙《うちゅう》で最大級《さいだいきゅう》のまとまり**です。

宇宙《うちゅう》の豆《まめ》知識《ちしき》

大《おお》きな宇宙《うちゅう》に対《たい》して、モノの最小単位《さいしょうたんい》を素粒子《そりゅうし》といいます。素粒子《そりゅうし》には大《おお》きく分《わ》けて「物質《ぶっしつ》のもととなる素粒子《そりゅうし》（クォーク、レプトン）」「力《ちから》を媒介《ばいかい》する素粒《そりゅう》子《し》（ゲージ粒子《りゅうし》）」「質量《しつりょう》を与《あた》える素粒子《そりゅうし》（ヒッグス粒子《りゅうし》）」の3種類《しゅるい》があります。

03

きれいに光《ひか》る星《ほし》と輝《かがや》かない星《ほし》があるって本《ほん》当《とう》？

夜《よ》空《ぞら》に見《み》えるたくさんの星《ほし》のなかには、**自《じ》分《ぶん》で光《ひかり》を出《だ》している星《ほし》**と、**太《たい》陽《よう》の光《ひかり》を反《はん》射《しゃ》して光《ひか》っている星《ほし》**があります。

太《たい》陽《よう》のように、自《じ》分《ぶん》で光《ひかり》や熱《ねつ》を出《だ》して光《ひか》っている星《ほし》を**恒《こう》星《せい》**といいます。太《たい》陽《よう》の大《だい》部《ぶ》分《ぶん》は水《すい》素《そ》でできています。太《たい》陽《よう》の中《ちゅう》心《しん》部《ぶ》は、重《じゅう》力《りょく》によって高《こう》温《おん》高《こう》圧《あつ》になっていて、そこでは4個《こ》の水《すい》素《そ》原《げん》子《し》核《かく》がくっつくことで1個《こ》のヘリウム原《げん》子《し》核《かく》が生《う》まれています。

このように、軽《かる》い原《げん》子《し》核《かく》同《どう》士《し》が合《がっ》体《たい》して、もっと重《おも》たい原《げん》子《し》核《かく》に変《か》わることを**核《かく》融《ゆう》合《ごう》反《はん》応《のう》**（86ページ）といいます。太《たい》陽《よう》は核《かく》融《ゆう》合《ごう》反《はん》応《のう》で生《う》まれた光《ひかり》や熱《ねつ》で光《ひか》っています。夜《よ》空《ぞら》で明《あか》るく光《ひか》って見《み》える星《ほし》の多《おお》くが恒《こう》星《せい》です。

金《きん》星《せい》や地《ち》球《きゅう》、火《か》星《せい》、木《もく》星《せい》、土《ど》星《せい》のように、恒《こう》星《せい》の周《まわ》りを回《まわ》っている星《ほし》を**惑《わく》星《せい》**といいます。地《ち》球《きゅう》から、各《かく》惑《わく》星《せい》も夜《よ》空《ぞら》で明《あか》るく見《み》えますが、どれも自《じ》分《ぶん》で光《ひかり》を出《だ》しているのではなく、太《たい》陽《よう》の光《ひかり》を反《はん》射《しゃ》して光《ひか》っています。

星《せい》座《ざ》を形《かたち》づくっている星《ほし》は、すべて恒《こう》星《せい》です。夜《よ》空《ぞら》の恒《こう》星《せい》はとても遠《とお》くにあるので、数《すう》カ月《げつ》や数《すう》年《ねん》といった間《あいだ》では星《ほし》の並《なら》びは変《か》わりません。いっぽうで惑《わく》星《せい》は、星《せい》座《ざ》を形《かたち》づくる星《ほし》の間《あいだ》を移《い》動《どう》していきます。

⬆およそ1000万個《まんこ》の恒星《こうせい》が球《きゅう》の形《かたち》に集《あつ》まっている球状星団《きゅうじょうせいだん》のオメガ星団《せいだん》。

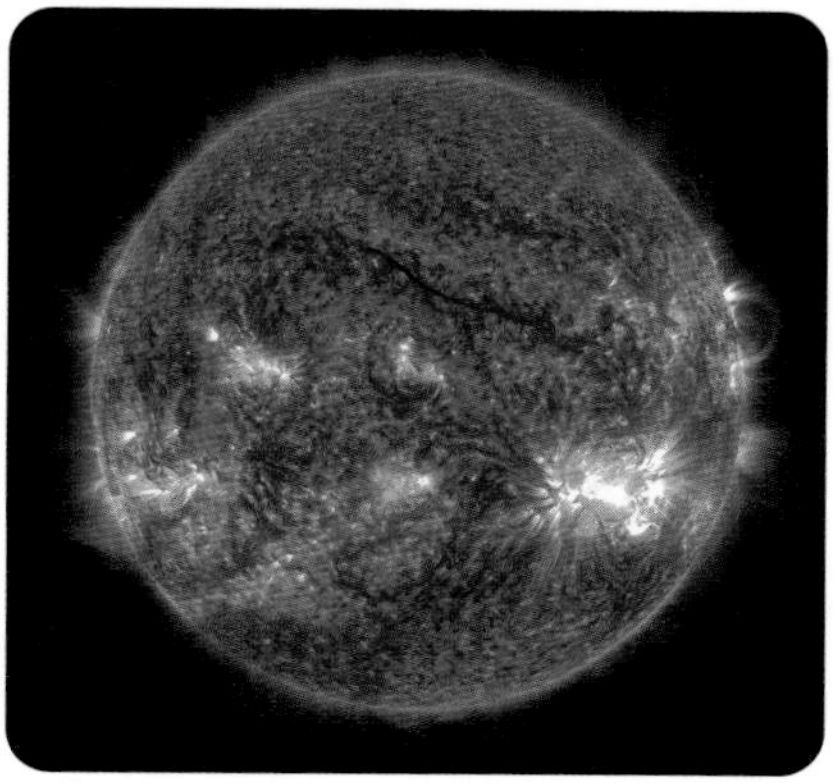

⬆右下《みぎした》の明《あか》るいところで、フレアという爆発《ばくはつ》を起《お》こしている太陽《たいよう》（88ページ）。

➡地球《ちきゅう》の周《まわ》りを回《まわ》っている衛星《えいせい》の月《つき》は、自分《じぶん》で光《ひか》っているのではなく、太陽《たいよう》の光《ひかり》を反射《はんしゃ》して明《あか》るく見《み》えます。写真《しゃしん》のように、太陽《たいよう》の光《ひかり》が当《あ》たっていない左側《ひだりがわ》は見《み》えません。

⬇気象衛星《きしょうえいせい》ひまわり９号《ごう》が撮影《さつえい》した地球《ちきゅう》。おもに岩石《がんせき》でできた惑星《わくせい》で、自分《じぶん》で輝《かがや》いてはいません。真《ま》ん中左《なかひだり》上《うえ》に日本列島《にほんれっとう》があります。

宇宙《うちゅう》の豆《まめ》知識《ちしき》

天《あま》の川銀河《がわぎんが》は1000億《おく》～ 2000億個《おくこ》の恒星《こうせい》の集《あつ》まりです。それに加《くわ》えて、地球《ちきゅう》のようにおもに岩石《がんせき》でできた惑星《わくせい》は数百億個《すうひゃくおくこ》あるという説《せつ》があります。その惑星《わくせい》の多《おお》くは、太陽《たいよう》と同《おな》じくらいの大《おお》きさの恒星《こうせい》の周《まわ》りを回《まわ》っているようです。

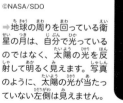

04

赤《あか》や黄《き》色《いろ》、白《しろ》色《いろ》など星《ほし》の色《いろ》が違《ちが》うのはどうして？

星《ほし》の明《あか》るさを表《あらわ》す単位《たんい》を**等級《とうきゅう》**といいます。等級《とうきゅう》は、こと座《ざ》の恒星《こうせい》**ベガの見《み》え方《かた》を基準《きじゅん》（0等級《とうきゅう》）**として、数値《すうち》が大《おお》きいと暗《くら》く、小《ちい》さいと明《あか》るいことを表《あらわ》します。6等《とう》級《きゅう》、5等級《とうきゅう》、4等級《とうきゅう》と等級《とうきゅう》がひとつ上《あ》がるごとに、明《あか》るさが約《やく》2・5倍《ばい》ずつ増《ま》していき、**1等級《とうきゅう》は6等級《とうきゅう》の約《やく》100倍《ばい》明《あか》るい**計算《けいさん》になります。1等級《とうきゅう》より明《あか》るい場合《ばあい》は0等級《とうきゅう》、マイナス1等級《とうきゅう》となっていきます。

同《おな》じ量《りょう》の光《ひかり》を出《だ》す星《ほし》でも、地球《ちきゅう》から近《ちか》くの星《ほし》は明《あか》るく、遠《とお》くの星《ほし》は暗《くら》く見《み》えます。これを**見《み》かけの等級《とうきゅう》**といいます。

星《ほし》の見《み》かけの明《あか》るさと距離《きょり》などから、その星《ほし》の元々《もともと》の明《あか》るさを知《し》ることができます。星《ほし》が出《だ》す光《ひかり》の量《りょう》は**絶対等級《ぜったいとうきゅう》**で表《あらわ》されます。それは、その星《ほし》を32・6光年《こうねん》離《はな》れたところに置《お》いたときの等級《とうきゅう》で表《あらわ》す決《き》まりです。

恒星《こうせい》の色《いろ》には、青白《あおしろ》、白《しろ》、黄《き》、オレンジ、赤《あか》などがあります。**色《いろ》の違《ちが》いは、その星《ほし》の表《ひょう》面温度《めんおんど》の違《ちが》い**です。青白《あおじろ》い星《ほし》の表面温度《ひょうめんおんど》は1万《まん》℃以上《いじょう》、白《しろ》い星《ほし》は7000～1万《まん》℃くらい、黄色《きいろ》い星《ほし》は6000℃くらい、オレンジ色《いろ》の星《ほし》は4000～6000℃くらい、赤《あか》い星《ほし》は4000℃以下《いか》です。

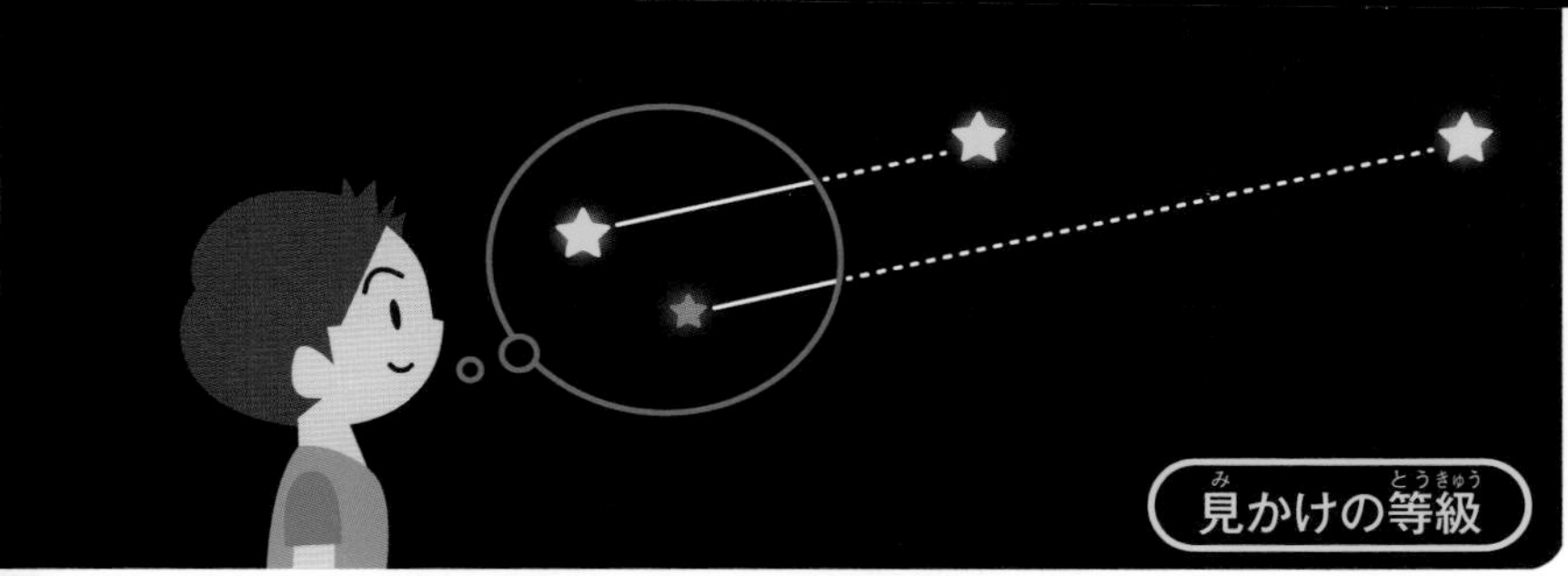

⬆地球《ちきゅう》に近《ちか》い場所《ばしょ》と遠《とお》い場所《ばしょ》に、同《おな》じ量《りょう》の光《ひかり》を出《だ》す星《ほし》があるとき、近《ちか》くにある星《ほし》ほど明《あか》るく見《み》えます。これを「見《み》かけの等級《とうきゅう》」といいます。星《ほし》の本来《ほんらい》の明《あか》るさを表《あらわ》す場合《ばあい》には「絶対等級《ぜったいとうきゅう》」を使《つか》います。

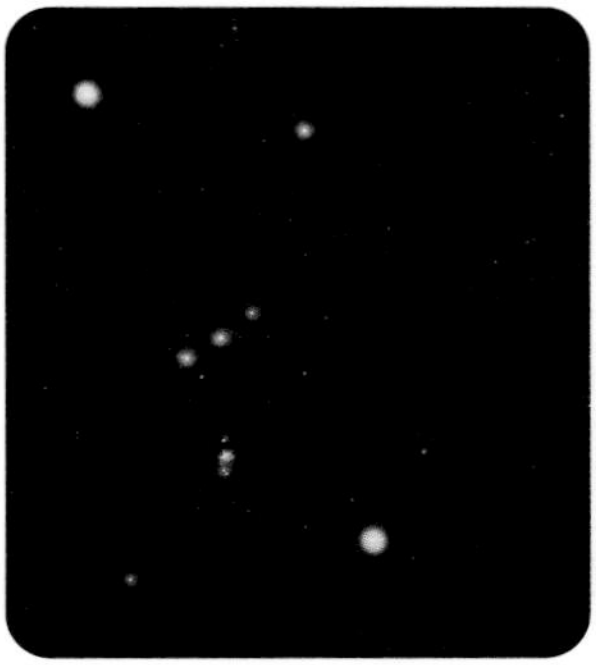

⬅右下《みぎした》で青《あお》く輝《かがや》くリゲルは左上《ひだりうえ》の赤《あか》いベテルギウスと比《くら》べて200光年《こうねん》以上《いじょう》、地球《ちきゅう》から遠《とお》くにあります。

⬆夜空《よぞら》でもっとも明《あか》るく輝《かがや》く星《ほし》、シリウス。「見《み》かけの等級《とうきゅう》」は1等星《とうせい》よりも明《あか》るい「マイナス1.5級《きゅう》」です。

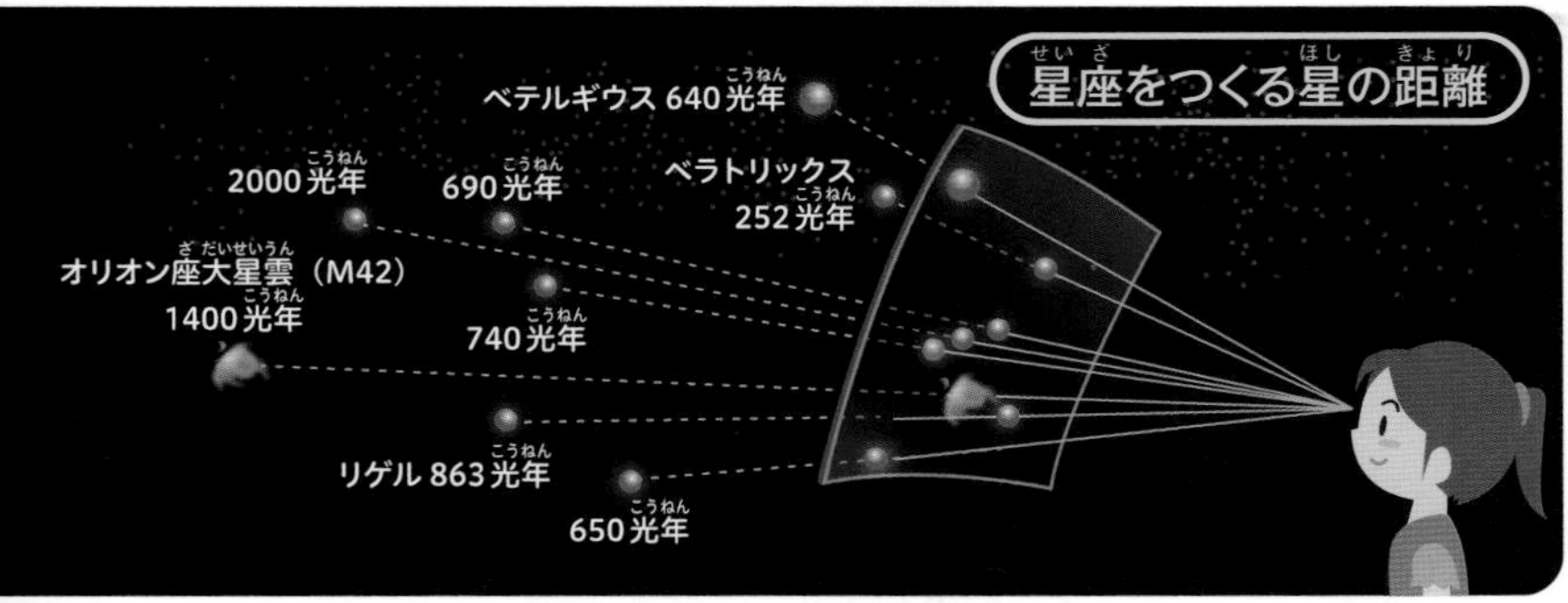

⬆オリオン座《ざ》にあるおもな星《ほし》は、地球《ちきゅう》から同《おな》じ距離《きょり》にあるのではありません。たとえば赤《あか》い星《ほし》ベテルギウスは640光年先《こうねんさき》にありますが、オリオン座大星雲《ざだいせいうん》はずっと遠《とお》い1400光年先《こうねんさき》にあります。1光年《こうねん》は、光《ひかり》が真空中《しんくうちゅう》を1年間《ねんかん》に進《すす》む距離《きょり》です。

夜空《よぞら》で一番明《いちばんあか》るく輝《かがや》いて見《み》える恒星《こうせい》は、おおいぬ座《ざ》のシリウスです。シリウスの明《あか》るさは約《やく》マイナス1.5等級《とうきゅう》で、これほど明《あか》るいのは、シリウスが出《だ》す光《ひかり》の量《りょう》が太陽《たいよう》の約《やく》25倍《ばい》あることと、地球《ちきゅう》からの距離《きょり》が約《やく》8.6光年《こうねん》と近《ちか》いためです。

05

星《ほし》は宇《う》宙《ちゅう》にいくつあるの？ 地《ち》球《きゅう》からはいくつ見《み》えているの？

わたしたちの太陽系《たいようけい》がある**天《あま》の川《がわ》銀《ぎん》河《が》**には、太陽《たいよう》と同《おな》じような**恒星《こうせい》が約《やく》1000億個《おくこ》**あると考《かんが》えられています。

また、これまで宇宙《うちゅう》には銀河《ぎんが》が数千億個《すうせんおくこ》あると考《かんが》えられてきましたが、最近《さいきん》の研究《けんきゅう》によれば、**銀河《ぎんが》は2兆個《ちょうこ》**も存在《そんざい》するといわれています。

ざっくり計算《けいさん》すると、星《ほし》の数《かず》は1000億《おく》×2兆個《ちょうこ》もあることになります。これだけでも宇宙《うちゅう》には、とてつもない数《かず》の星《ほし》があることがわかります。

わたしたちが夜空《よぞら》に見《み》ている星《ほし》のほとんどは、天《あま》の川《がわ》銀《ぎん》河《が》の星《ほし》たちです。天《あま》の川《がわ》銀《ぎん》河《が》にある約《やく》1000億個《おくこ》の恒星《こうせい》のうち、望遠鏡《ぼうえんきょう》などを使《つか》わず肉眼《にくがん》で見《み》える星《ほし》はほんの一部《いちぶ》分《ぶん》でしかありません。その数《かず》は、全部《ぜんぶ》で**約《やく》8600個《こ》**といわれています。

しかしこれは、空全体《そらぜんたい》で見《み》える星《ほし》の数《かず》です。地平線《ちへいせん》の下《した》は見《み》ることができないので、実際《じっさい》に見《み》える星《ほし》の数《かず》は、半分《はんぶん》の**約《やく》4300個《こ》**ということになります。

また、地平線《ちへいせん》の近《ちか》くの星《ほし》はよく見《み》ることができないので、一度《いちど》に見《み》える星《ほし》の数《かず》は、**約《やく》3000個《こ》**ということになります。

⬅さんかく座銀河《ざぎんが》（M33）の中心部《ちゅうしんぶ》と腕《うで》。地球《ちきゅう》から約《やく》300万光年先《まんこうねんさき》にあり、数百億個《すうひゃくおくこ》の星《ほし》、数百個《すうひゃくこ》の星団《せいだん》などでできています。

©NASA.ESA,M. Durbin.
J.Dalcanton,B.F.Williams

➡地球《ちきゅう》からおよそ250万光年先《まんこうねんさき》にあるアンドロメダ座大銀河《ざだいぎんが》（M31）。これは、およそ1兆個《ちょうこ》もの星々《ほしぼし》が輝《かがや》く渦巻銀河《うずまきぎんが》です。

©ESA/Hubble & Digitized Sky Survey2.
Acknowledgment:Davide De Martin(ESA/Hubble)

⬇アルマ望遠鏡《ぼうえんきょう》がある南米《なんべい》チリ、アカタマ砂漠《さばく》で撮影《さつえい》した天《あま》の川銀河《がわぎんが》。

©ESO

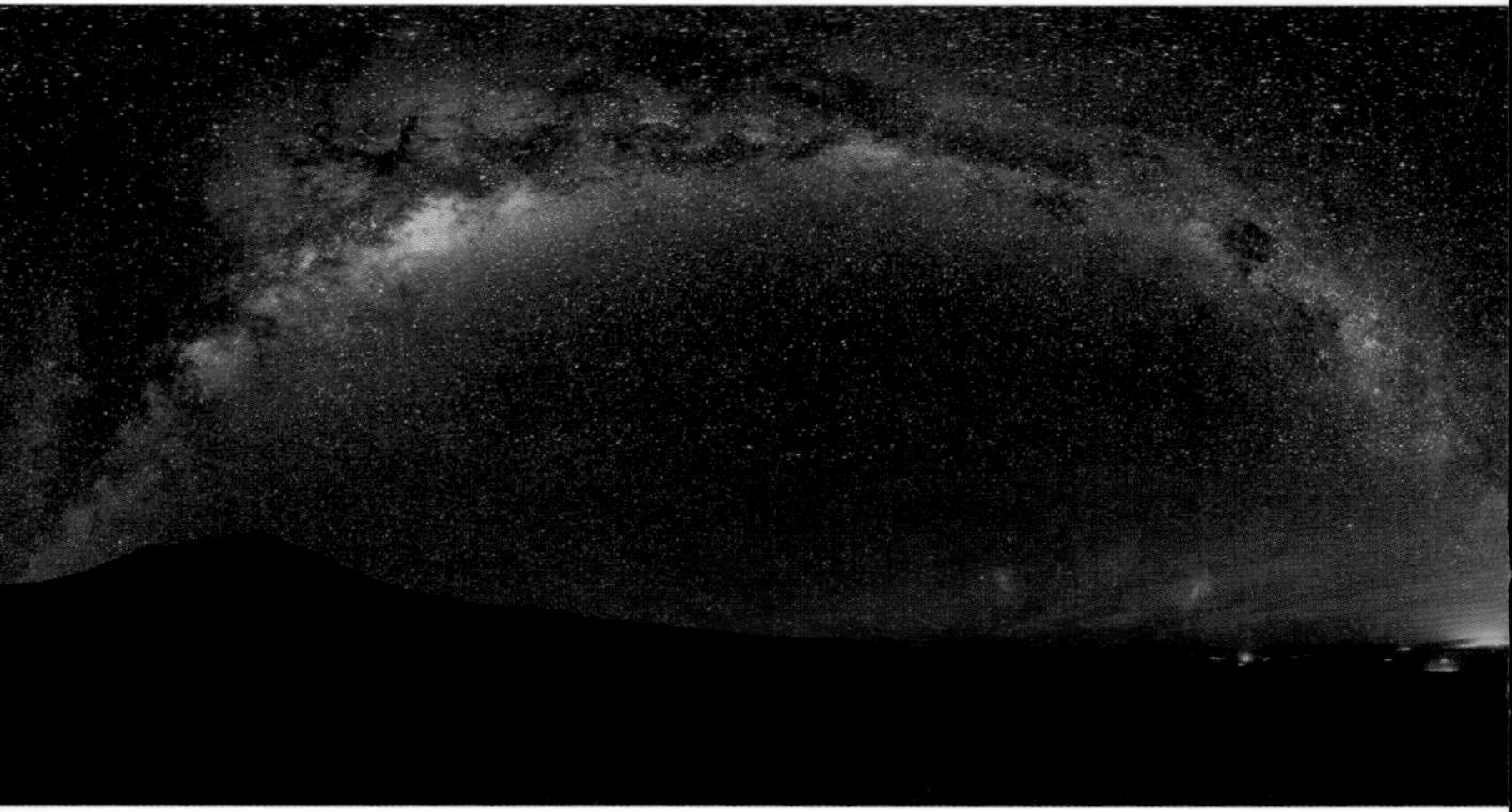

宇宙《うちゅう》の豆知識《まめちしき》

肉眼《にくがん》で見《み》える天《あま》の川銀河《がわぎんが》の外《そと》にある天体《てんたい》は、大《だい》マゼラン雲《うん》、小《しょう》マゼラン雲《うん》、アンドロメダ座大銀河《ざだいぎんが》、さんかく座銀河《ざぎんが》です。アンドロメダ座大銀河《ざだいぎんが》は、約《やく》250万光年離《まんこうねんはな》れたところにあり、天《あま》の川銀河《がわぎんが》よりも大《おお》きな天体《てんたい》です。

06 今《いま》見《み》ている星《ほし》の光《ひかり》は ずっと昔《むかし》の輝《かがや》き？

光《ひかり》は、真空中《しんくうちゅう》を1秒間《びょうかん》に約《やく》30万《まん》㎞進《すす》みます。地球《ちきゅう》をぐるっと1周《しゅう》すると約《やく》4万《まん》㎞あるので、**光《ひかり》は1秒間《びょうかん》に地球《ちきゅう》を7周半《しゅうはん》**もすることになります。

宇宙《うちゅう》はとても広大《こうだい》です。天文学《てんもんがく》では、距離《きょり》を表《あらわ》すときに**光年《こうねん》**という単位《たんい》を使《つか》います。光《ひかり》が真空中《しんくうちゅう》を1年《ねん》かかって進《すす》む距離《きょり》を1光年《こうねん》といって**約《やく》10兆《ちょう》㎞**になります。

わたしたちが地球《ちきゅう》にいて、ある天体《てんたい》の光《ひかり》を見《み》ているということは、ある天体《てんたい》から出《で》た光《ひかり》が地球《ちきゅう》に届《とど》いたものを見《み》ているということになります。

この世界《せかい》で、光《ひかり》の速《はや》さほど速《はや》いものはありません。ところが、光《ひかり》の速《はや》さでも、光《ひかり》が地球《ちきゅう》に届《とど》くまでには約《やく》38万《まん》㎞離《はな》れた月《つき》からだと1・3秒《びょう》、1億《おく》5000万《まん》㎞離《はな》れた太陽《たいよう》からだと8分《ぷん》19秒《びょう》、250万光年離《まんこうねんはな》れたアンドロメダ座大銀河《ざだいぎんが》からだと250万年《まんねん》という時間《じかん》がかかってしまいます。ということは、わたしたちが見《み》ているのは1・3秒前《びょうまえ》の月《つき》、8分《ぷん》19秒前《びょうまえ》の太陽《たいよう》、250万年前《まんねんまえ》のアンドロメダ座大銀河《ざだいぎんが》の姿《すがた》ということになります。**宇宙《うちゅう》では、「遠《とお》くを見《み》るということは過去《かこ》を見《み》ること」**なのです。

天体《てんたい》の光《ひかり》が届《とど》くまで

天体《てんたい》から出《で》た光《ひかり》が地球《ちきゅう》に届《とど》くまでには、時間《じかん》がかかります。もっとも近《ちか》い天体《てんたい》の月《つき》からだと1.3秒《びょう》、もっとも近《ちか》い恒星《こうせい》の太陽《たいよう》からだと8分《ぷん》19秒《びょう》、天《あま》の川銀河《がわぎんが》のお隣《となり》のアンドロメダ座大銀河《ざだいぎんが》からだと250万年《まんねん》です。その分《ぶん》だけ、わたしたちは過去《かこ》の天体《てんたい》の姿《すがた》を見《み》ていることになります。

宇宙《うちゅう》の豆知識《まめちしき》

音《おと》は1秒間《びょうかん》に約《やく》340m進《すす》みます（秒速《びょうそく》340m）。光《ひかり》は1秒間《びょうかん》に30万《まん》km進《すす》む（秒速《びょうそく》30万《まん》km）ので、音《おと》よりもずっと速《はや》いことがわかります。雷《かみなり》が光《ひか》ったあと、少《すこ》ししてから音《おと》が聞《き》こえるのも、光《ひかり》のほうが音《おと》よりも速《はや》いためです。

07 見《み》つかっているなかで一番《いちばん》遠《とお》くにある天体《てんたい》は？

2023年《ねん》10月《がつ》までに見《み》つかった天体《てんたい》で、もっとも遠《とお》くにあるのは、東京大《とうきょうだい》学《がく》宇《う》宙線研究所《ちゅうせんけんきゅうじょ》を中心《ちゅうしん》とする研究《けんきゅう》グループが発見《はっけん》した、ろくぶんぎ座《ざ》の方向《ほうこう》にある**「HD1」**という銀河《ぎんが》の候補天体《こうほてんたい》です。

この天体《てんたい》は、**地球《ちきゅう》から約《やく》135億光年《おくこうねん》**離《はな》れたところにあります。宇宙《うちゅう》が誕生《たんじょう》したのは138億年前《おくねんまえ》なので、宇宙《うちゅう》が生《う》まれてからわずか3億年後《おくねんご》には「HD1」のような天体《てんたい》ができていたことがわかります。

それ以前《いぜん》に見《み》つかった銀河《ぎんが》のなかでもっとも遠《とお》いものは、ハッブル宇宙望遠鏡《うちゅうぼうえんきょう》によって発見《はっけん》された、おおぐま座《ざ》の方向《ほうこう》にある**GN-z11**で、こちらは**約《やく》134億光年《おくこうねん》**遠《とお》くにある銀河《ぎんが》でした。「HD1」は「GN-z11」よりも、さらに1億光年《おくこうねん》遠《とお》い（1億年昔《おくねんむかし》の輝《かがや》きが見《み》える）天体《てんたい》です。

「HD1」は、遠《とお》くにあるのにとても明《あか》るく輝《かがや》いています。このことから「HD1」の正体《しょうたい》は、たくさんの星《ほし》が生《う》まれている**スターバースト銀河《ぎんが》**、または遠《とお》い宇宙《うちゅう》で明《あか》るく輝《かがや》く**クエーサー**、あるいは中心《ちゅうしん》にある**巨大《きょだい》ブラックホール**から光《ひかり》を出《だ》している銀河《ぎんが》などの可能性《かのうせい》があると考《かんが》えられています。

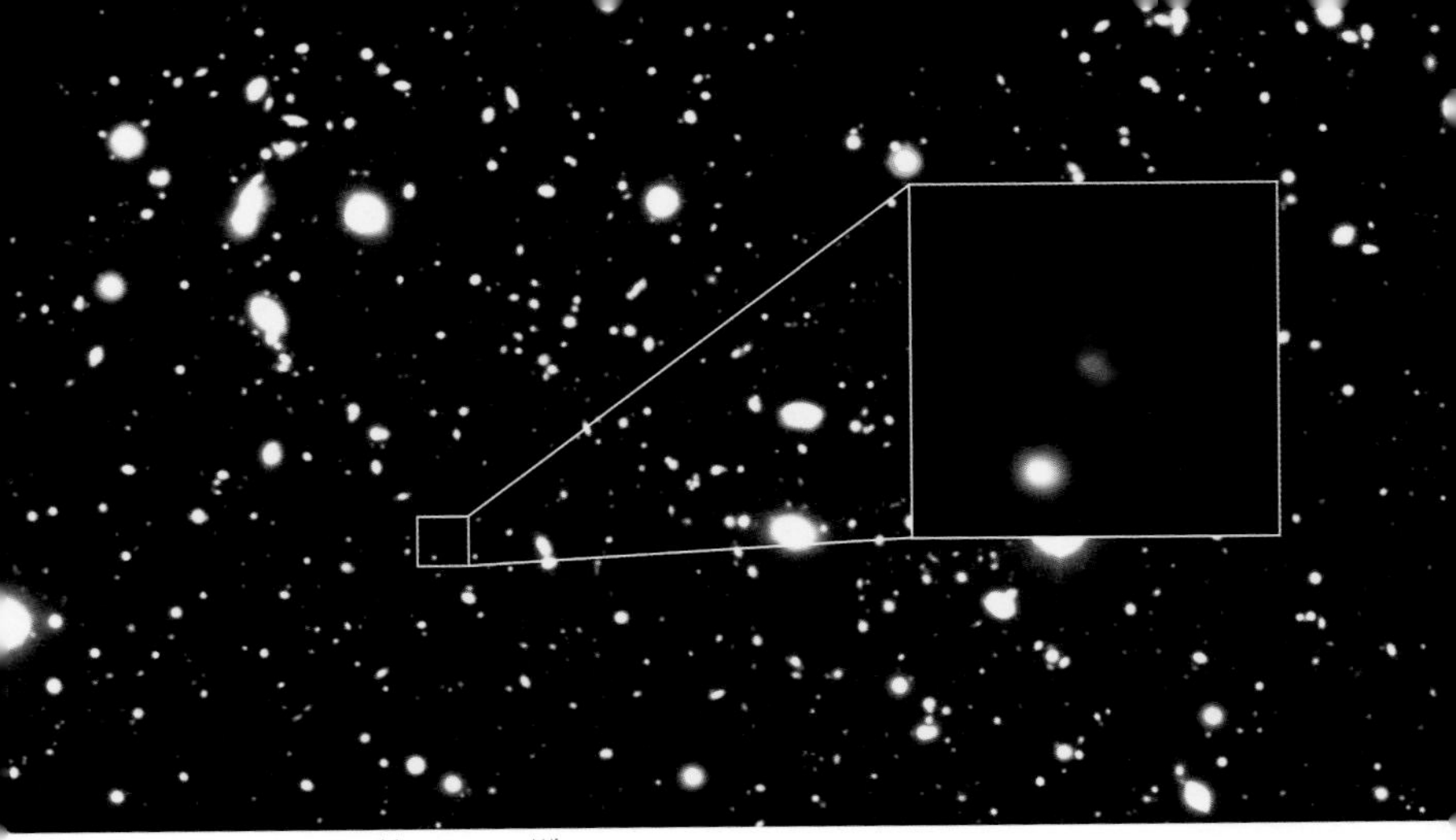

⬆これまでもっとも遠《とお》くにあると考《かんが》えられていた「GN-z11」という銀《ぎん》河《が》よりも、1億光年遠《おくこうねんとお》い135億光年《おくこうねん》かなたにあると考《かんが》えられている「HD1」と呼《よ》ばれる銀《ぎん》河《が》（赤《あか》色《いろ》、拡大《かくだい》部《ぶ》分《ぶん》）を含《ふく》めた宇《う》宙《ちゅう》の領域《りょういき》。

©Harikane et al.

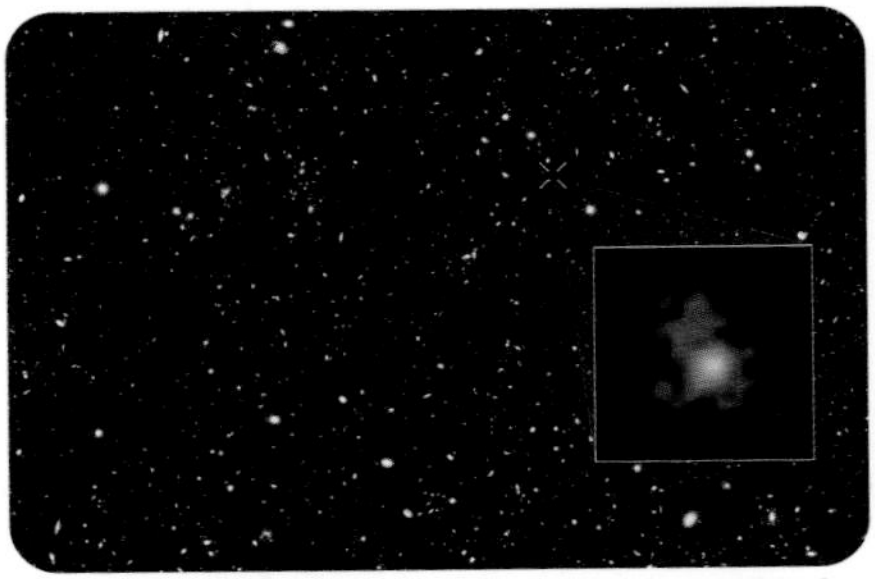

⬆ハッブル宇《う》宙《ちゅう》望《ぼう》遠《えん》鏡《きょう》が写《うつ》した銀《ぎん》河《が》「GN-z11」（拡大《かくだい》図《ず》）。分析《ぶんせき》によって、地《ち》球《きゅう》から約《やく》134億光年先《おくこうねんさき》にあることがわかっています。

©NASA,ESA,and P.Oesch(Yale University)

⬅おとめ座《ざ》方向《ほうこう》、約《やく》24億光年先《おくこうねんさき》にある3C273という天体《てんたい》。初《はじ》めて観測《かんそく》されたクエーサーで、発見《はっけん》されているクエーサーでは可《か》視《し》光《こう》で一番明《いちばんあか》るく、地《ち》球《きゅう》からもっとも近《ちか》くにあります。

©ESA/Hubble & NASA

宇《う》宙《ちゅう》の豆《まめ》知《ち》識《しき》

クエーサーは、遠《とお》くにあるのにとても明《あか》るく輝《かがや》く天体《てんたい》です。ほとんどの銀《ぎん》河《が》の中心《ちゅうしん》には巨大《きょだい》ブラックホールがありますが、なかでもクエーサーは、とくに活《かっ》発《ぱつ》に活動《かつどう》している銀《ぎん》河《が》中心《ちゅうしん》にある巨大《きょだい》ブラックホールだと考《かんが》えられています。

08

ブラックホールって何《なに》？ 中身《なかみ》はどうなっているの？

ブラックホールは、とても強《つよ》い重力《じゅうりょく》をもっている不思議《ふしぎ》な天体《てんたい》で、周《まわ》りのものをものすごい力《ちから》で引《ひ》きよせます。そのため、一度《いちど》でもそのなかに入《はい》ってしまったら大変《たいへん》。この世界《せかい》で一番《いちばん》スピードが速《はや》い光《ひかり》だって、外《そと》に出《で》ることはできません。それはまるで真《ま》っ黒《くろ》い（ブラック）穴《あな》（ホール）のようなので、この天体《てんたい》はブラックホールと呼《よ》ばれています。

ブラックホールが生《う》まれるのは、**太陽《たいよう》の30倍以上《ばいいじょう》の重《おも》さ（質量《しつりょう》）をもった星《ほし》**が、一生《いっしょう》の最期《さいご》に**超新星爆発《ちょうしんせいばくはつ》**という大爆発《だいばくはつ》を起《お》こしたときです。大爆発《だいばくはつ》を起《お》こしたあと、星《ほし》の中心部《ちゅうしんぶ》はとても重《おも》たいので、自分《じぶん》の重《おも》さを支《ささ》えきれずにどこまでもつぶれていって、ブラックホールになるのです。

ブラックホールの中心《ちゅうしん》には、**密度《みつど》と重力《じゅうりょく》が無限大《むげんだい》の天体《てんたい》（特異点《とくいてん》）**があると考《かんが》えられています。特異点《とくいてん》から、光《ひかり》が脱出《だっしゅつ》できるギリギリの距離《きょり》には**事象《じしょう》の地平面《ちへいめん》**という境目《さかいめ》があって、特異点《とくいてん》から事象《じしょう》の地平面《ちへいめん》までの距離《きょり》を**シュヴァルツシルト半径《はんけい》**と呼《よ》びます。この境目《さかいめ》より内側《うちがわ》に入《はい》ると、光《ひかり》でさえ外《そと》に出《で》られなくなります。

⬆ブラックホール（左《ひだり》）と恒星《こうせい》（右《みぎ》）からなる「はくちょう座《ざ》X-1」の想像図《そうぞうず》。ブラックホールは恒星《こうせい》のガスを吸《す》い込《こ》んで、自分自身《じぶんじしん》の周《まわ》りを高速回転《こうそくかいてん》する円盤《えんばん》をつくっています。

©NASA/CXC/M.Weiss

光《ひかり》と空間《くうかん》の関係《かんけい》

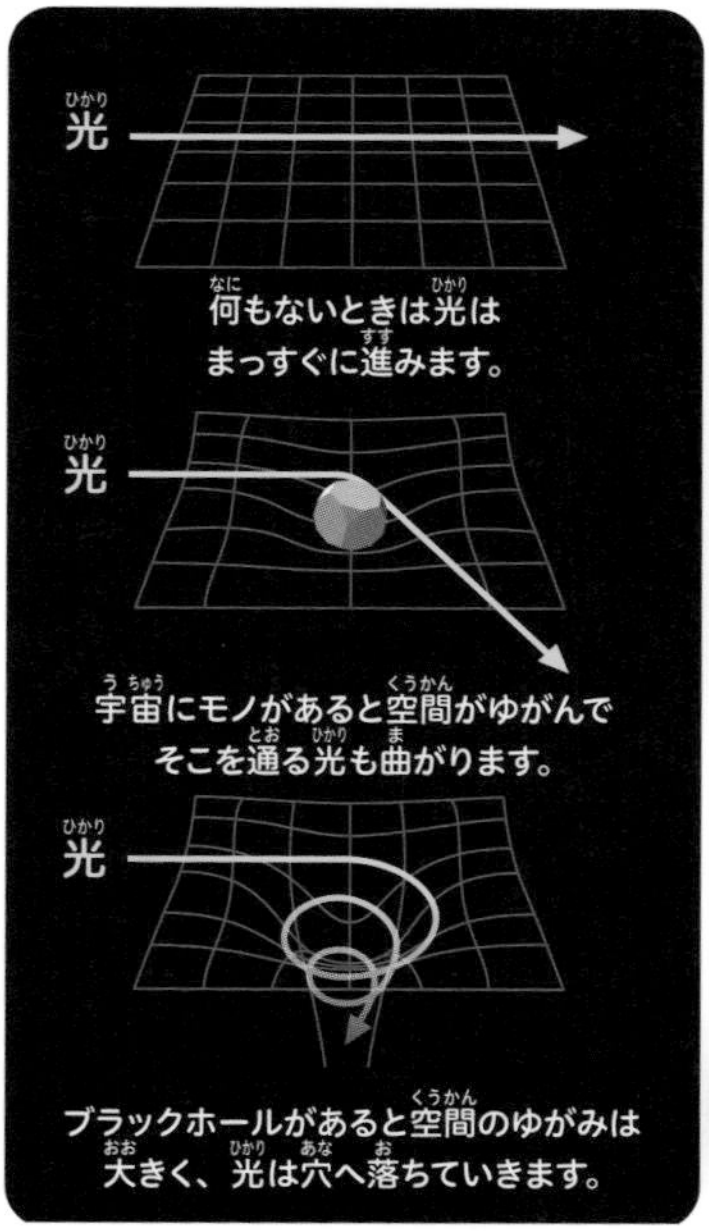

⬆天《あま》の川《がわ》銀河《ぎんが》の中心《ちゅうしん》にあるいて座《ざ》Ａ＊《エースター》（画像《がぞう》の白《しろ》い部分《ぶぶん》）には、超巨大《ちょうきょだい》なブラックホールがあると考《かんが》えられています。

©NASA/CXC/Univ. of Wisconsin/Y.Bai, et al

宇宙《うちゅう》の豆知識《まめちしき》

ほとんどの銀河《ぎんが》の中心《ちゅうしん》には、巨大《きょだい》なブラックホールがあるとされています。天《あま》の川《がわ》銀河《ぎんが》の中心《ちゅうしん》には「いて座《ざ》Ａ＊《エースター》」という強《つよ》い電波《でんぱ》を出《だ》す天体《てんたい》があり、それは、重《おも》さが太陽《たいよう》の約《やく》410万倍《まんばい》ある超巨大《ちょうきょだい》ブラックホールだと考《かんが》えられています。

09

何《なん》でも吸《す》い込《こ》むブラックホールが何《なに》かを噴《ふ》き出《だ》している!?

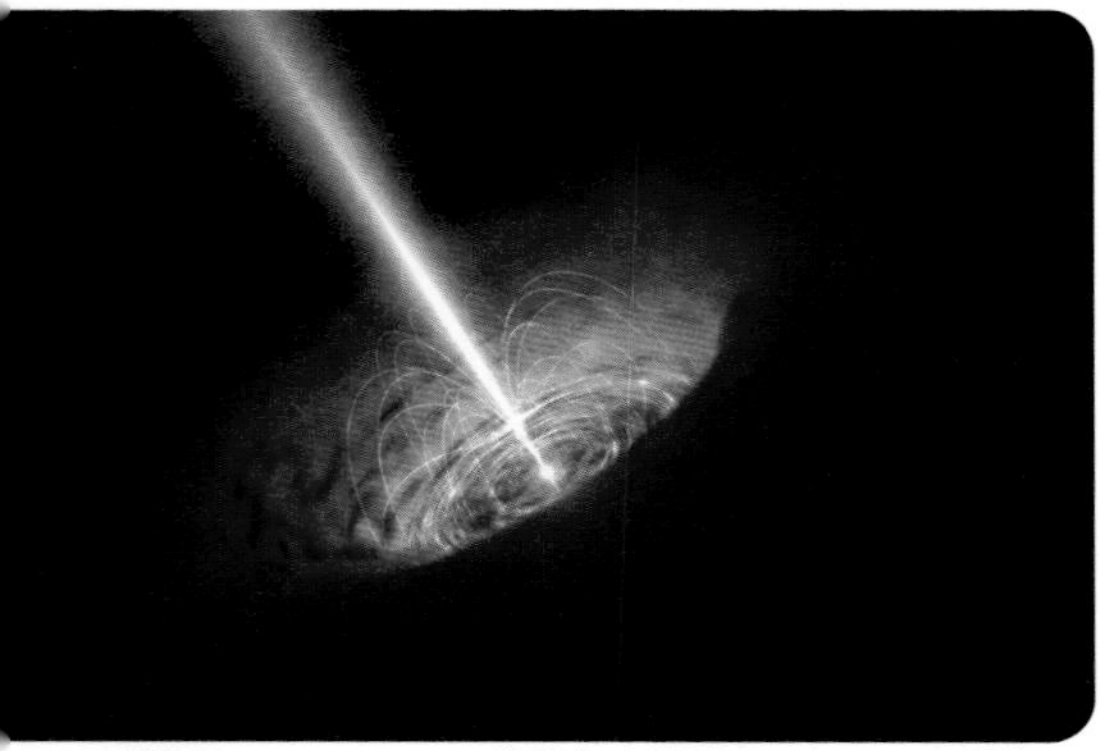

超巨大《ちょうきょだい》ブラックホールの想像図《そうぞうず》。中心部《ちゅうしんぶ》からは、ビーム光線《こうせん》のようなジェットが出《で》ています。

©ESO/L.Calçada

ブラックホールは、強《つよ》い重力《じゅうりょく》で近《ちか》くにある物質《ぶっしつ》を吸《す》い込《こ》んでしまいますが、吸《す》い込《こ》むばかりではなく、光《ひかり》の速《はや》さに近《ちか》いスピードで周《まわ》りの物質《ぶっしつ》を噴《ふ》き出《だ》していることがあります。これは、高温《こうおん》で強《つよ》いエネルギーをもった小《ちい》さな粒《つぶ》の流《なが》れ（プラズマガス）で**ジェット**といいます。

多《おお》くのブラックホールの重《おも》さ（質量《しつりょう》）は、太陽《たいよう》の10倍《ばい》～１００倍《ばい》くらいですが、ブラックホール同士《どうし》の合体《がったい》などによってできたと考《かんが》えられる、太陽《たいよう》の数千倍《すうせんばい》から数《すう》10万倍《まんばい》もある重《おも》たいブラックホールや、太陽《たいよう》の数百万《すうひゃくまん》～数《すう》

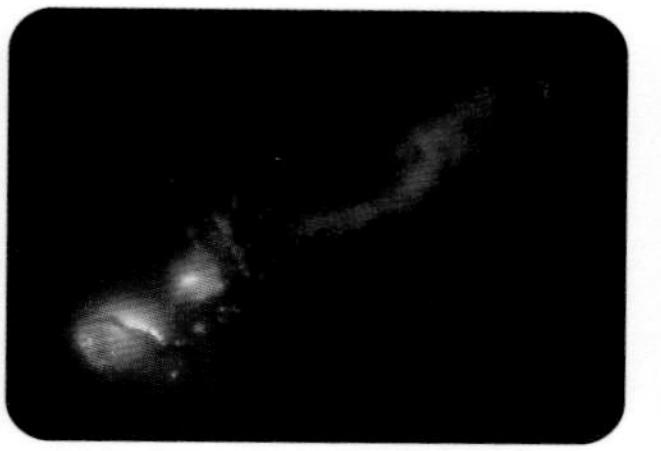

⬆左下《ひだりした》にあるブラックホールから出《で》たジェット（青色《あおいろ》）が右上《みぎうえ》の銀河《ぎんが》を直撃《ちょくげき》しているようす。

©NASA,ESA,D.Evans(Harvard-Smithsonian Center for Astrophysics)

⬅中心《ちゅうしん》に太陽《たいよう》の重《おも》さ（質量《しつりょう》）の約《やく》5500万倍《まんばい》もある超巨大《ちょうきょだい》ブラックホールがあって、そこからジェットを噴《ふ》き出《だ》している「ケンタウルス座《ざ》A」という銀河《ぎんが》。

©ESO,NASA

十億倍《じゅうおくばい》の重《おも》さの**超巨大《ちょうきょだい》ブラックホール**などが見《み》つかっています。宇宙《うちゅう》でジェットを噴《ふ》き出《だ》しているのは、銀河《ぎんが》の中心《ちゅうしん》にある、こうした超巨大《ちょうきょだい》ブラックホールです。

ケンタウルス座《ざ》Aという銀河《ぎんが》の中心《ちゅうしん》からは、秒速《びょうそく》10万《まん》km（光速《こうそく》の3分《ぶん》の1の速《はや》さ）のジェットが噴出《ふんしゅつ》しています。この銀河《ぎんが》の中心《ちゅうしん》には、**太陽《たいよう》の約《やく》5500万倍《まんばい》の重《おも》さ**をもつブラックホールがあります。

ブラックホールの重力《じゅうりょく》で吸《す》い寄《よ》せられた宇《う》宙空間《ちゅうくうかん》のガス（星間《せいかん》ガス）は、ブラックホールの周《まわ》りを回《まわ》りながら、平《たい》らな円盤《えんばん》のようになって落《お》ちていきます。この円盤《えんばん》を**降着円盤《こうちゃくえんばん》**（25ページ）といいます。そして、ブラックホールの近《ちか》くでは、摩擦《まさつ》で高温《こうおん》になった降着円盤《こうちゃくえんばん》のガスが、磁場《じば》のはたらきによって、高速《こうそく》のジェットとなって放出《ほうしゅつ》されていると考《かんが》えられています。

宇宙《うちゅう》の豆知識《まめちしき》

何《なん》でも吸《す》い込《こ》むブラックホールとは正反対《せいはんたい》に、特異点《とくいてん》から物質《ぶっしつ》を噴《ふ》き出《だ》す天《てん》体《たい》がホワイトホールです。理論的《りろんてき》にはあるかもしれないと考《かんが》えられていますが、実際《じっさい》には見《み》つかっていません。

Part 1
遠《とお》くにある
大《おお》きな星《ほし》や銀河《ぎんが》の謎《なぞ》

10 見《み》えないはずのブラックホールが見《み》えたってどういうこと？

2019年《ねん》、「ブラックホールの姿《すがた》を初《はじ》めて撮影《さつえい》した」という写真《しゃしん》が公開《こうかい》されて大《おお》きな話題《わだい》になりました。

オレンジ色《いろ》の光《ひかり》があって、その中心《ちゅうしん》は黒色《こくしょく》という画像《がぞう》を撮影《さつえい》したのは、世界各地《せかいかくち》にある8カ所《しょ》の電波望遠鏡《でんぱぼうえんきょう》をつなげて、ひとつの地《ち》球《きゅう》サイズの電波望遠鏡《でんぱぼうえんきょう》とした**イベント・ホライズン・テレスコープ**です。

ブラックホールは、そのなかに入《はい》ったら光《ひかり》でも脱出《だっしゅつ》できないため、目《め》に見《み》える光《ひかり》や電波《でんぱ》でも見《み》ることはできません。しかし、ブラックホールの周《まわ》りに明《あか》るいガスなどがあれば、その明《あ》かりをバックにしてブラックホールは影《かげ》のように見《み》えます。それを**ブラックホールシャドウ**といいます。

左《ひだり》ページ右上《みぎうえ》の写真《しゃしん》は、地球《ちきゅう》から約《やく》5500万光年離《まんこうねんはな》れたところにある、**楕円銀河《だえんぎんが》M87の中心《ちゅうしん》にある巨大《きょだい》ブラックホール（シャドウ）**です。勢《いきお》いよくジェットを噴《ふ》き出《だ》していて、重《おも》さは太陽《たいよう》の約《やく》65億倍《おくばい》もあります。

イベント・ホライズン・テレスコープは、その後《ご》、わたしたちの太陽系《たいようけい》、地球《ちきゅう》が含《ふく》まれる**天《あま》の川銀河《がわぎんが》の中心《ちゅうしん》にあるブラックホール**の撮影《さつえい》にも初《はじ》めて成功《せいこう》しています。

真《ま》ん中《なか》で輝《かがや》いているのが巨大楕円銀河《きょだいだえんぎんが》 M87。

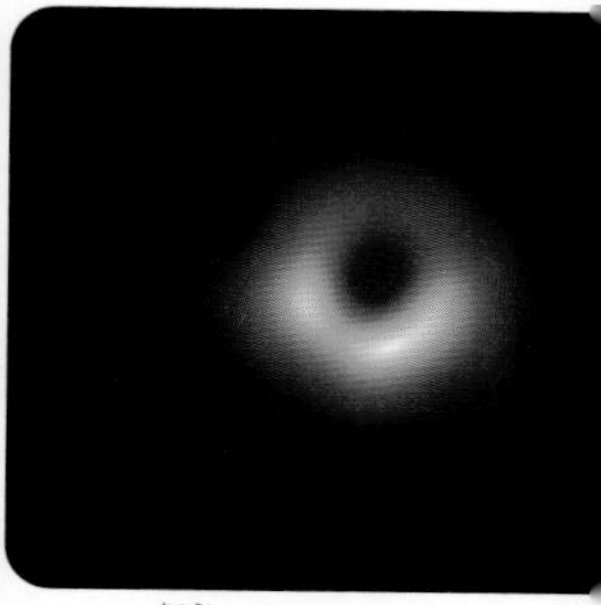

M87で撮影《さつえい》されたブラックホールシャドウと周《まわ》りのガスから出《で》ている光《ひかり》。

M87から伸《の》びる青紫色《あおむらさきいろ》のジェット。

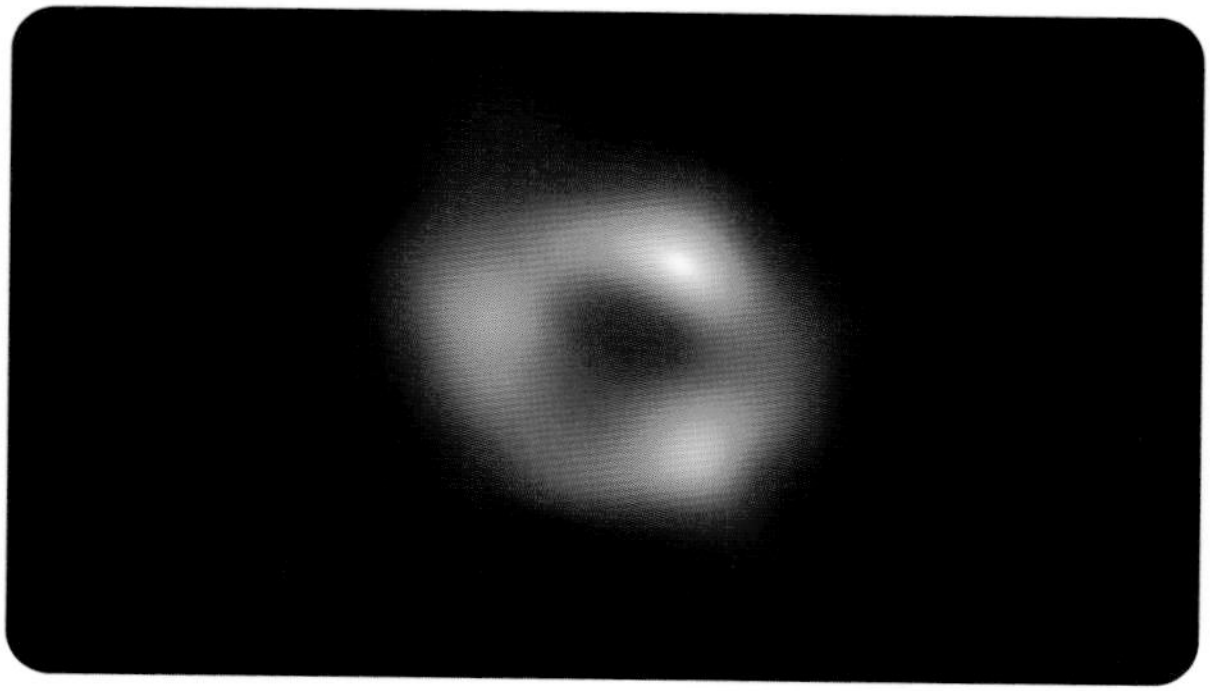

天《あま》の川《がわ》銀河《ぎんが》の中《ちゅう》心《しん》にある「いて座《ざ》A*《エースター》」のブラックホールシャドウ。

宇《う》宙《ちゅう》の豆《まめ》知《ち》識《しき》

中心部《ちゅうしんぶ》が明《あか》るく輝《かがや》き、とても狭《せま》い部分《ぶぶん》からジェットや強力《きょうりょく》な電磁波《でんじは》を出《だ》して活《かっ》発《ぱつ》に活動《かつどう》している銀河《ぎんが》を活動銀河《かつどうぎんが》、その中心部《ちゅうしんぶ》を活動銀河核《かつどうぎんがかく》といいます。活《かつ》動銀河核《どうぎんがかく》のエネルギー源《げん》は、巨大《きょだい》なブラックホールだと考《かんが》えられています。

11

星《ほし》には人間《にんげん》みたいに「一生《いっしょう》」があるって本当《ほんとう》？

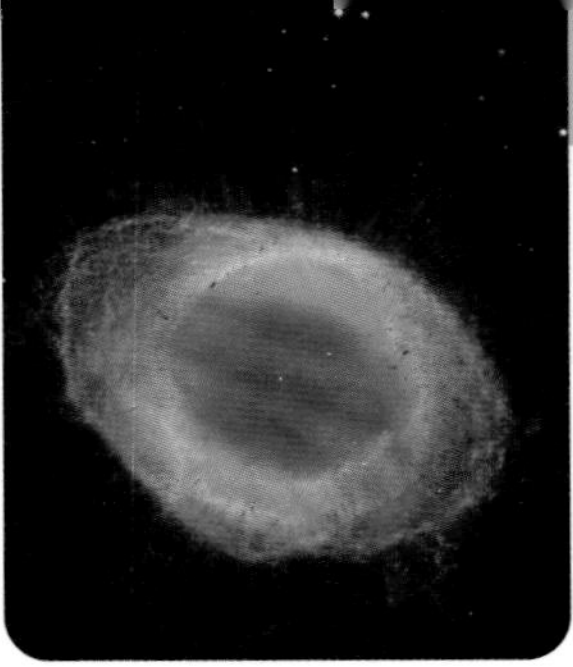

➡輪《わ》っかの形《かたち》をしていることから「リング星雲《せいうん》」や「ドーナツ星雲《せいうん》」とも呼《よ》ばれる惑星状星雲《わくせいじょうせいうん》M 57（NGC 6720）。星《ほし》が一生《いっしょう》を終《お》えようとしている姿《すがた》です。

©NASA,ESA,C.R.O'Dell (Vanderbilt University),and D.Thompson(Large Binocular Telescope Observatory)

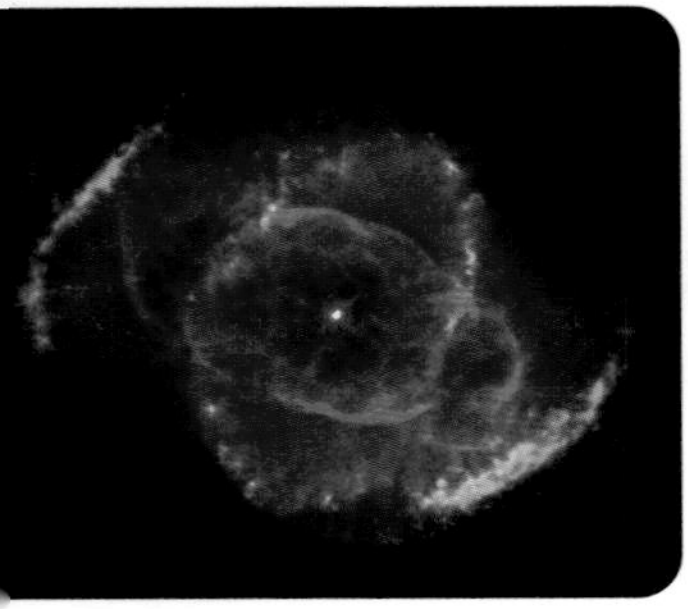

⬅惑星状星雲《わくせいじょうせいうん》のキャッツアイ星雲《せいうん》（NGC 6543）。中心部《ちゅうしんぶ》に見《み》える白《しろ》い点《てん》は、いずれ冷《ひ》えて白色矮星《はくしょくわいせい》になります。

©J.P.Harrington and K.J.Borkowski(University of Maryland),and NASA/ESA

星《ほし》は、薄《うす》い水素《すいそ》やヘリウムのガス、塵《ちり》などの宇宙空間《うちゅうくうかん》にある物質《ぶっしつ》（星間物質《せいかんぶっしつ》）が材料《ざいりょう》になって生《う》まれます。星間物質《せいかんぶっしつ》の濃《こ》いところに星間物質《せいかんぶっしつ》がたくさん集《あつ》まって、やがて自分《じぶん》の重力《じゅうりょく》で縮《ちぢ》んでいき、中心部《ちゅうしんぶ》の温度《おんど》が上《あ》がっていきます。中心部《ちゅうしんぶ》が約《やく》1000万《まん》℃になると**核融合反応《かくゆうごうはんのう》**が始《はじ》まり、輝《かがや》き始《はじ》めます。星《ほし》の誕生《たんじょう》です。

星《ほし》の中心《ちゅうしん》（中心核《ちゅうしんかく》）で水素《すいそ》の核融合《かくゆうごう》が行《おこな》われている星《ほし》を**主系列星《しゅけいれつせい》**といいます。

星《ほし》の一生《いっしょう》でもっとも長《なが》いのが、主系列星《しゅけいれつせい》の時代《じだい》です。やがて星《ほし》の中心部《ちゅうしんぶ》では、水素《すいそ》が尽《つ》

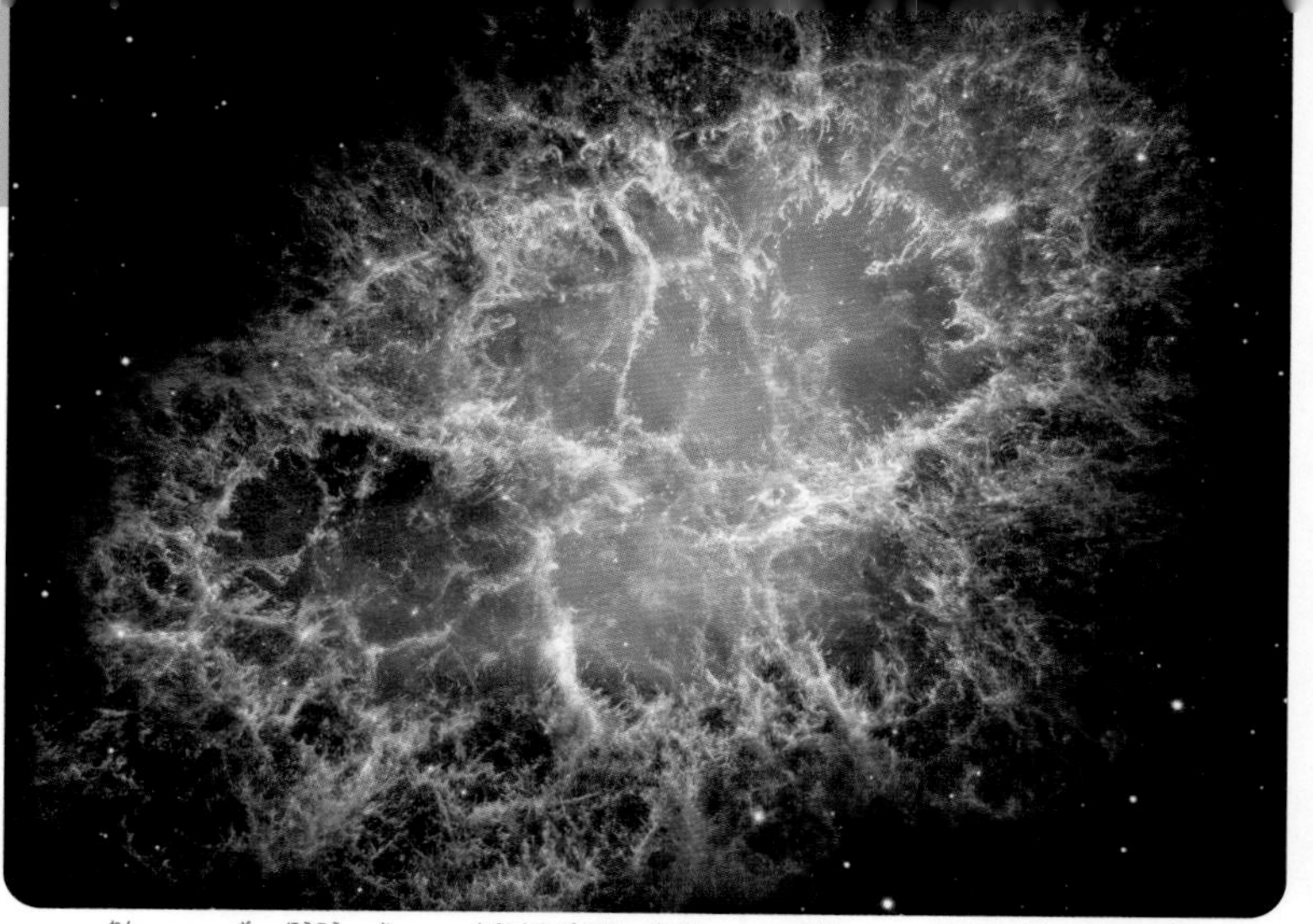

⬆1054年《ねん》、おうし座《ざ》の方向《ほうこう》で起《お》こった超新星爆発《ちょうしんせいばくはつ》の残骸《ざんがい》「かに星雲《せいうん》」。この爆発《ばくはつ》は何《なん》カ月《げつ》も肉眼《にくがん》で見《み》え、日本《にほん》では藤原定家《ふじわらのさだいえ》の『明月記《めいげつき》』にそのことが書《か》かれています。見《み》た目《め》が「かにの足《あし》」に似《に》ていることから、この名前《なまえ》がつきました。

きてヘリウムの中心核《ちゅうしんかく》ができます。ヘリウムの中心核《ちゅうしんかく》が縮《ちぢ》んで温度《おんど》が上《あ》がると、星《ほし》は膨《ふく》らんで表面《ひょうめん》の温度《おんど》が下《さ》がり、**赤《あか》い巨大《きょだい》な星《ほし》（赤色巨星《せきしょくきょせい》）**になります。赤色巨星《せきしょくきょせい》は、星《ほし》が年老《としお》いた姿《すがた》です。

赤色巨星《せきしょくきょせい》になると、星《ほし》は大《おお》きさを変《か》える脈動《みゃくどう》を始《はじ》めて、外側《そとがわ》の物質《ぶっしつ》を少《すこ》しずつ宇宙空間《うちゅうくうかん》に出《だ》していきます。中心核《ちゅうしんかく》はもっと縮《ちぢ》んでいって、小《ちい》さくて重《おも》い星《ほし》・**白色矮星《はくしょくわいせい》**になります。白色矮星《はくしょくわいせい》は、長《なが》い時間《じかん》をかけてエネルギーを失《うしな》い、輝《かがや》かない**黒色矮星《こくしょくわいせい》**になります。これが星《ほし》の最期《さいご》です。

太陽《たいよう》の8倍《ばい》以上《いじょう》の重《おも》さの星《ほし》は、最後《さいご》に**超新星爆発《ちょうしんせいばくはつ》**という大爆発《だいばくはつ》を起《お》こします。太陽《たいよう》の30倍《ばい》くらいまでの重《おも》さの星《ほし》では、超新星爆発《ちょうしんせいばくはつ》のあとに超高密度《ちょうこうみつど》な星《ほし》・**中性子星《ちゅうせいしせい》**が残《のこ》され、それより重《おも》い星《ほし》が超新星爆発《ちょうしんせいばくはつ》を起《お》こすと**ブラックホール**が現《あらわ》れます。

宇宙《うちゅう》の豆知識《まめちしき》

星雲《せいうん》は、自分《じぶん》で光《ひかり》を出《だ》して輝《かがや》いている星《ほし》（恒星《こうせい》）や恒星《こうせい》の大集団《だいしゅうだん》である銀河《ぎんが》などとは違《ちが》って、宇宙《うちゅう》を漂《ただよ》うガスや塵《ちり》でできた雲《くも》のように見《み》える天体《てんたい》です。ガスや塵《ちり》は星《ほし》をつくる材料《ざいりょう》でもあるので、星《ほし》が生《う》まれる星雲《せいうん》もあります。

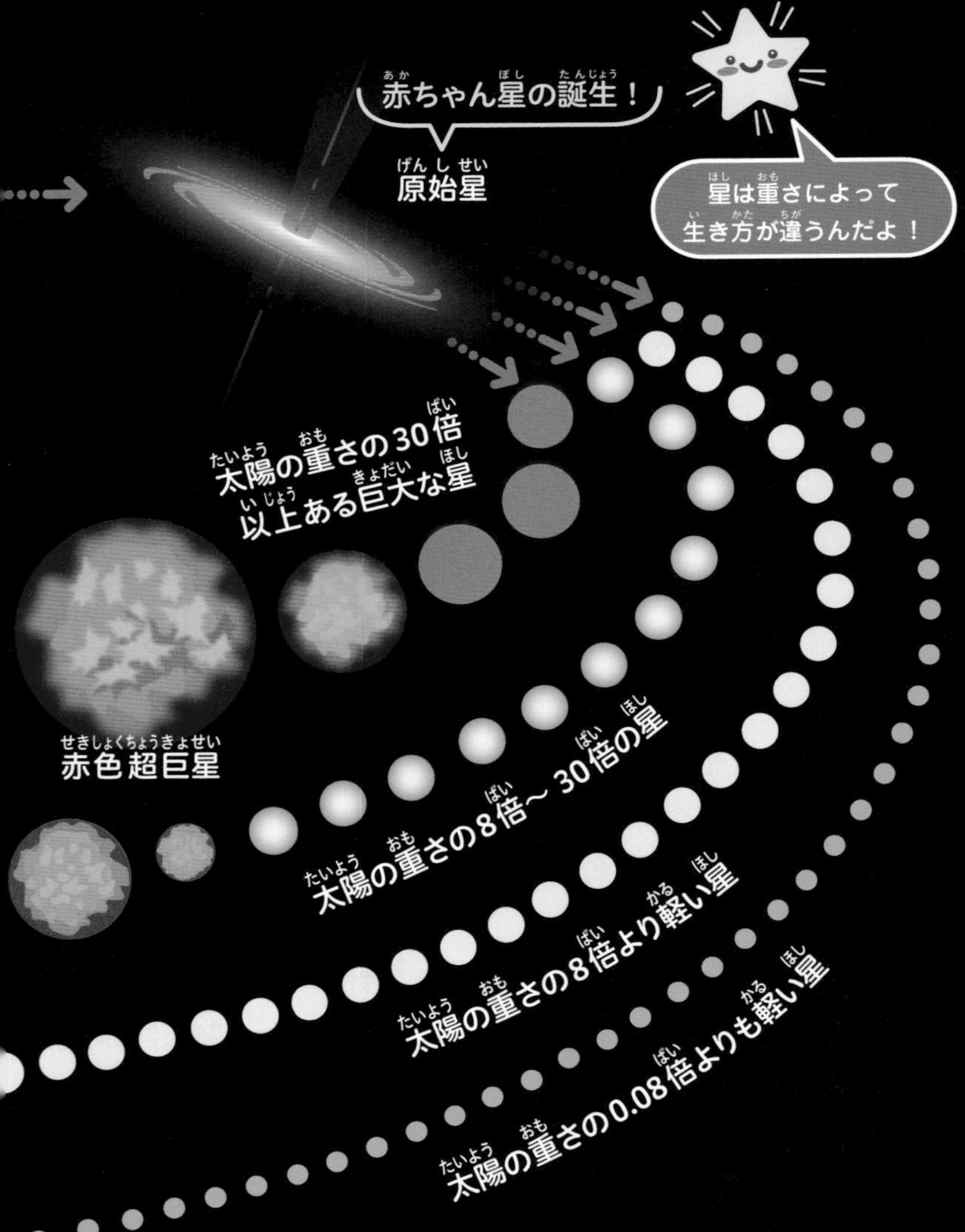

星《ほし》はガスや塵《ちり》からできた星間物質《せいかんぶっしつ》（星間分子雲《せいかんぶんしうん》）を材料《ざいりょう》にして生《う》まれます。星《ほし》の赤《あか》ちゃん（原始星《げんしせい》）は、とても軽《かる》い場合《ばあい》は褐色矮星《かっしょくわいせい》に、それ以外《いがい》は星《ほし》の中心《ちゅうしん》で水素《すいそ》の核融合反応《かくゆうごうはんのう》を起《お》こす主系列星《しゅけいれつせい》になります。主系列星《しゅけいれつせい》は多《おお》くの場合《ばあい》、年《とし》をとると膨《ふく》らんで赤色巨星《せきしょくきょせい》や赤色超巨星《せきしょくちょうきょせい》になります。星《ほし》の重《おも》さでその先《さき》の姿《すがた》は違《ちが》って、軽《かる》い場合《ばあい》は白色矮星《はくしょくわいせい》を残《のこ》して死《し》を迎《むか》えます。重《おも》い星《ほし》は、超新星爆発《ちょうしんせいばくはつ》を起《お》こして中性子星《ちゅうせいしせい》やブラックホールとなって一生《いっしょう》を終《お》えます。惑星状星雲《わくせいじょうせいうん》や超新星残骸《ちょうしんせいざんがい》は、新《あたら》しい星《ほし》の材料《ざいりょう》の一部《いちぶ》になります。

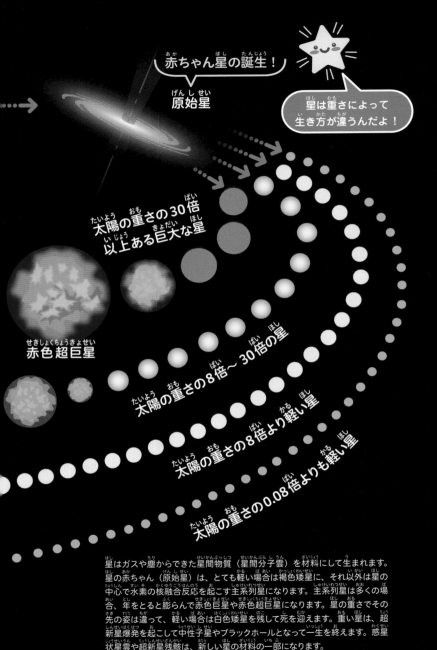

星《ほし》の一生《いっしょう》

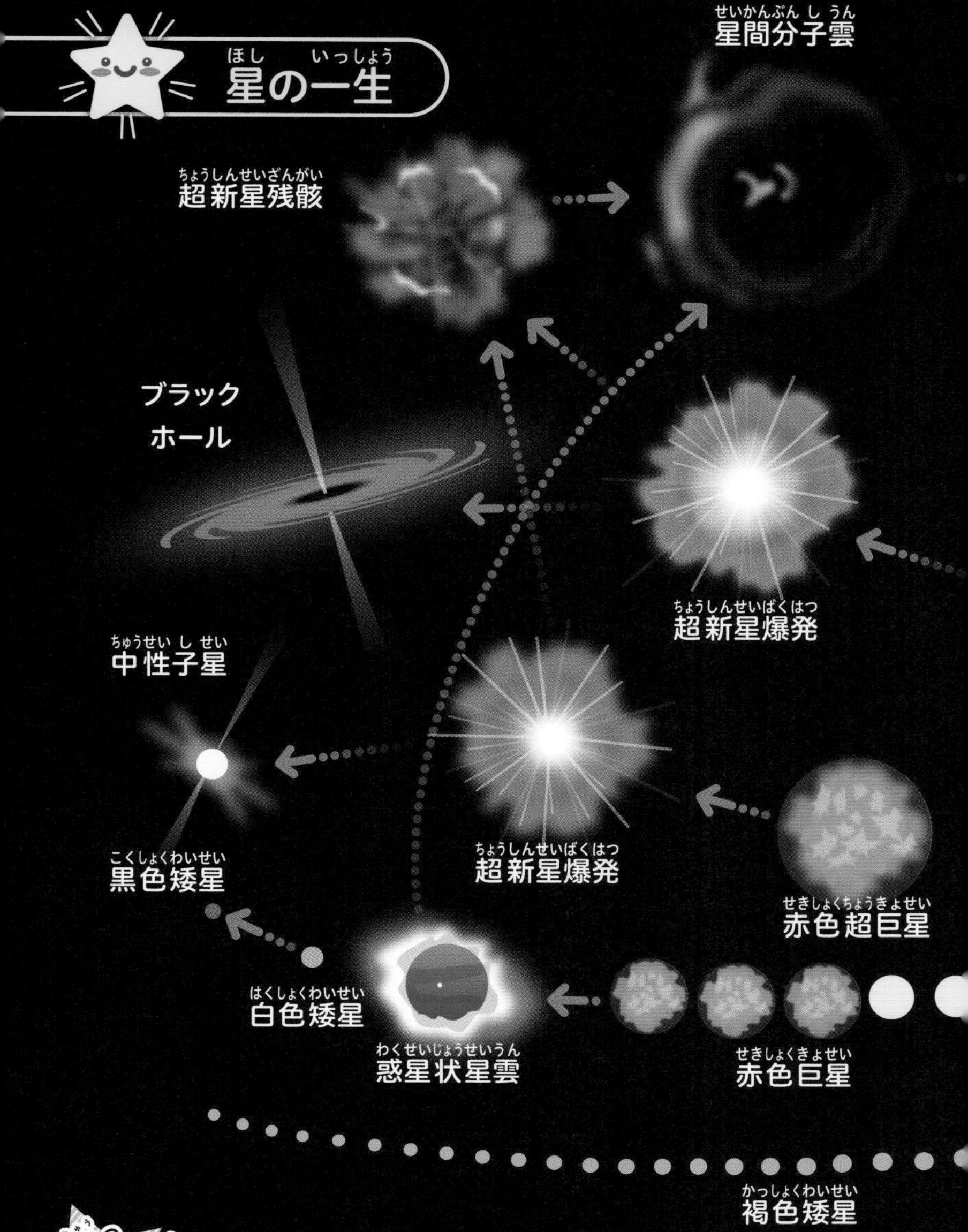

宇宙《うちゅう》の豆《まめ》知《ち》識《しき》

天体《てんたい》の重《おも》さを知《し》りたいとき、天体《てんたい》AがBと回《まわ》り合《あ》っている場合《ばあい》、AとBの間《あいだ》の距離《きょり》と周《まわ》りを回《まわ》る周期《しゅうき》がわかれば、それぞれの重《おも》さがわかります。これは、ケプラーの法則《ほうそく》やニュートンの万有引力《ばんゆういんりょく》の法則《ほうそく》という物理《ぶつり》の法則《ほうそく》によります。

Part 1
遠《とお》くにある
大《おお》きな星《ほし》や銀《ぎん》河《が》の謎《なぞ》

12 生《う》まれたばかりの赤《あか》ちゃん星《ぼし》がたくさん見《み》える場《ば》所《しょ》がある？

宇《う》宙《ちゅう》で星《ほし》が生《う》まれている場《ば》所《しょ》を**星形成領《ほしけいせいりょう》域《いき》**といいます。

星《ほし》が生《う》まれるのは、宇宙空間《うちゅうくうかん》のガスや塵《ちり》が冷《ひ》えて集《あつ》まった**星間分子雲《せいかんぶんしうん》**のなかです。そのなかでも、とくに密度《みつど》が高《たか》い場《ば》所《しょ》で星《ほし》が誕生《たんじょう》します。

生《う》まれたばかりの星《ほし》（原始星《げんしせい》）の周《まわ》りには、星《ほし》の重力《じゅうりょく》によって吸《す》い寄《よ》せられたガスや塵《ちり》が流《なが》れ込《こ》んで、回転《かいてん》する円盤《えんばん》ができます。これを**原始惑星系円盤《げんしわくせいけいえんばん》**といいます。

原始惑星系円盤《げんしわくせいけいえんばん》のガスや塵《ちり》の一部《いちぶ》は、円盤《えんばん》と垂直方向《すいちょくほうこう》（原始星《げんしせい》の回転軸《かいてんじく》の方向《ほうこう》）に細《ほそ》い流《なが》れとなって、高速《こうそく》で噴《ふ》き出《だ》すことがあります。これを**ジェット（宇宙《うちゅう》ジェット）**といいます。

「星《ほし》が生《う》まれる場《ば》所《しょ》」として有名《ゆうめい》なのが、地《ち》球《きゅう》から約《やく》１３５０光年離《こうねんはな》れたところにある**オリオン座大星雲《ざだいせいうん》**です。オリオン座大星雲《ざだいせいうん》は、オリオンの三《み》つ星《ぼし》の少《すこ》し南《みなみ》に見《み》える明《あか》るい星《せい》雲《うん》で、ガスや塵《ちり》でできた星間分子雲《せいかんぶんしうん》が、近《ちか》くや星雲《せいうん》のなかにある高温《こうおん》の明《あか》るい星《ほし》の光《ひかり》に照《て》らされて光《ひか》っています。

そして、このような星雲《せいうん》では今《いま》まさに星《ほし》が誕生《たんじょう》しています。

ガスや塵《ちり》が集《あつ》まって、それをもとに赤《あか》ちゃん星《ぼし》がたくさん生《う》まれているオリオン座大星雲《ざだいせいうん》（M42）。黄色《きいろ》い場所《ばしょ》には4つの恒星《こうせい》が隠《かく》れています。

©NASA,ESA,T.Megeath(University of Toledo) and M.Robberto(STScI)

赤《あか》ちゃん星《ほし》が生《う》まれているところを
星形成領域《ほしけいせいりょういき》っていうんだよ

➡おうし座《ざ》 HL 星《せい》という星《ほし》の周《まわ》りに広《ひろ》がる原始惑星系円盤《げんしわくせいけいえんばん》。溝《みぞ》のような黒《くろ》い部分《ぶぶん》では、惑星《わくせい》がつくられていると考《かんが》えられています。

©ALMA(ESO/NAOJ/NRAO)

宇宙《うちゅう》の豆知識《まめちしき》

星《ほし》の群《む》れを星団《せいだん》といいますが、数十個《すうじゅっこ》から数百個《すうひゃくこ》の星《ほし》がまばらに分布《ぶんぷ》していて、不規則《ふきそく》な形《かたち》に見《み》えるものを散開星団《さんかいせいだん》といいます。銀河《ぎんが》の円盤部分《えんばんぶぶん》のなかにあって、比較的若《ひかくてきわか》い青色《あおいろ》をした大《おお》きな星《ほし》をたくさん含《ふく》むのが特徴《とくちょう》です。

13 生《う》まれたてのジェットの輝《かがや》き ハービッグ・ハロー天体《てんたい》

ハービッグ・ハロー天体《てんたい》（HH天体《てんたい》）とは、**誕生《たんじょう》したばかりの星《ほし》の周《まわ》りに見《み》られる細長《ほそなが》く明《あか》るい星雲《せいうん》**のような天体《てんたい》です。

ハービッグ・ハロー天体《てんたい》は、以前《いぜん》から知《し》られていましたが、1950年代《ねんだい》にそれぞれ別《べつ》に研究《けんきゅう》を行《おこな》っていたアメリカの**ジョージ・ハービッグ**とメキシコの**ギイェルモ・ハロー**にちなんで名《な》づけられました。

生《う》まれたばかりの星《ほし》からは、高速《こうそく》のジェットが噴《ふ》き出《だ》していますが、ほとんどのハービッグ・ハロー天体《てんたい》からも、ジェットが見《み》つかっています。

ハービック・ハロー天体《てんたい》は、このジェットが、周《まわ》りの星間物質《せいかんぶっしつ》に衝突《しょうとつ》して、その衝撃《しょうげき》で輝《かがや》いている現象《げんしょう》と考《かんが》えられています。

また、ハービック・ハロー天体《てんたい》は、生《う》まれたばかりの星《ほし》が進化《しんか》していくなかで、一時的《いちじてき》に起《お》こる現象《げんしょう》です。一生《いっしょう》のうち、数千年《すうせんねん》しか存在《そんざい》しないと考《かんが》えられています。

輝線星雲《きせんせいうん》は、生《う》まれたばかりの星《ほし》の光《ひかり》に照《て》らされた星間《せいかん》ガスが明《あか》るく輝《かがや》いているものです。対《たい》してハービック・ハロー天体《てんたい》は、**星《ほし》から噴《ふ》き出《だ》したジェットの衝突《しょうとつ》で輝《かがや》いている**ものという違《ちが》いがあります。

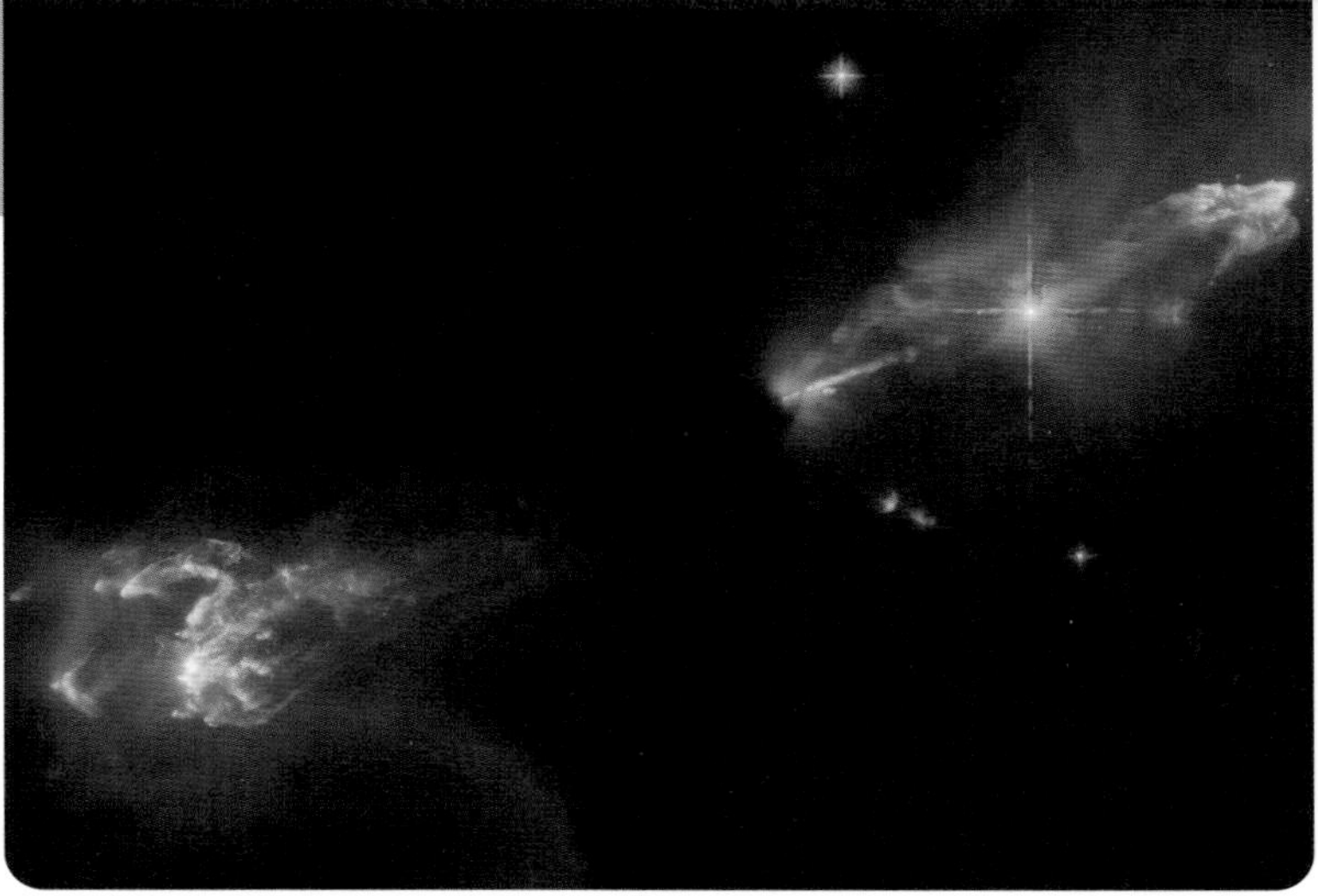

⇧ハービッグ・ハロー天体《てんたい》「HH1」（右上《みぎうえ》）と「HH2」（左下《ひだりした》）。HH1は秒速《びょうそく》400㎞以《い》上《じょう》で移動《いどう》していることがわかっています。

©ESA/Hubble & NASA,B.Reipurth,B.Nisini

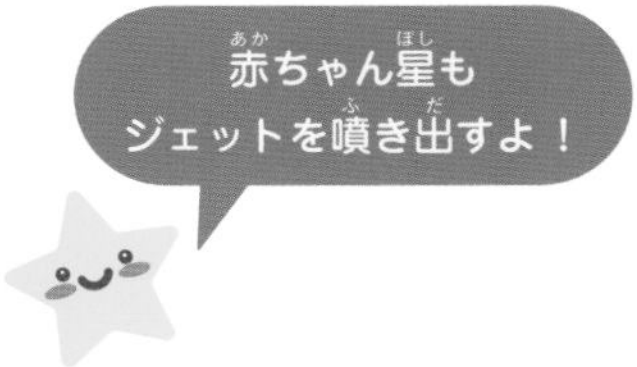

⇧おうし座《ざ》T型星《がたせい》の原始星《げんしせい》を囲《かこ》む星雲《せいうん》のHH46とジェットのHH47からなるハービッグ・ハロー天体《てんたい》HH46/47。

©ESO/ALMA(ESO/NAOJ/NRAO)/H.Arce.
Acknowledgements:Bo Reipurth

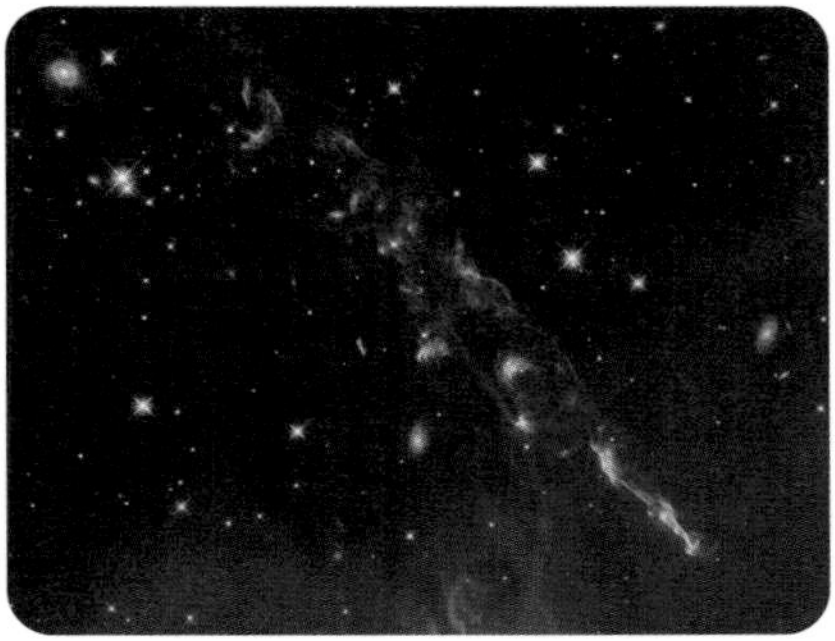

⇨ハッブル宇宙望遠鏡《うちゅうぼうえんきょう》が写《うつ》したHH110。生《う》まれたばかりの星《ほし》から出《で》た熱《あつ》いガスでできています。

©NASA,ESA,and the Hubble Heritage Team(STScI/AURA)

宇宙《うちゅう》の豆《まめ》知識《ちしき》

HH1とHH2は、ハービッグとハローによって初《はじ》めて発見《はっけん》されたハービッグ・ハロー天体《てんたい》です。どちらもオリオン座《ざ》の方向《ほうこう》、地球《ちきゅう》から約《やく》1500光年離《こうねんはな》れたところにあります。ふたつとも、同《おな》じ原始星《げんしせい》のジェットからできたものです。

14 オリオン座《ざ》のベテルギウスはもうすぐ爆《ばく》発《はつ》しちゃうの？

オリオン座《ざ》の恒星《こうせい》ベテルギウスは、地球《ちきゅう》からの距離《きょり》は約《やく》640光年《こうねん》、太陽《たいよう》の約《やく》16～19倍《ばい》の重《おも》さをもつ**赤色超巨星《せきしょくちょうきょせい》**です。赤色超巨星《せきしょくちょうきょせい》は、年老《としお》いた重《おも》たい巨大《きょだい》な星《ほし》で、中心部《ちゅうしんぶ》では核融合反応《かくゆうごうはんのう》の燃料《ねんりょう》がなくなりかけていて、表面温度《ひょうめんおんど》は低《ひく》いために赤色《あかいろ》をしています。星《ほし》の死《し》が近《ちか》づいていて、やがて**超新星爆発《ちょうしんせいばくはつ》**という大爆発《だいばくはつ》を起《お》こします。

ベテルギウスは、約《やく》420日間隔《にちかんかく》で膨《ふく》らんだり縮《ちぢ》んだりを繰《く》り返《かえ》し、それによって明《あか》るさが変《か》わる**脈動変光星《みゃくどうへんこうせい》**と呼《よ》ばれる星《ほし》ですが、2019年末《ねんまつ》から2020年《ねん》にかけて、グッと暗《くら》くなったため、爆発間近《ばくはつまぢか》かと話題《わだい》にもなりました。

もしも、ベテルギウスが超新星爆発《ちょうしんせいばくはつ》を起《お》こしたら、表面温度《ひょうめんおんど》が急激《きゅうげき》に上《あ》がって、青白《あおじろ》く輝《かがや》き始《はじ》めます。ベテルギウスは比較的《ひかくてき》地球《ちきゅう》に近《ちか》いため、超新星爆発《ちょうしんせいばくはつ》が起《お》こった場合《ばあい》、**半月《はんげつ》くらいの明《あか》るさ**になるでしょう。爆発《ばくはつ》の際《さい》には、ガンマ線《せん》やX線《エックスせん》も放射《ほうしゃ》されますが、地《ち》球《きゅう》に大《おお》きな影響《えいきょう》はありません。

2021年《ねん》にはベテルギウスは明《あか》るさを取《と》り戻《もど》しましたが、**数万年《すうまんねん》～10万年以内《まんねんいない》**に超新《ちょうしん》星爆発《せいばくはつ》を起《お》こすと考《かんが》えられています。

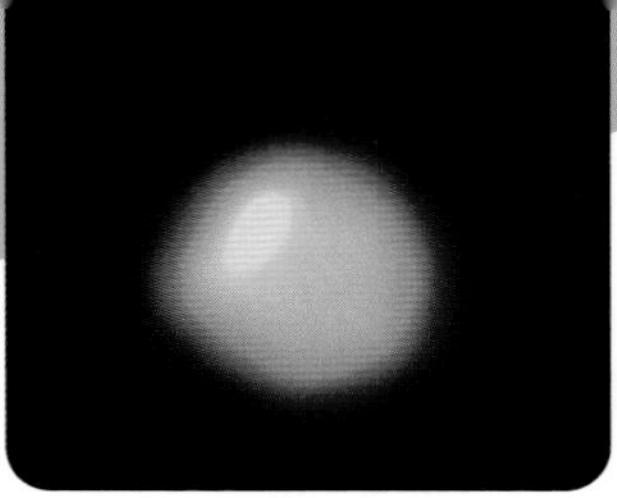

↑アルマ望遠鏡《ぼうえんきょう》が撮影《さつえい》したベテルギウス。太陽《たいよう》の1400倍《ばい》ほどに膨《ふく》らんでいます。

©ALMA(ESO/NAOJ/NRAO)/E.O' Gorman/P.Kervella

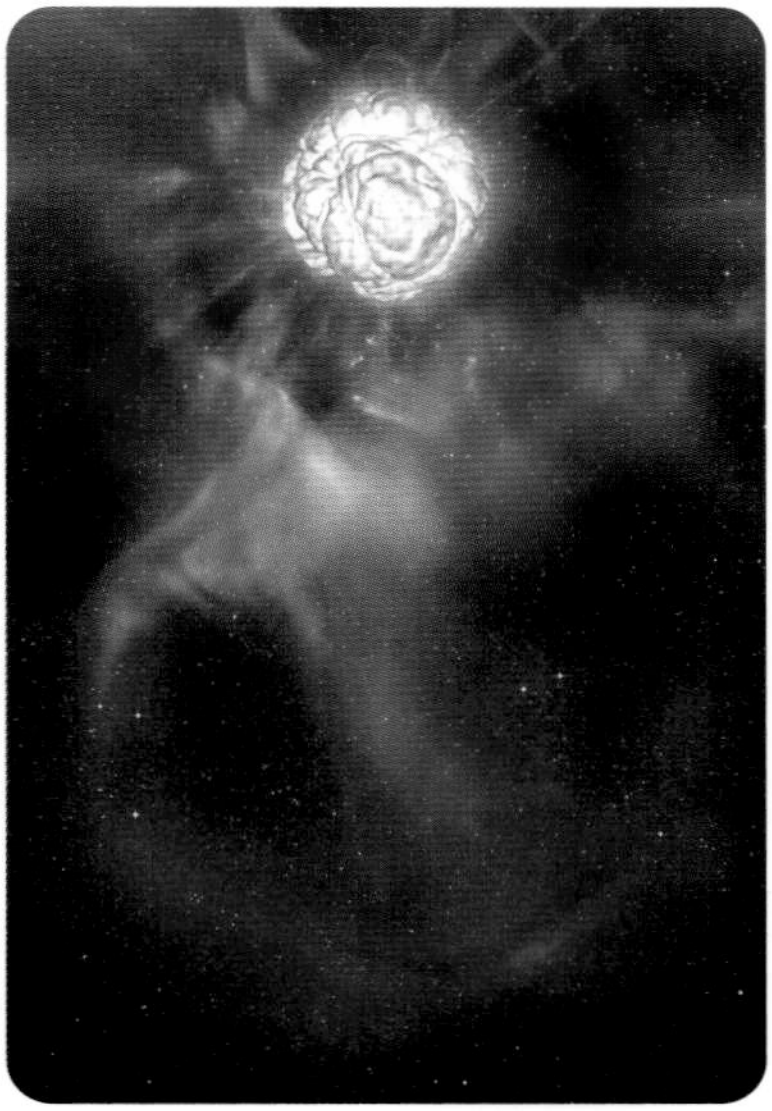

↑赤色超巨星《せきしょくちょうきょせい》となって今《いま》にも爆発《ばくはつ》しそうなベテルギウスの想像図《そうぞうず》。

©ESO/L.Calçada

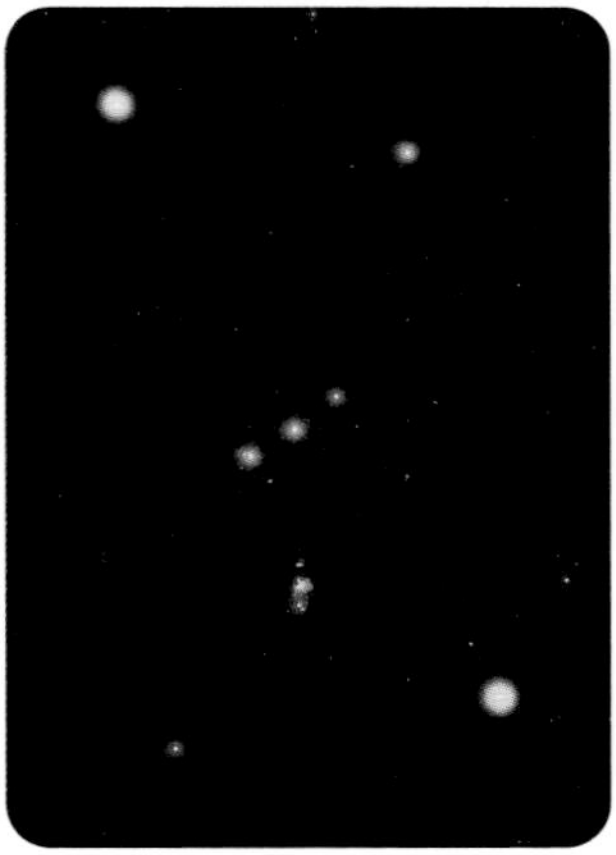

←オリオン座《ざ》。左上《ひだりうえ》で赤色《あかいろ》に輝《かがや》いているのがベテルギウス。

©NASA,Eckhard Slawik

夜《よる》の見《み》え方《かた》

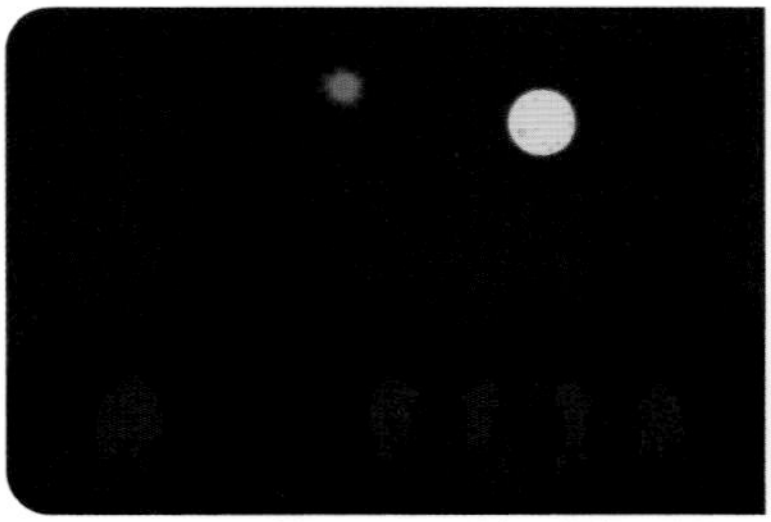

昼《ひる》の見《み》え方《かた》

↑ベテルギウスが爆発《ばくはつ》すると「半月《はんげつ》（満月《まんげつ》の半分《はんぶん》）」くらいの明《あか》るさで観測《かんそく》できると考《かんが》えられています。昼間《ひるま》でも、わたしたちはその光《ひかり》を目《め》で見《み》られることでしょう。

宇《う》宙《ちゅう》の豆《まめ》知《ち》識《しき》

赤色巨星《せきしょくきょせい》は年老《としお》いて死《し》が近《ちか》づいた星《ほし》です。表面温度《ひょうめんおんど》が低《ひく》く赤色《あかいろ》に見《み》えます。中心部《ちゅうしんぶ》にヘリウムが溜《た》まって、その周《まわ》りで水素《すいそ》が核融合反応《かくゆうごうはんのう》を起《お》こしています。赤色巨星《せきしょくきょせい》のうち明《あか》るさが太陽《たいよう》の数百倍以上《すうひゃくばいいじょう》あるものを赤色超巨星《せきしょくちょうきょせい》といいます。

15

銀河《ぎんが》は宇宙《うちゅう》にいくつあって何種類《なんしゅるい》もあるの？

この宇宙《うちゅう》に、銀河《ぎんが》は数千億《すうせんおく》個《こ》から2兆《ちょう》個《こ》もあると考《かんが》えられています。

銀河《ぎんが》は、その形《かたち》の違《ちが》いから**楕円銀河《だえんぎんが》、レンズ状銀河《じょうぎんが》、渦巻銀河《うずまきぎんが》・棒渦巻銀河《ぼううずまきぎんが》、不規則銀河《ふきそくぎんが》**と大《おお》きく4つに分《わ》けられます。これを**ハッブル分類《ぶんるい》**といいます。

楕円銀河《だえんぎんが》（E0～E7型《がた》）は、円形《えんけい》や楕円形《だえんけい》をした銀河《ぎんが》です。銀河《ぎんが》のなかにガスや塵《ちり》がほとんどなく、年老《としお》いた星《ほし》が多《おお》いので黄色《きいろ》や赤色《あかいろ》っぽく見《み》えます。

レンズ状銀河《じょうぎんが》（S0型《がた》）は、中心部《ちゅうしんぶ》には星《ほし》が集《あつ》まってできた膨《ふく》らみ（バルジ）がありますが、渦巻《うずまき》が見《み》られません。楕円銀河《だえんぎんが》と同《おな》じように、ガスや塵《ちり》があまりなくて、多《おお》くが年老《としお》いた星《ほし》でできています。

渦巻銀河《うずまきぎんが》（Sa型《がた》～Sc型《がた》）と棒渦巻銀河《ぼううずまきぎんが》（SBa型《がた》～SBc型《がた》）は、円盤部分《えんばんぶぶん》に渦巻《うずまき》をもった銀河《ぎんが》です。渦巻腕《うずまきうで》にはガスや塵《ちり》、若《わか》い星《ほし》がたくさんあるので青《あお》っぽく見《み》えます。

不規則銀河《ふきそくぎんが》（Irr型《がた》）は、名前《なまえ》のとおり不規則《ふきそく》な形《かたち》をしていますが、ガスや若《わか》い星《ほし》が多《おお》くてたくさんの星《ほし》が生《う》まれています。

どうして、銀河《ぎんが》にはいろいろな形《かたち》があるのかは、まだよくわかっていません。

銀河《ぎんが》の種類《しゅるい》

棒渦巻銀河《ぼううずまきぎんが》

SBa型《がた》

↑しし座《ざ》方向《ほうこう》にある棒渦巻銀河《ぼううずまきぎんが》 NGC3185。

©ESA/Hubble & NASA

SBb型《がた》

↑エリダヌス座《ざ》の方向《ほうこう》にある棒渦巻銀河《ぼううずまきぎんが》 NGC1300。

©NASA,ESA,and The Hubble Heritage Team(STScI/AURA)

SBc型《がた》

↑うみへび座《ざ》の方向《ほうこう》にある棒《ぼう》渦巻銀河《うずまきぎんが》 M83。

©TRAPPIST/E.Jehin/ESO

渦巻銀河《うずまきぎんが》

Sa型《がた》

↑りょうけん座《ざ》の方向《ほうこう》にある渦《うず》巻銀河《まきぎんが》 M94。

©ESA/Hubble & NASA

Sb型《がた》

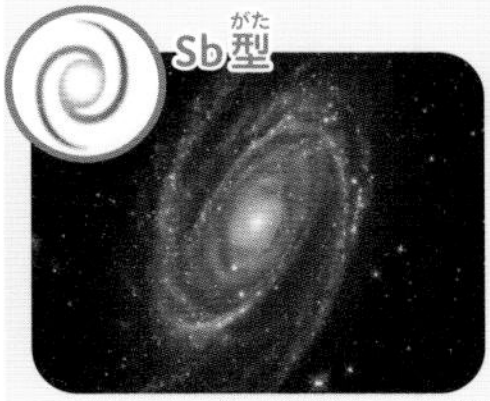

↑おおぐま座《ざ》の方向《ほうこう》にある渦《うず》巻銀河《まきぎんが》 M81。

©ESA/Hubble & NASA,P.Cote

Sc型《がた》

↑うお座《ざ》の方向《ほうこう》にある渦巻銀《うずまきぎん》河《が》 M74。

©ESA/Hubble & NASA

楕円銀河《だえんぎんが》やレンズ状銀河《じょうぎんが》

E0型《がた》

↑おとめ座《ざ》銀河団《ぎんがだん》の方向《ほうこう》にある楕円銀河《だえんぎんが》 M89。

©NASA,Mark Hanson

E5型《がた》

↑おとめ座《ざ》銀河団《ぎんがだん》の方向《ほうこう》にある楕円銀河《だえんぎんが》 M59。

©ESA/Hubble & NASA,P.Cote

S0型《がた》

↑りゅう座《ざ》の方向《ほうこう》にあるレンズ状銀河《じょうぎんが》 NGC5866。

©ESA/Hubble & NASA

Irr型《がた》（不規則銀河《ふきそくぎんが》）

→りょうけん座《ざ》方向《ほうこう》にある不規則銀河《ふきそくぎんが》 NGC4449。

©ESA/Hubble & NASA

宇宙《うちゅう》の豆知識《まめちしき》

フランスの天文学者《てんもんがくしゃ》メシエはメシエカタログという天体《てんたい》リストをつくり M1、M2……と名《な》づけました。その後《ご》にイギリスの天文学者《てんもんがくしゃ》ドライヤーがニュージェネラルカタログ（NGC）とインデックスカタログ（IC）をつくりました。

16 太陽系《たいようけい》がある天《あま》の川銀河《がわぎんが》はいったいどんなもの？

わたしたちの太陽系《たいようけい》が属《ぞく》している銀河《ぎんが》は天《あま》の川銀河《がわぎんが》です。天《あま》の川銀河《がわぎんが》は、約《やく》1000億個《おくこ》もの星《ほし》の集《あつ》まりです。天《あま》の川銀河《がわぎんが》は、観測《かんそく》によって**棒渦巻銀河《ぼううずまきぎんが》**だと考《かんが》えられています。そして天《あま》の川銀河《がわぎんが》は、**ディスク（円盤《えんばん》）**、**バルジ**、**ハロー**という3つの部分《ぶぶん》からできています。

ディスクは、たくさんの星《ほし》やガス、塵《ちり》でできていて、直径《ちょっけい》が約《やく》10万光年《まんこうねん》、厚《あつ》さは太陽《たいよう》の近《ちか》くで約《やく》2000光年《こうねん》と薄《うす》い円盤《えんばん》のような形《かたち》をしています。ディスクには、星《ほし》が集《あつ》まっている**渦巻腕《うずまきうで》（スパイラルアーム）**と呼《よ》ばれる部分《ぶぶん》があります。太陽系《たいようけい》があるのは、**オリオン座《ざ》の腕《うで》**という部分《ぶぶん》で、銀河《ぎんが》の中心《ちゅうしん》から太陽《たいよう》系《けい》までの距離《きょり》は約《やく》2万《まん》6000光年《こうねん》です。

バルジは中心《ちゅうしん》にある膨《ふく》らんだ部分《ぶぶん》で、その上下《じょうげ》には**フェルミバブル**と呼《よ》ばれる直径《ちょっけい》2・5万光年《まんこうねん》ほどの巨大《きょだい》なガス球《きゅう》が広《ひろ》がっています。フェルミバブルの温度《おんど》は約《やく》1万《まん》℃あることがわかっています。

ハローは、ディスク、バルジ、フェルミバブルを包《つつ》み込《こ》むような薄《うす》い球形《きゅうけい》をしています。球状星団《きゅうじょうせいだん》と呼《よ》ばれる星団《せいだん》や高温《こうおん》のガス、ダークマターなどからできています。

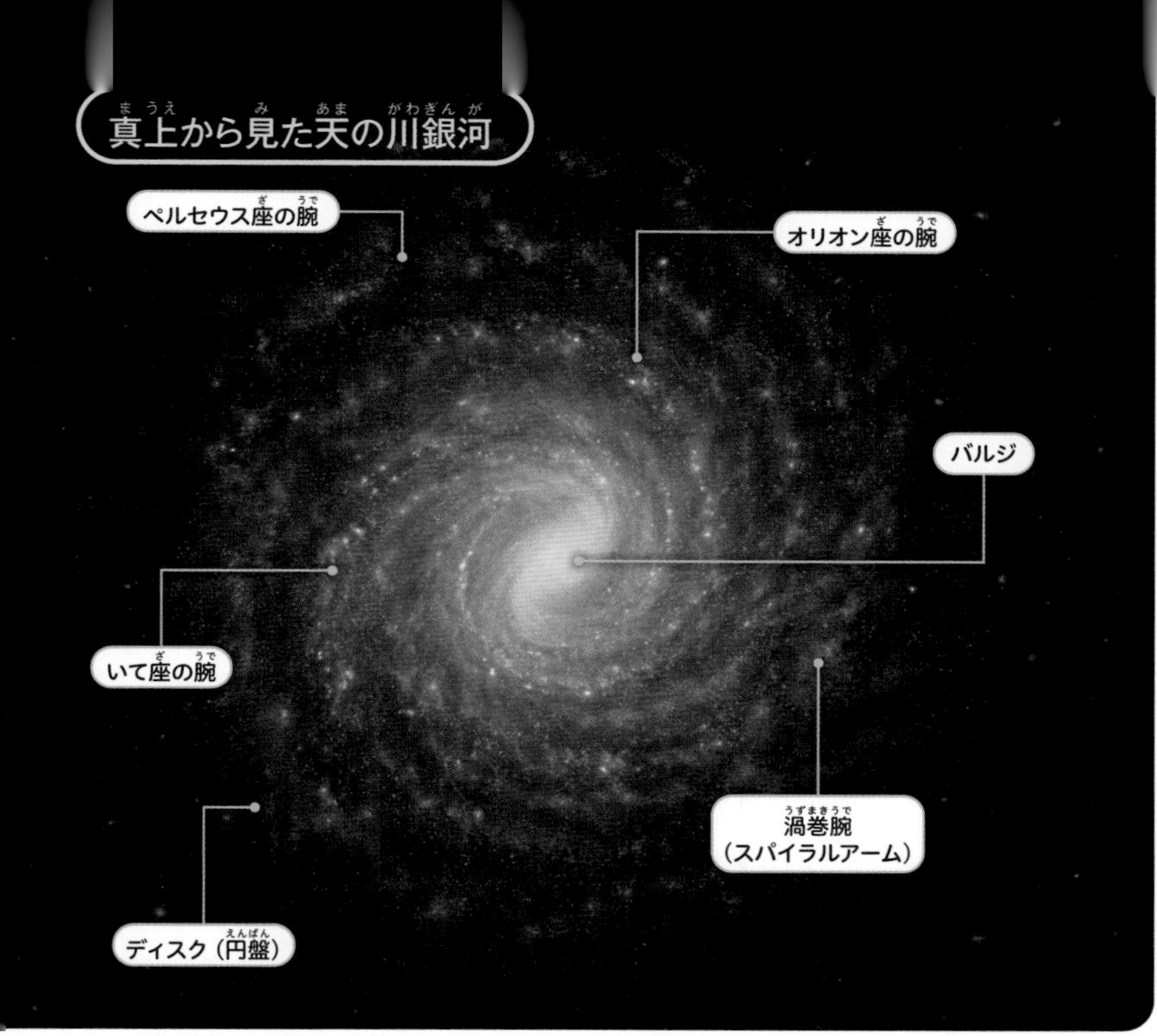

⬆真《ま》ん中《なか》にある膨《ふく》らみ部分《ぶぶん》（バルジ）からは渦《うず》を巻《ま》く腕《うで》が伸《の》びていて、ディスク（円盤《えんばん》）をつくっています。バルジの中心部《ちゅうしんぶ》には巨大《きょだい》なブラックホールがあると考《かんが》えられています。

©NAOJ,Hiroyuki NAKANISHI and Yoshiaki SOFUE,M.J.Reid et al,Baba et al.

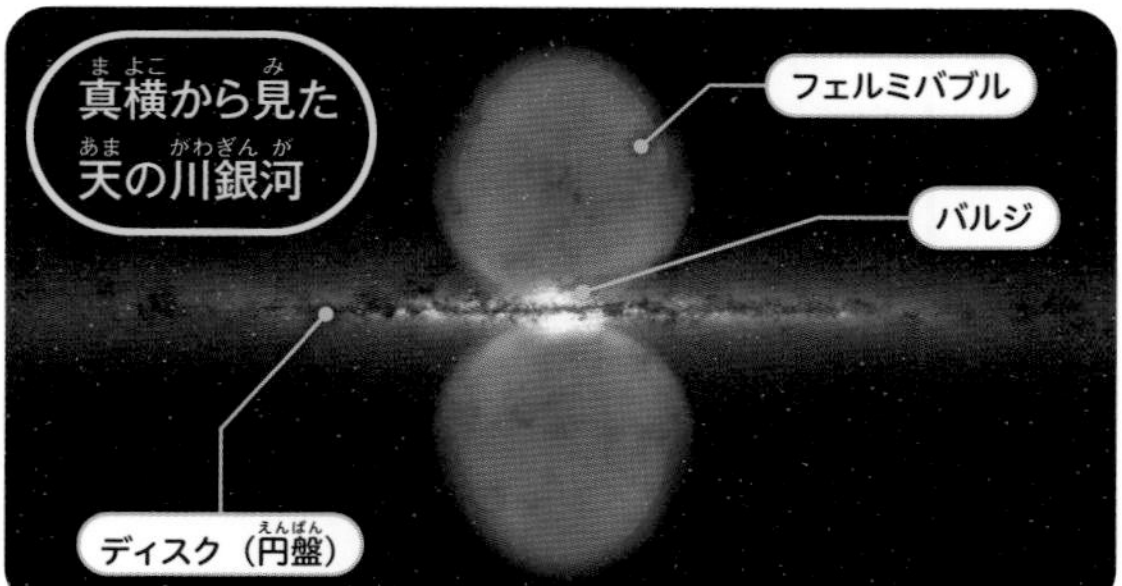

⬅バルジの上下《じょうげ》には、フェルミバブルと呼《よ》ばれる約《やく》1万《まん》℃の熱《あつ》いガスが広《ひろ》がっています。図《ず》にはありませんが、フェルミバブルをずっと大《おお》きな球状《きゅうじょう》のハローが取《と》り囲《かこ》んでいます。

©NASA's Goddard Space Flight Center

宇宙《うちゅう》の豆知識《まめちしき》

天《あま》の川銀河《がわぎんが》に一番近《いちばんちか》い銀河団《ぎんがだん》はおとめ座銀河団《ざぎんがだん》で、太陽《たいよう》からの距離《きょり》は約《やく》5900万光年《まんこうねん》。直径約《ちょっけいやく》1200万光年《まんこうねん》に約《やく》2500個《こ》の銀河《ぎんが》があります。その北《きた》に見《み》えるかみのけ座銀河団《ざぎんがだん》は、太陽《たいよう》からの距離《きょり》が約《やく》3億《おく》2000万光年《まんこうねん》です。

17 天《あま》の川《がわ》銀河《ぎんが》がほかの銀河《ぎんが》とぶつかるって本当《ほんとう》？

近《ちか》くにある銀河《ぎんが》と銀河《ぎんが》が衝突《しょうとつ》することは、宇宙《うちゅう》では、そんなにめずらしいことではありません。

アンドロメダ座大銀河《ざだいぎんが》は、太陽《たいよう》から約《やく》250万光年《まんこうねん》離《はな》れたところにある、天《あま》の川銀《がわぎん》河《が》にもっとも近《ちか》い渦巻銀河《うずまきぎんが》です。

天《あま》の川銀河《がわぎんが》とアンドロメダ座大銀河《ざだいぎんが》は、**時《じ》速《そく》40万《まん》kmという速《はや》さで接近《せっきん》**しています。計算《けいさん》上《じょう》では、天《あま》の川銀河《がわぎんが》とアンドロメダ座大銀河《ざだいぎんが》は、**約《やく》40億年後《おくねんご》に衝突《しょうとつ》**すると考《かんが》えられています。

ふたつの銀河《ぎんが》が衝突《しょうとつ》すると、銀河《ぎんが》のなかにあるガスが圧縮《あっしゅく》されて、たくさんの星《ほし》が生《う》まれます。もしもそのとき、太陽系《たいようけい》が星《ほし》が生《う》まれる場所《ばしょ》にあったとしたら、新《あたら》しく生《う》まれた星《ほし》の輝《かがや》きで、地球《ちきゅう》の夜空《よぞら》は明《あか》るくなるかもしれません。

銀河《ぎんが》と銀河《ぎんが》が衝突《しょうとつ》すると、形《かたち》やつくりが変《か》わってしまうことがあります。アンドロメダ座大銀河《ざだいぎんが》と天《あま》の川銀河《がわぎんが》も形《かたち》が変《か》わり、**約《やく》70億《おく》年後《ねんご》には合体《がったい》して、巨大《きょだい》な楕円銀河《だえんぎんが》になる**と考《かんが》えられています。両方《りょうほう》の銀河《ぎんが》の中心《ちゅうしん》にあるブラックホールも合体《がったい》して、さらに巨大《きょだい》なブラックホールになります。

天《あま》の川銀河《がわぎんが》とアンドロメダ座大銀河《ざだいぎんが》の未来予想図《みらいよそうず》

⬆20億年後《おくねんご》、天《あま》の川銀河《がわぎんが》に近《ちか》づくアンドロメダ座大銀河《ざだいぎんが》。

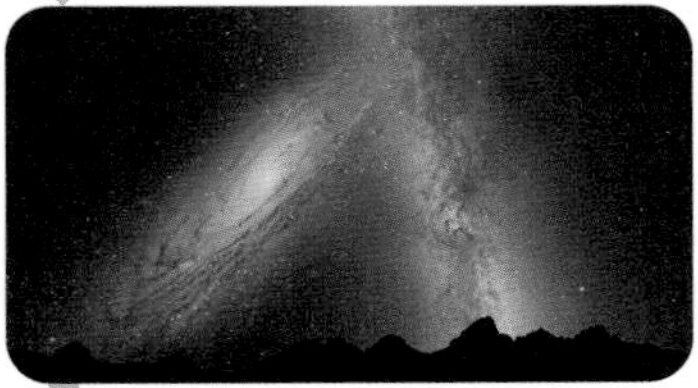

⬆37億《おく》5000万年後《まんねんご》、アンドロメダ座大銀河《ざだいぎんが》の力《ちから》で歪《ゆが》む天《あま》の川銀河《がわぎんが》。

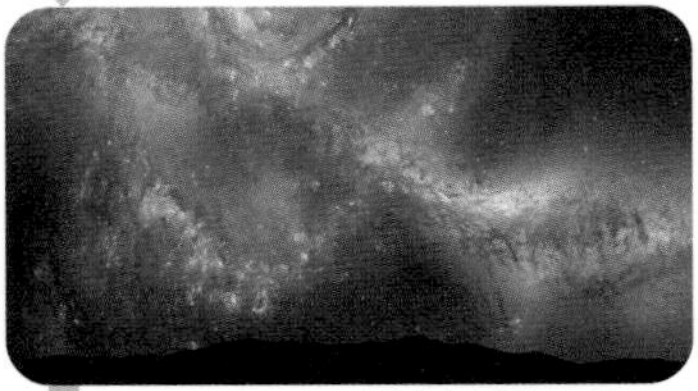

⬆38億《おく》5000万年後《まんねんご》、新《あたら》しい星《ほし》がたくさん生《う》まれます。

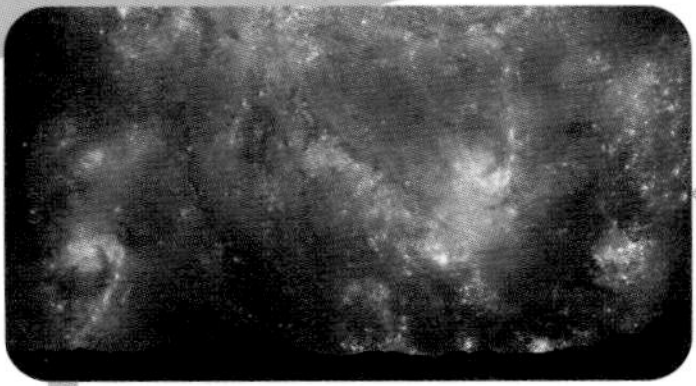

⬆39億年後《おくねんご》、赤《あか》ちゃん星《ぼし》の光《ひかり》を受《う》けて星雲《せいうん》が赤《あか》く輝《かがや》いています。

⬆40億年後《おくねんご》、ふたつの銀河《ぎんが》は完全《かんぜん》に衝突《しょうとつ》して変形《へんけい》していきます。

⬆51億年後《おくねんご》、ふたつの銀河《ぎんが》の中心《ちゅうしん》部分《ぶぶん》（銀河核《ぎんがかく》）が輝《かがや》いています。

⬆70億年後《おくねんご》、ふたつの銀河《ぎんが》が合体《がったい》して巨大《きょだい》な楕円銀河《だえんぎんが》ができています。

宇宙《うちゅう》の豆知識《まめちしき》

天《あま》の川銀河《がわぎんが》とアンドロメダ座大銀河《ざだいぎんが》の距離《きょり》は天《あま》の川銀河《がわぎんが》の直径《ちょっけい》の約《やく》25倍《ばい》ですが、太陽《たいよう》と太陽《たいよう》に一番近《いちばんちか》い恒星《こうせい》のケンタウルス座《ざ》アルファ星《せい》は、太陽《たいよう》の直径《ちょっけい》の約《やく》3000万倍《まんばい》の距離《きょり》です。星《ほし》と星《ほし》は離《はな》れていて衝突《しょうとつ》の心配《しんぱい》はありません。

コラム

教《おし》えて 山岡先生《やまおかせんせい》！

もっと知《し》りたい 宇《う》宙《ちゅう》のロマン No.1

まるで仲良《なかよ》しグループ？ 群《む》れて輝《かがや》く星団《せいだん》の星《ほし》たち

星《ほし》には、お互《たが》いの重力《じゅうりょく》で引《ひ》き合《あ》って群《む》れをつくり銀河《ぎんが》のなかを回《まわ》る集団《しゅうだん》があります。これを星団《せいだん》といって、散開星団《さんかいせいだん》と球状星団《きゅうじょうせいだん》の２種類《しゅるい》あります。

散開星団《さんかいせいだん》は、50光年《こうねん》ほどの間《あいだ》に数十個《すうじゅっこ》から数百個《すうひゃくこ》の恒星《こうせい》がまばらに集《あつ》まった集団《しゅうだん》で、比較的若《ひかくてきわか》い星《ほし》が多《おお》く形《かたち》が不規則《ふきそく》なのが特徴《とくちょう》です。散開星団《さんかいせいだん》は1000個《こ》ほど、天《あま》の川《がわ》に沿《そ》って見《み》つかっています。ひとつの散開星団《さんかいせいだん》に含《ふく》まれるのは、ひとつの分子雲《ぶんしうん》から同時期《どうじき》に生《う》まれた星《ほし》たちだと考《かんが》えられています。おうし座《ざ》のプレアデス星団《せいだん》、ヒアデス星団《せいだん》が有名《ゆうめい》です。

球状星団《きゅうじょうせいだん》は、直径数百光年《ちょっけいすうひゃくこうねん》の大《おお》きさで、数万《すうまん》～数百万個《すうひゃくまんこ》の恒星《こうせい》が球《きゅう》のような形《かたち》に集《あつ》まっている集団《しゅうだん》です。天《あま》の川銀河《がわぎんが》には、生《う》まれて100億年《おくねん》を超《こ》える球状星団《きゅうじょうせいだん》が多《おお》く存在《そんざい》します。

また、天《あま》の川銀河《がわぎんが》では140以上《いじょう》の球状星団《きゅうじょうせいだん》が見《み》つかっていますが、ディスクには存在《そんざい》せず、天《あま》の川銀河《がわぎんが》の周《まわ》りを包《つつ》むように分布《ぶんぷ》しています。代表的《だいひょうてき》な球状星団《きゅうじょうせいだん》には、ヘルクレス座《ざ》M13（ヘルクレス座球状星団《ざきゅうじょうせいだん》）、ケンタウルス座《ざ》のオメガ星団《せいだん》などがあります。

⬆天《あま》の川銀河中心部《がわぎんがちゅうしんぶ》の膨《ふく》らみ（バルジ）にある球状星団《きゅうじょうせいだん》リラー１。古《ふる》い星《ほし》だけでなく若《わか》い星《ほし》も混在《こんざい》する、ちょっと変《か》わった球状星団《きゅうじょうせいだん》です。

⬅「すばる」の名前《なまえ》でも知《し》られる、おうし座《ざ》にある散開星団《さんかいせいだん》のプレアデス星団《せいだん》（M45）。冬《ふゆ》には肉眼《にくがん》で簡単《かんたん》に見《み》ることができます。

Part2

驚《おどろ》きの太《たい》陽《よう》系《けい》に大《だい》接《せっ》近《きん》！

わたしたちが暮《く》らしている地球《ちきゅう》は、
太陽《たいよう》の周《まわ》りをぐるぐると回《まわ》る天体《てんたい》の集《あつ》まり、
太陽系《たいようけい》の惑星《わくせい》のひとつです。
太陽《たいよう》やそれを回《まわ》る8つの惑星《わくせい》、
惑星《わくせい》の周《まわ》りを回《まわ》る衛星《えいせい》、
きれいな尾《お》を引《ひ》く彗星《すいせい》など、
太陽系《たいようけい》にある天体《てんたい》の姿《すがた》を紹介《しょうかい》します！

18

太陽系《たいようけい》は太陽《たいよう》を中心《ちゅうしん》に惑星《わくせい》がぐるぐる円《えん》を描《えが》いてる？

わたしたちの地球《ちきゅう》をはじめ、水星《すいせい》、金星《きんせい》、火星《かせい》、木星《もくせい》、土星《どせい》、天王星《てんのうせい》、海王星《かいおうせい》という**8つの惑星《わくせい》**は、太陽《たいよう》の周《まわ》りをぐるぐると回《まわ》っています。

また、惑星《わくせい》の周《まわ》りを回《まわ》る衛星《えいせい》、準惑星《じゅんわくせい》、小惑星《しょうわくせい》、彗星《すいせい》、流星《りゅうせい》のもとになる流星物質《りゅうせいぶっしつ》なども、太陽《たいよう》の周《まわ》りを回《まわ》っています。このような、太陽《たいよう》とその重力《じゅうりょく》という強《つよ》い力《ちから》によって太陽《たいよう》の周《まわ》りを回《まわ》っている天体《てんたい》の集《あつ》まりを、すべてまとめて**太陽系《たいようけい》**と呼《よ》びます。

太陽系《たいようけい》の惑星《わくせい》は、岩石《がんせき》と鉄《てつ》でできた４つの惑星《わくせい》（水星《すいせい》、金星《きんせい》、地球《ちきゅう》、火星《かせい》）と、４つの巨大惑星《きょだいわくせい》（木星《もくせい》、土星《どせい》、天王星《てんのうせい》、海王星《かいおうせい》）とに分《わ》けられます。

巨大惑星《きょだいわくせい》は、水素《すいそ》とヘリウムだけでできた木星《もくせい》と土星《どせい》、惑星《わくせい》の内部《ないぶ》に液体《えきたい》や固体《こたい》の水《みず》、アンモニア、メタンという物質《ぶっしつ》を含《ふく》む天王星《てんのうせい》と海王星《かいおうせい》の2種類《しゅるい》に分《わ》けられます。

惑星《わくせい》が太陽《たいよう》の周《まわ》りをぐるぐる回《まわ》ることを**公《こう》転《てん》**、天体《てんたい》が宇宙空間《うちゅうくうかん》を運動《うんどう》する道《みち》を**軌道《きどう》**といいます。惑星《わくせい》の公転軌道《こうてんきどう》は、完全《かんぜん》な円《えん》ではなく、**楕円軌道《だえんきどう》**を描《えが》いています。太陽《たいよう》は楕円軌道《だえんきどう》の中心《ちゅうしん》にあるのではなく、中心《ちゅうしん》から少《すこ》しずれた楕円《だえん》の焦点《しょうてん》に位置《いち》しています。

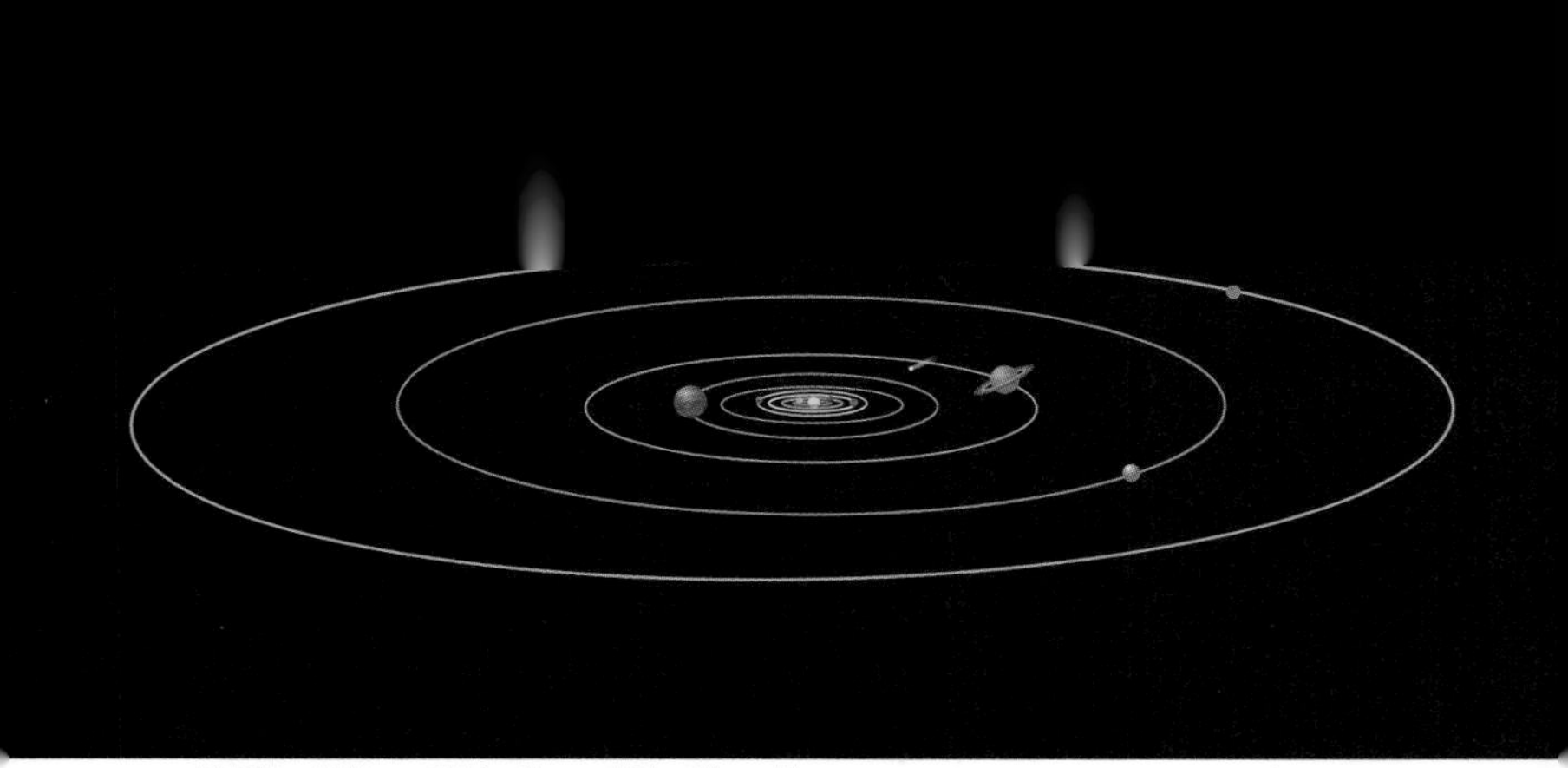

⬆太陽系《たいようけい》の惑星《わくせい》は、太陽《たいよう》の周《まわ》りを楕円《だえん》を描《えが》いて回《まわ》っています。

太陽《たいよう》は太陽系全体《たいようけいぜんたい》の重《おも》さ（質量《しつりょう》）の99.8%もあるんだ！

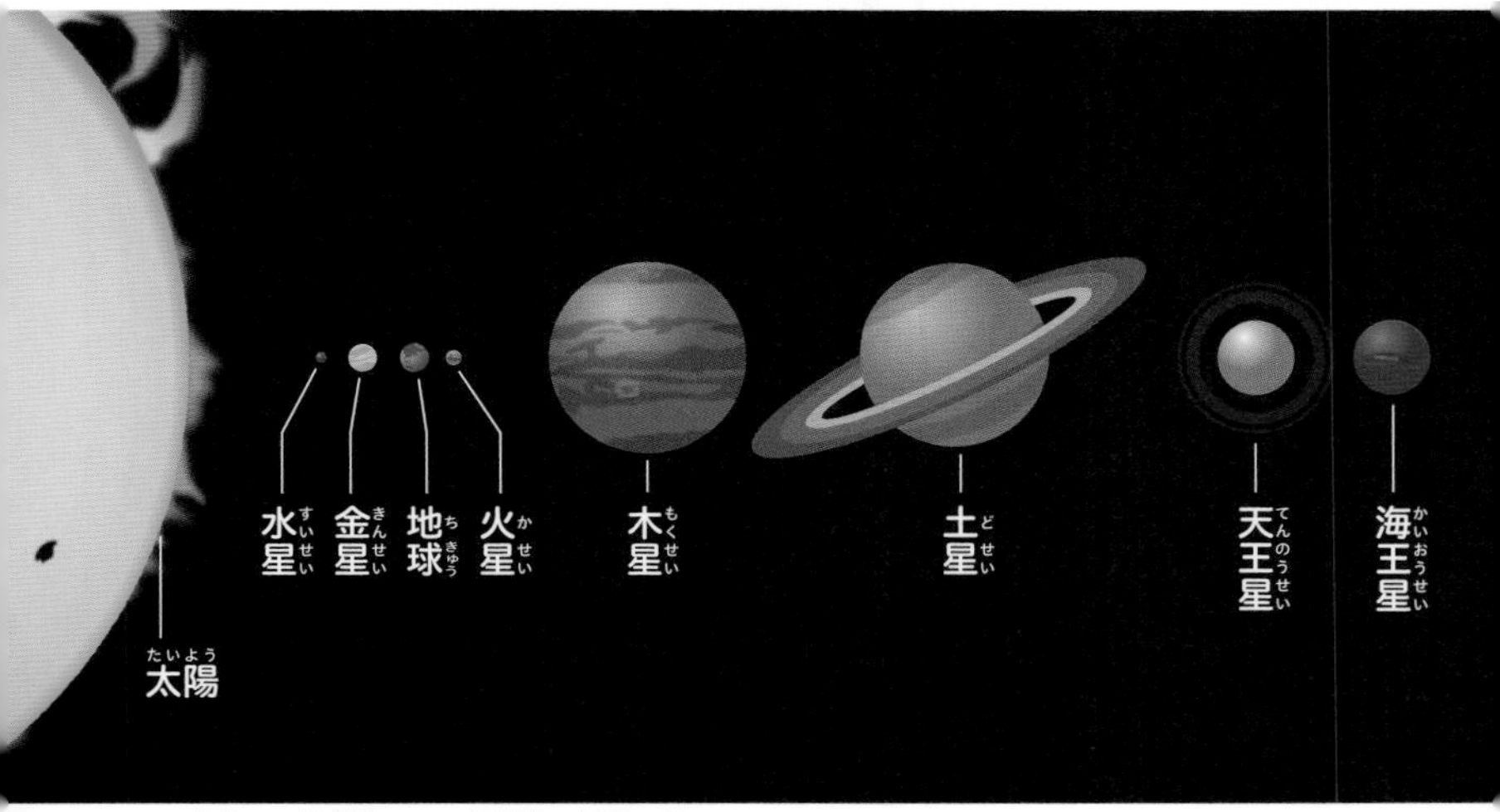

⬆水星《すいせい》から海王星《かいおうせい》まで、太陽系《たいようけい》の惑星《わくせい》を並《なら》べています。
それぞれの大《おお》きさを比《くら》べてみましょう。

宇宙《うちゅう》の豆《まめ》知識《ちしき》

惑星《わくせい》が太陽《たいよう》の周《まわ》りを楕円《だえん》軌道《きどう》で回《まわ》っていることを発見《はっけん》したのは、16～17世紀《せいき》に活躍《かつやく》した天文学者《てんもんがくしゃ》、ヨハネス・ケプラーです。ケプラーは天体《てんたい》の運動《うんどう》に関《かん》する「ケプラーの法則《ほうそく》」を唱《とな》え、天文学《てんもんがく》に大《おお》きな影響《えいきょう》を与《あた》えました。

Part2
驚《おどろ》きの太陽系《たいようけい》に大接近《だいせっきん》！

19

太《たい》陽《よう》系《けい》の端《はし》っこはどうなっている？

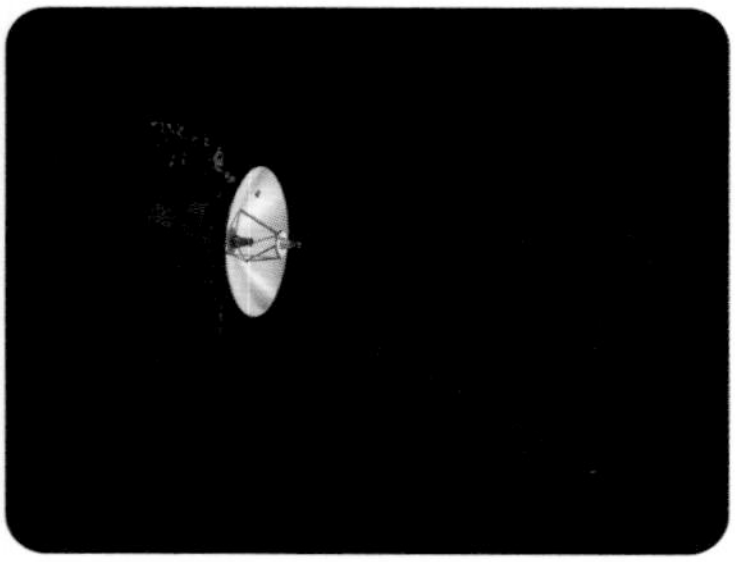

1977年《ねん》に打《う》ち上《あ》げられた2機《き》の「ボイジャー」探査機《たんさき》。そのうちの1機《き》の想像図《そうぞうず》。
©NASA

太《たい》陽《よう》からは、電気《でんき》を帯《お》びた高温《こうおん》の粒子《りゅうし》がものすごい速度《そくど》でいつも噴《ふ》き出《だ》しています。この粒子《りゅうし》の流《なが》れを**太陽風《たいようふう》**といいます。

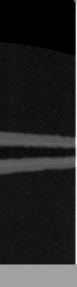

太陽風《たいようふう》は、もっとも遠《とお》い太陽系《たいようけい》の惑星《わくせい》・海《かい》王星《おうせい》よりもずっと遠《とお》くまで届《とど》いていて、太陽《たいよう》系《けい》の周《まわ》りを泡《あわ》のように包《つつ》んでいます。この太《たい》陽風《ようふう》が届《とど》く範囲《はんい》を**太陽圏《たいようけん》（ヘリオスフィア）**と呼《よ》びます。

太陽風《たいようふう》が、やがて太陽系外《たいようけいがい》の星間物質《せいかんぶっしつ》に衝《しょう》突《とつ》して速度《そくど》が落《お》ちていく場所《ばしょ》を**末端衝撃波《まったんしょうげきは》面《めん》**、速度《そくど》が急激《きゅうげき》に遅《おそ》くなる部分《ぶぶん》を**ヘリオシース**、速度《そくど》がゼロになる境目《さかいめ》を**ヘリオポーズ**と

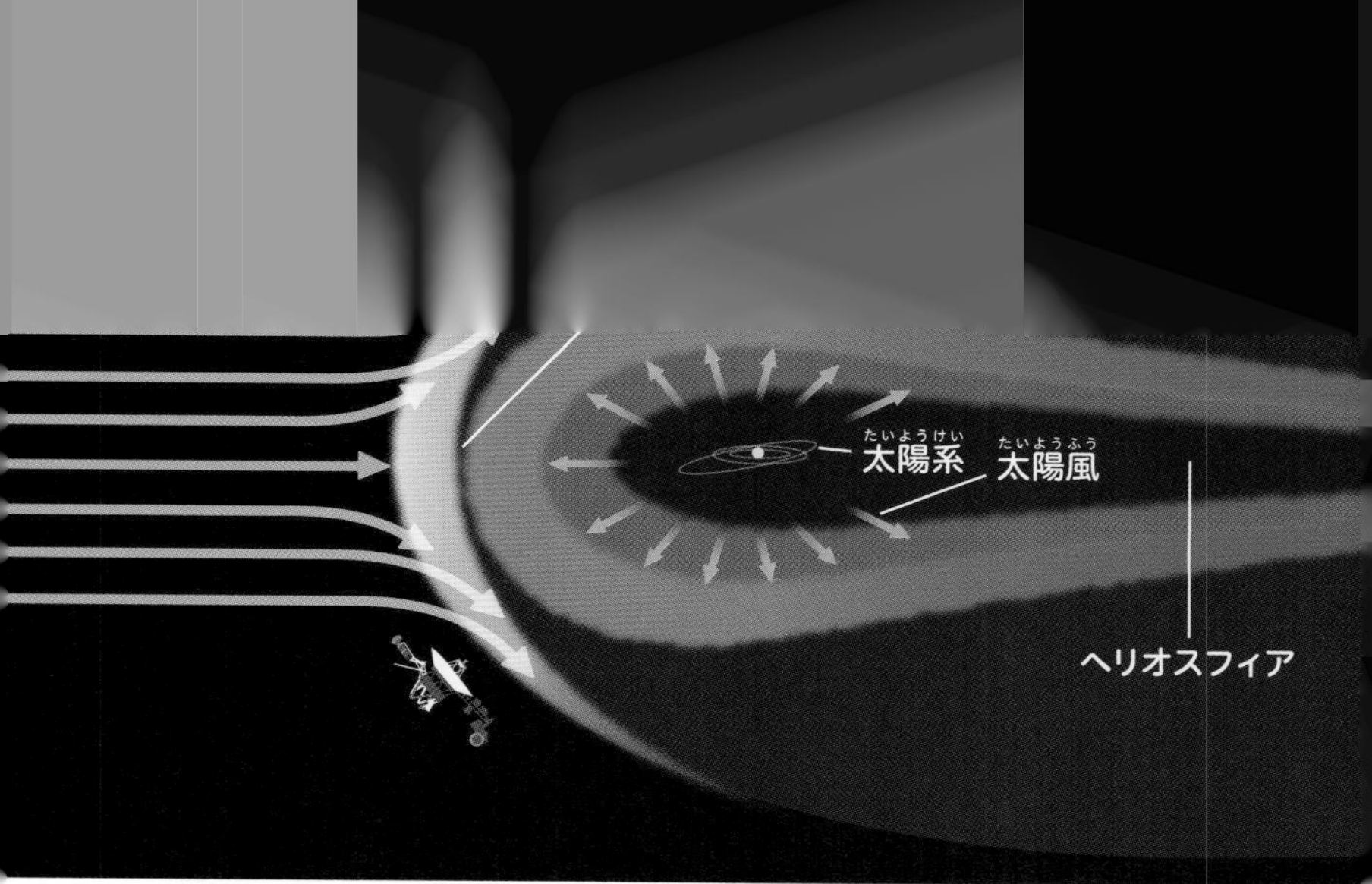

⬆太陽風《たいようふう》が届《とど》くヘリオスフィア（太陽圏《たいようけん》）と、太陽圏《たいようけん》の端《はし》といえるヘリオポーズを示《しめ》した図《ず》。2012年《ねん》にはボイジャー1号《ごう》が、2018年《ねん》には2号《ごう》が、このヘリオポーズを超《こ》えて恒星間空間《こうせいかんくうかん》へ入《はい》りました。

いいます。

1977年《ねん》に打《う》ち上《あ》げられて、現在《げんざい》も宇宙《うちゅう》空間《くうかん》を飛行《ひこう》しているNASA《ナサ》の**探査機《たんさき》ボイジャー1号《ごう》と2号《ごう》**は、どちらもヘリオポーズを越《こ》えて、太陽圏《たいようけん》の外《そと》に出《で》たと考《かんが》えられています。２機《き》のボイジャーの観測《かんそく》によると、太陽《たいよう》からヘリオポーズまでの距離《きょり》は、約《やく》120天文単位《てんもんたんい》で、ここが太陽圏《たいようけん》の端《はし》っこだといえるでしょう。

では、ヘリオポーズが太陽系《たいようけい》の端《はし》かというと、そうではありません。これまで、もっとずっと遠《とお》くからやってきた彗星《すいせい》などの天体《てんたい》が見《み》つかっているからです。太陽《たいよう》から数万天文《すうまんてんもん》単位《たんい》も離《はな》れたところには、太陽系《たいようけい》をぐるりと殻《から》のように取《と》り囲《かこ》む、彗星《すいせい》のもとになる氷微《こおりび》惑星《わくせい》の集《あつ》まりがあると考《かんが》えられています。この氷微《こおりび》惑星《わくせい》の集《あつ》まりは**オールトの雲《くも》**と呼《よ》ばれています。

宇宙《うちゅう》の豆知識《まめちしき》

天文単位《てんもんたんい》は、地球《ちきゅう》と太陽《たいよう》の平均距離《へいきんきょり》をもとにした長《なが》さの単位《たんい》です。1天文単《てんもんたん》位《い》（1au）は約《やく》1億《おく》5000万《まん》kmです。太陽系《たいようけい》の距離《きょり》を示《しめ》すのに便利《べんり》で、太陽《たいよう》から木星《もくせい》までの距離《きょり》は約《やく》5天文単位《てんもんたんい》、海王星《かいおうせい》までは約《やく》30天文単位《てんもんたんい》です。

きれいな尾《お》を引《ひ》く彗星《すいせい》「ほうき星《ぼし》」の正体《しょうたい》は？

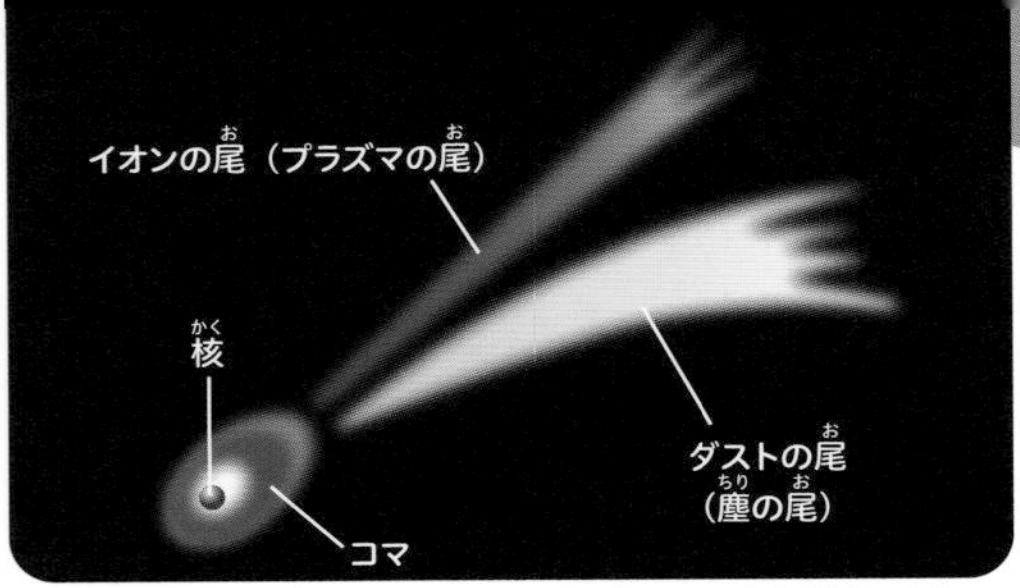

⬆彗星《すいせい》の主成分《しゅせいぶん》は水《みず》（氷《こおり》）で、太陽《たいよう》に近《ちか》づくと彗星本体《すいせいほんたい》（核《かく》）の表面《ひょうめん》が溶《と》け出《だ》し、氷《こおり》が蒸発《じょうはつ》するとともに放出《ほうしゅつ》されたガスや塵《ちり》によって美《うつく》しいコマがつくり出《だ》され、またガスや塵《ちり》はほうきのような彗星《すいせい》の「尾《お》」になります。この尾《お》には、イオン化《か》したプラズマによるものと塵《ちり》によるものの2種類《しゅるい》があります。

⬅1996年《ねん》、日本《にほん》の天文家《てんもんか》、百武裕司《ひゃくたけゆうじ》氏《し》によって発見《はっけん》された百武彗星《ひゃくたけすいせい》。大彗星《だいすいせい》らしい長《なが》い尾《お》と、めずらしい青緑色《あおみどりいろ》が特徴的《とくちょうてき》です。

長《なが》い尾《お》を引《ひ》いて流《なが》れるように動《うご》く姿《すがた》から、**ほうき星《ぼし》**とも呼《よ》ばれている**彗星《すいせい》**は、太陽《たいよう》の周《まわ》りを回《まわ》る太陽系小天体《たいようけいしょうてんたい》のひとつです。彗星《すいせい》は大《おお》きく分《わ》けて、**核《かく》、コマ、尾《お》**の3つの部分《ぶぶん》に分《わ》けることができます。

核《かく》は、彗星《すいせい》の頭《あたま》の部分《ぶぶん》の中心《ちゅうしん》にある彗星《すいせい》の本体《ほんたい》で、大《おお》きさは数《すう》km～数十《すうじゅう》kmしかありません。成分《せいぶん》の大部分《だいぶぶん》は水《みず》の氷《こおり》です。ほかには二《に》酸化炭素《さんかたんそ》、一酸化炭素《いっさんかたんそ》、それ以外《いがい》の氷《こおり》、塵《ちり》などからできているので**汚《よご》れた雪玉《ゆきだま》**と呼《よ》ばれることもあります。

コマは、彗星《すいせい》の頭《あたま》の光《ひかり》が広《ひろ》がっている部分《ぶぶん》

⬆2013年《ねん》11月《がつ》15日《にち》の早朝《そうちょう》に撮影《さつえい》されたアイソン彗星《すいせい》。大《おお》きな尾《お》を引《ひ》く大彗星《だいすいせい》になるかと期待《きたい》されましたが、太陽《たいよう》に接近《せっきん》した際《さい》に核《かく》が崩壊《ほうかい》、消滅《しょうめつ》してしまいました。

⬆2011年《ねん》、チリ、サンティアゴ近郊《きんこう》から見《み》たラブジョイ彗星《すいせい》。太陽表面《たいようひょうめん》から約《やく》13万《まん》kmという至近距離《しきんきょり》を通過《つうか》したものの、蒸発《じょうはつ》せずに生《い》き残《のこ》ったといいます。

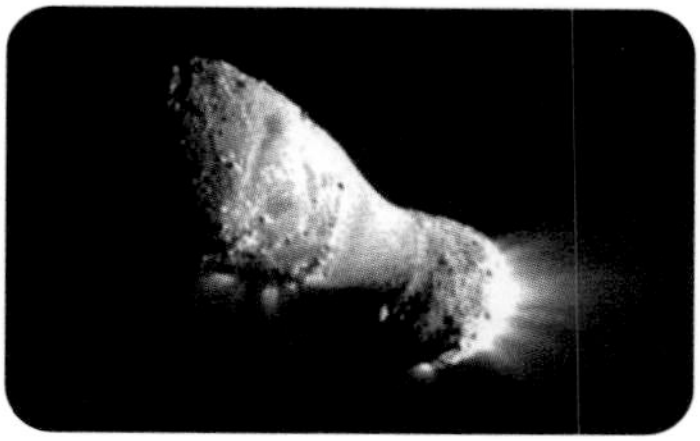

➡2010年《ねん》11月《がつ》、NASA《ナサ》の探査機《たんさき》エポキシが撮影《さつえい》したハートレー彗星《すいせい》の核《かく》。核《かく》がガスを放出《ほうしゅつ》しているのがわかります。

です。彗星《すいせい》は、太陽《たいよう》から遠《とお》いところでは、凍《こお》りついていて、明《あか》るく輝《かがや》くことはありません。ところが、太陽《たいよう》に近《ちか》づいて温《あたた》められると、核《かく》の氷《こおり》が溶《と》けてガスや塵《ちり》が放出《ほうしゅつ》され、一時的《いちじてき》な大気《たいき》となってコマができます。

尾《お》は、コマからしっぽのように長《なが》く伸《の》びている部分《ぶぶん》です。彗星《すいせい》の尾《お》には、イオンの尾《お》と塵《ちり》の尾《お》があって、太陽《たいよう》の光《ひかり》や太陽風《たいようふう》の影響《えいきょう》で、太陽《たいよう》の反対側《はんたいがわ》に伸《の》びます。

太陽《たいよう》の周《まわ》りを回《まわ》る彗星《すいせい》の公転軌道《こうてんきどう》は、細長《ほそなが》い楕円《だえん》が多《おお》く、なかには太陽《たいよう》に近《ちか》づくと二度《にど》と戻《もど》ってこないものもあります。

ハレー彗星《すいせい》のように、決《き》まった周期《しゅうき》で太陽《たいよう》に近《ちか》づく彗星《すいせい》を**周期彗星**《しゅうきすいせい》、二度《にど》と戻《もど》ってこない彗星《すいせい》を**非周期彗星**《ひしゅうきすいせい》といいます。周期彗星《しゅうきすいせい》のうち太陽《たいよう》を1周《しゅう》する時間《じかん》が200年《ねん》より短《みじか》い彗星《すいせい》を**短周期彗星**《たんしゅうきすいせい》、200年《ねん》かそれより長《なが》い彗星《すいせい》を**長周期彗星**《ちょうしゅうきすいせい》と呼《よ》びます。

宇宙《うちゅう》の豆知識《まめちしき》

彗星《すいせい》は大《おお》きさが数《すう》km～数十《すうじゅう》kmで、太陽《たいよう》に近《ちか》づくとガスや塵《ちり》を出《だ》して輝《かがや》く天体《てんたい》です。流《なが》れ星《ぼし》（流星《りゅうせい》）は、彗星《すいせい》によってばら撒《ま》かれた数《すう》mm～数《すう》cmの塵《ちり》が地球《ちきゅう》の軌道《きどう》と交差《こうさ》し、大気《たいき》に突入《とつにゅう》して摩擦《まさつ》で熱《あつ》くなって光《ひか》る現象《げんしょう》です。

21

滅多《めった》に姿《すがた》を見《み》せない彗星《すいせい》はどこからやってくる？

もう一度《いちど》太陽《たいよう》に近《ちか》づくまでの時間《じかん》が200年《ねん》より短《みじか》い短周期彗星《たんしゅうきすいせい》の多《おお》くは、惑星《わくせい》が太陽《たいよう》の周《まわ》りを公転《こうてん》している面《めん》（黄道面《こうどうめん》）に沿《そ》って惑星《わくせい》と同《おな》じ向《む》きに公転《こうてん》しています。もう一度《いちど》太陽《たいよう》に近《ちか》づくまでの時間《じかん》が200年《ねん》かもっと長《なが》い長周期彗星《ちょうしゅうきすいせい》や、二度《にど》と戻《もど》ってこない非周期彗星《ひしゅうきすいせい》の軌道《きどう》は黄道面《こうどうめん》とは関係《かんけい》がなく、公転《こうてん》の向《む》きも不規則《ふきそく》という違《ちが》いがあります。

これらの彗星《すいせい》の軌道《きどう》を調《しら》べてみると、短周期彗星《たんしゅうきすいせい》は**エッジワース・カイパーベルト**、長周期彗星《ちょうしゅうきすいせい》と非周期彗星《ひしゅうきすいせい》は、**オールトの雲《くも》**という場所《ばしょ》がふる里《さと》だと考《かんが》えられています。

エッジワース・カイパーベルトは、海王星《かいおうせい》の外側《そとがわ》に氷《こおり》の小《ちい》さな惑星《わくせい》（氷微惑星《こおりびわくせい》）が円盤《えんばん》状《じょう》に集《あつ》まっている場所《ばしょ》で、オールトの雲《くも》は、太陽《たいよう》から数万天文単位《すうまんてんもんたんい》のところにあって、氷《こおり》微惑星《びわくせい》が丸《まる》い殻《から》のように太陽系《たいようけい》を取《と》り巻《ま》いている場所《ばしょ》です。太陽系《たいようけい》が誕生《たんじょう》した頃《ころ》、太陽《たいよう》から遠《とお》く離《はな》れたところで生《う》まれた氷微惑星《こおりびわくせい》が、大《おお》きな惑星《わくせい》の重力《じゅうりょく》によって太陽系《たいようけい》の外側《そとがわ》に追《お》いやられたものがオールトの雲《くも》になり、取《と》り残《のこ》されたものがエッジワース・カイパーベルトになったようです。

⬆マックノート彗星《すいせい》は、シンクロニックバンド（彗星《すいせい》から噴《ふ》き出《だ》した尾《お》が線状構造《せんじょうこうぞう》になったもの）が見《み》られためずらしい彗星《すいせい》です。この彗星《すいせい》は長周期彗星《ちょうしゅうきすいせい》のため、やがては太陽《たいよう》の近《ちか》くに戻《もど》ってきますが、次《つぎ》に戻《もど》ってくるのは約《やく》9万年《まんねん》もあとのことです！

©S. Deiries/ESO

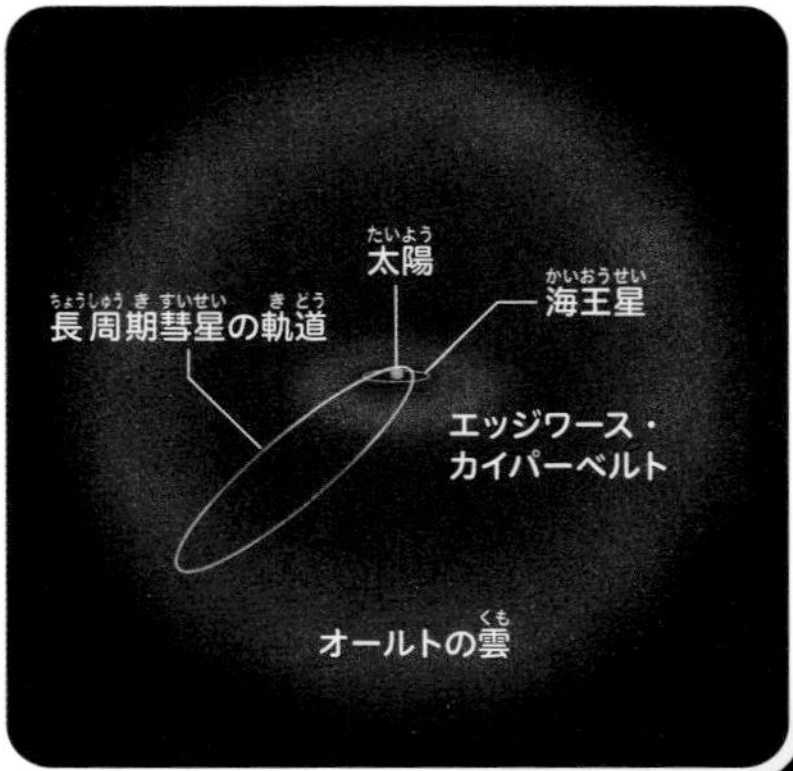

⬆長周期彗星《ちょうしゅうきすいせい》の巣《す》である「オールトの雲《くも》」は、太陽系《たいようけい》の外側《そとがわ》を取《と》り囲《かこ》む氷微惑星《こおりびわくせい》の集《あつ》まりともいえます。

⬇短周期彗星《たんしゅうきすいせい》のふる里《さと》ともいえる「エッジワース・カイパーベルト」は、惑星《わくせい》の公転面《こうてんめん》とほぼ平行《へいこう》です。太陽系《たいようけい》の端《はし》にある海王星《かいおうせい》よりも遠《とお》くに分布《ぶんぷ》し、非常《ひじょう》に大《おお》きく展開《てんかい》しています。

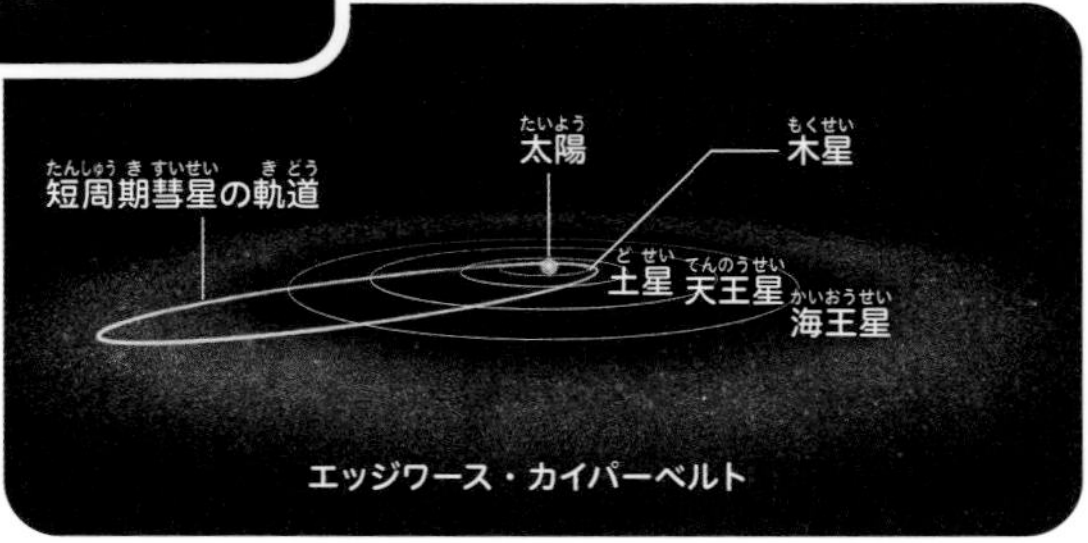

宇《う》宙《ちゅう》の豆《まめ》知《ち》識《しき》

エンケ彗星《すいせい》は、3.3年《ねん》という非常《ひじょう》に短《みじか》い周期《しゅうき》で地球《ちきゅう》の空《そら》に姿《すがた》を現《あらわ》します。1786年《ねん》に発見《はっけん》されて1822年《ねん》までに4回姿《かいすがた》を現《あらわ》し、ドイツの天文学者《てんもんがくしゃ》エンケが同《おな》じ彗星《すいせい》だとはっきりさせました。おうし座流星群《ざりゅうせいぐん》の母天体《ぼてんたい》でもあります。

22

無人《むじん》探査機《たんさき》フィラエが史上《しじょう》初《はじ》めて彗星《すいせい》に着陸《ちゃくりく》！

ロゼッタは2004年《ねん》、ヨーロッパ宇宙《うちゅう》機関《きかん》（ESA《イーサ》）が打《う》ち上《あ》げた**彗星探査機《すいせいたんさき》**です。ロゼッタが向《む》かったのは、**チュリュモフ・ゲラシメンコ彗星《すいせい》**という公転周期《こうてんしゅうき》6・45年《ねん》の短周期彗星《たんしゅうきすいせい》です。

ロゼッタは2014年《ねん》8月《がつ》、太陽《たいよう》の近《ちか》くにやってきたチュリュモフ・ゲラシメンコ彗星《すいせい》との接近《せっきん》に成功《せいこう》して、それから約《やく》2年間《ねんかん》、彗星《すいせい》の周《まわ》りを飛行《ひこう》しながら探査《たんさ》を行《おこな》いました。探査機《たんさき》がこんなに長《なが》く彗星《すいせい》の近《ちか》くで探査《たんさ》を続《つづ》けたのは初《はじ》めてのことでした。

同年《どうねん》11月《がつ》には搭載《とうさい》していた**着陸機《ちゃくりくき》フィラエ**を**彗星《すいせい》に着陸《ちゃくりく》**させることに成功《せいこう》、フィラエは彗星《すいせい》に着陸《ちゃくりく》した初《はじ》めての探査機《たんさき》になりました。その後《ご》のロゼッタやフィラエの観測《かんそく》によって、太陽《たいよう》が近《ちか》づくにつれて活動《かつどう》が活発《かっぱつ》になるチュリュモフ・ゲラシメンコ彗星《すいせい》のようすや、彗星《すいせい》の核《かく》がハート形《がた》のような不規則《ふきそく》な形《かたち》をしていること、彗星《すいせい》にわずかな大気《たいき》があること、表面《ひょうめん》に有機化合物《ゆうきかごうぶつ》があることなどがわかりました。

ロゼッタは、2016年《ねん》9月《がつ》30日《にち》、彗星《すいせい》のマアトと名《な》づけられた地域《ちいき》に着陸《ちゃくりく》。最後《さいご》の観測《かんそく》を行《おこな》ってミッションを終了《しゅうりょう》しました。

⬅彗星探査機《すいせいたんさき》ロゼッタに搭載《とうさい》された着陸機《ちゃくりくき》フィラエ。フィラエは史上初《しじょうはつ》となる彗星《すいせい》への着陸《ちゃくりく》を果《は》たしています。

©ESA/ATG medialab

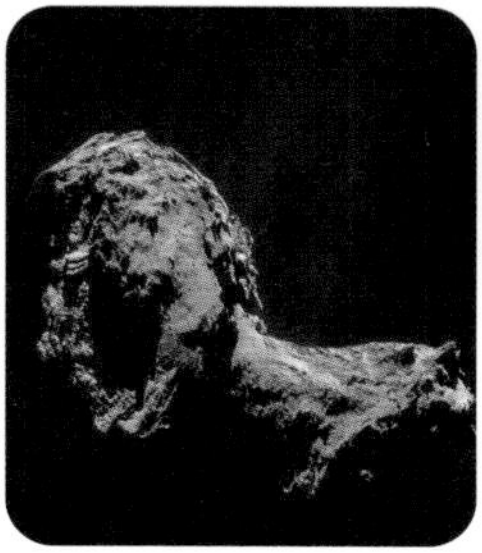

➡2014年《ねん》11月《がつ》20日《か》、彗星探査機《すいせいたんさき》ロゼッタが撮影《さつえい》した彗星《すいせい》の姿《すがた》。核《かく》のくびれた部分《ぶぶん》から氷《こおり》や内部《ないぶ》のガスが噴出《ふんしゅつ》し、塵《ちり》となって放出《ほうしゅつ》されています。

©ESA/Rosetta/NAVCAM

⬆2014年《ねん》8月《がつ》22日《にち》に彗星《すいせい》から63.4㎞の距離《きょり》で撮影《さつえい》された、チュリュモフ・ゲラシメンコ彗星《すいせい》。特徴的《とくちょうてき》なハートのようなこの形《かたち》は、太陽系初期《たいようけいしょき》にふたつの彗星《すいせい》が低速《ていそく》で衝《しょう》突《とつ》したことで生《う》まれたものです。

©ESA/Rosetta/Navcam – CC BY-SA IGO 3.0

⬅2014年《ねん》11月《がつ》13日《にち》、探査機《たんさき》ロゼッタから分離《ぶんり》された着陸機《ちゃくりくき》フィラエが着陸《ちゃくりく》し、撮影《さつえい》した彗星《すいせい》の姿《すがた》。左下《ひだりした》に見《み》えるのはフィラエの足《あし》です。

©ESA/Rosetta/Philae/CIVA

宇宙《うちゅう》の豆知識《まめちしき》

ESA《イーサ》を中心《ちゅうしん》に現在進《げんざいすす》められている彗星探査計画《すいせいたんさけいかく》が「コメット・インターセプター」です。探査機《たんさき》は2029年《ねん》に打《う》ち上《あ》げ予定《よてい》で、宇宙《うちゅう》に3機《き》の探査機《たんさき》を待機《たいき》させて、長周期彗星《ちょうしゅうきすいせい》が太陽《たいよう》の近《ちか》くにきたときに接近《せっきん》して観測《かんそく》を行《おこな》う計画《けいかく》です。

23

冥《めい》王《おう》星《せい》が惑《わく》星《せい》じゃないってどういうこと？

冥《めい》王星《おうせい》は、1930年《ねん》に発見《はっけん》されてからずっと太陽系《たいようけい》で一番外側《いちばんそとがわ》を回《まわ》っている**9番目《ばんめ》の惑星《わくせい》**でした。

冥王星《めいおうせい》の直径《ちょっけい》は、地球《ちきゅう》の6分《ぶん》の1ほどで、月《つき》よりも小《ちい》さいくらいです。水星《すいせい》から海王星《かいおうせい》までの8つの惑星《わくせい》は、太陽《たいよう》の周《まわ》りを黄道面《こうどうめん》という平《たい》らな面《めん》の上《うえ》を、円《えん》に近《ちか》い楕円軌道《だえんきどう》で回《まわ》っています。冥王星《めいおうせい》は、黄道面《こうどうめん》から17度《ど》も傾《かたむ》いて回《まわ》っていて、軌道《きどう》はほかの惑星《わくせい》よりもゆがんだ楕円形《だえんけい》をしています。

観測技術《かんそくぎじゅつ》の発達《はったつ》によって、1990年代《ねんだい》から海王星《かいおうせい》より遠《とお》くで、冥王星《めいおうせい》と同《おな》じような大《おお》きさの天体《てんたい》が次々《つぎつぎ》と見《み》つかるようになり、現《げん》在《ざい》では1000個《こ》以上《いじょう》も発見《はっけん》されています。そのため冥王星《めいおうせい》は、**海王星《かいおうせい》より遠《とお》くにたくさんある天体《てんたい》（エッジワース・カイパーベルト天体《てんたい》）**のひとつではないかと考《かんが》えられるようになりました。

2006年《ねん》8月《がつ》、チェコのプラハで開《ひら》かれた国際天文学連合《こくさいてんもんがくれんごう》（IAU）総会《そうかい》で、太陽系《たいようけい》の惑星《わくせい》の定義《ていぎ》をはっきりさせるための会議《かいぎ》が開《ひら》かれ、冥王星《めいおうせい》は惑星《わくせい》の仲間《なかま》からはずれて、**ドワーフプラネット（準惑星《じゅんわくせい》）**に分類《ぶんるい》されることになったのです。

←↑2015年《ねん》7月《がつ》14日《か》にNASA《ナサ》の探査機《たんさき》ニューホライズンズが撮影《さつえい》した冥王星《めいおうせい》（左写真《ひだりしゃしん》）と衛星《えいせい》カロン（上写真《うえしゃしん》）。冥王星《めいおうせい》の表面《ひょうめん》は、淡《あわ》い青《あお》、黄色《きいろ》、オレンジ、深《ふか》い赤《あか》など、虹《にじ》のような色彩《しきさい》に彩《いろど》られているといいます。また、ハート型《がた》の模様《もよう》が特徴的《とくちょうてき》です。

©NASA/Johns Hopkins University Applied Physics Laboratory/Southwest Research Institute

→地球《ちきゅう》の山地《さんち》で見《み》られる、先《さき》のとがった氷《こおり》でできた地形《ちけい》を「ペニテンテ」といいますが、冥王星《めいおうせい》にも同《おな》じような地形《ちけい》（写真《しゃしん》）が見《み》つかっています。ただし水《みず》の氷《こおり》ではなく、こちらは窒素《ちっそ》やメタンでできた氷《こおり》で、地球《ちきゅう》のものよりもずっと大《おお》きいです。

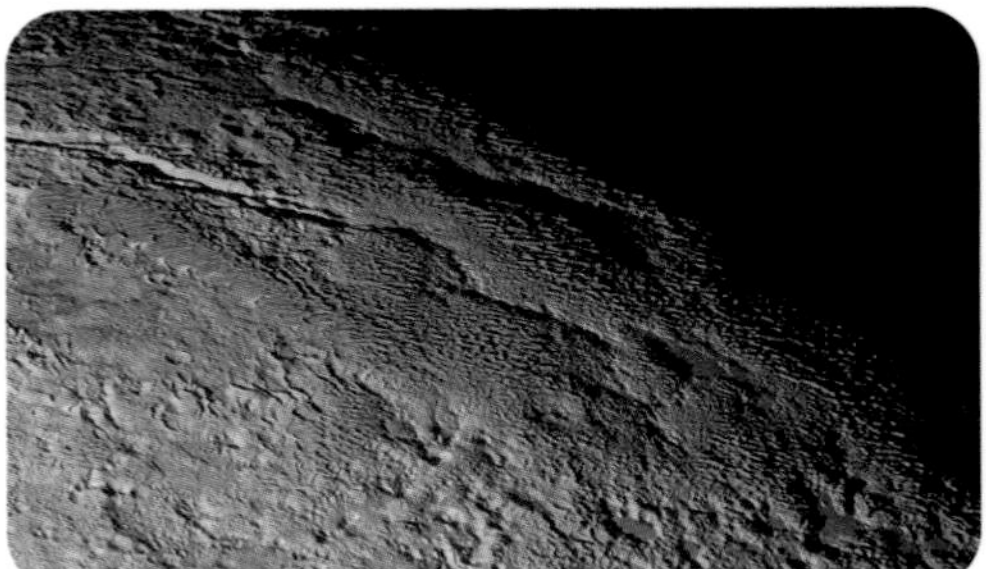

←ハート模様《もよう》の西側《にしがわ》（ハートの左半分《ひだりはんぶん》）にあるスプートニク平原《へいげん》（下《した》）とごつごつした氷《こおり》の山間部《さんかんぶ》（上《うえ》）。山々《やまやま》は、アル・イドリーシー山脈《さんみゃく》と呼《よ》ばれています。写真《しゃしん》は、探査機《たんさき》ニューホライズンズが上空《じょうくう》1万《まん》2500km付近《ふきん》から撮影《さつえい》しました。

↑探査機《たんさき》ニューホライズンズが、冥王星《めいおうせい》の上空約《じょうくうやく》7万《まん》7000kmから、ハート模様《もよう》の南《みなみ》の端《はし》っこ周辺《しゅうへん》を撮影《さつえい》したもの。そこには、3000m級《きゅう》の山々《やまやま》がそびえていました。

宇宙《うちゅう》の豆知識《まめちしき》

太陽系《たいようけい》には、見《み》つかっていない9番目《ばんめ》の惑星《わくせい》があるという考《かんが》えがあります。それはプラネットナインといって、重《おも》さは地球《ちきゅう》の10倍《ばい》、太陽《たいよう》からの距離《きょり》は200天文単位《てんもんたんい》、太陽《たいよう》の周《まわ》りを1万《まん》～2万年《まんねん》かけて回《まわ》っているとされています。

24 天王星《てんのうせい》や海王星《かいおうせい》は凍《こお》った惑星《わくせい》って本当《ほんとう》？

太《たい》陽系《ようけい》の惑星《わくせい》のうち、一番外側《いちばんそとがわ》にある天《てん》王星《のうせい》と海王星《かいおうせい》は、内部《ないぶ》が**メタンやアンモニアを含《ふく》んだ水《みず》や氷《こおり》**でできています。どちらも太陽《たいよう》から遠《とお》いため、表面《ひょうめん》の温度《おんど》は**マイナス200℃以下《いか》**という超低温《ちょうていおん》の惑星《わくせい》です。

天王星《てんのうせい》と海王星《かいおうせい》には、水素《すいそ》、ヘリウム、メタンでできた大気《たいき》があります。どちらの惑星《わくせい》も青色《あおいろ》に見《み》えるのは、大気《たいき》に含《ふく》まれているメタンが、太陽光《たいようこう》の赤色《あかいろ》の光《ひかり》を吸収《きゅうしゅう》して青色《あおいろ》の光《ひかり》を反射《はんしゃ》しているからです。

探査機《たんさき》ボイジャー2号《ごう》の観測《かんそく》で、天王星《てんのうせい》と海王星《かいおうせい》には、**地球《ちきゅう》よりも強《つよ》い磁場《じば》**があることがわかりました。磁場《じば》があるということは、その天体《てんたい》が磁石《じしゃく》のような性質《せいしつ》をもっていることを意味《いみ》していて、内部《ないぶ》に強《つよ》い電流《でんりゅう》が流《なが》れている必要《ひつよう》があります。でも、天王星《てんのうせい》や海王星《かいおうせい》のおもな成分《せいぶん》である水《みず》は、電気《でんき》を通《とお》しにくい物質《ぶっしつ》のため、どうして磁場《じば》があるのか大《おお》きな謎《なぞ》でした。

最近《さいきん》の研究《けんきゅう》では、天王星《てんのうせい》や海王星《かいおうせい》の内部《ないぶ》では、高《たか》い圧力《あつりょく》によって、液体《えきたい》の水《みず》が電気《でんき》を通《とお》しやすい金属《きんぞく》のような状態《じょうたい》に変化《へんか》して、電磁《でんじ》石《しゃく》のようになって磁場《じば》を生《う》み出《だ》しているのではないかと考《かんが》えられています。

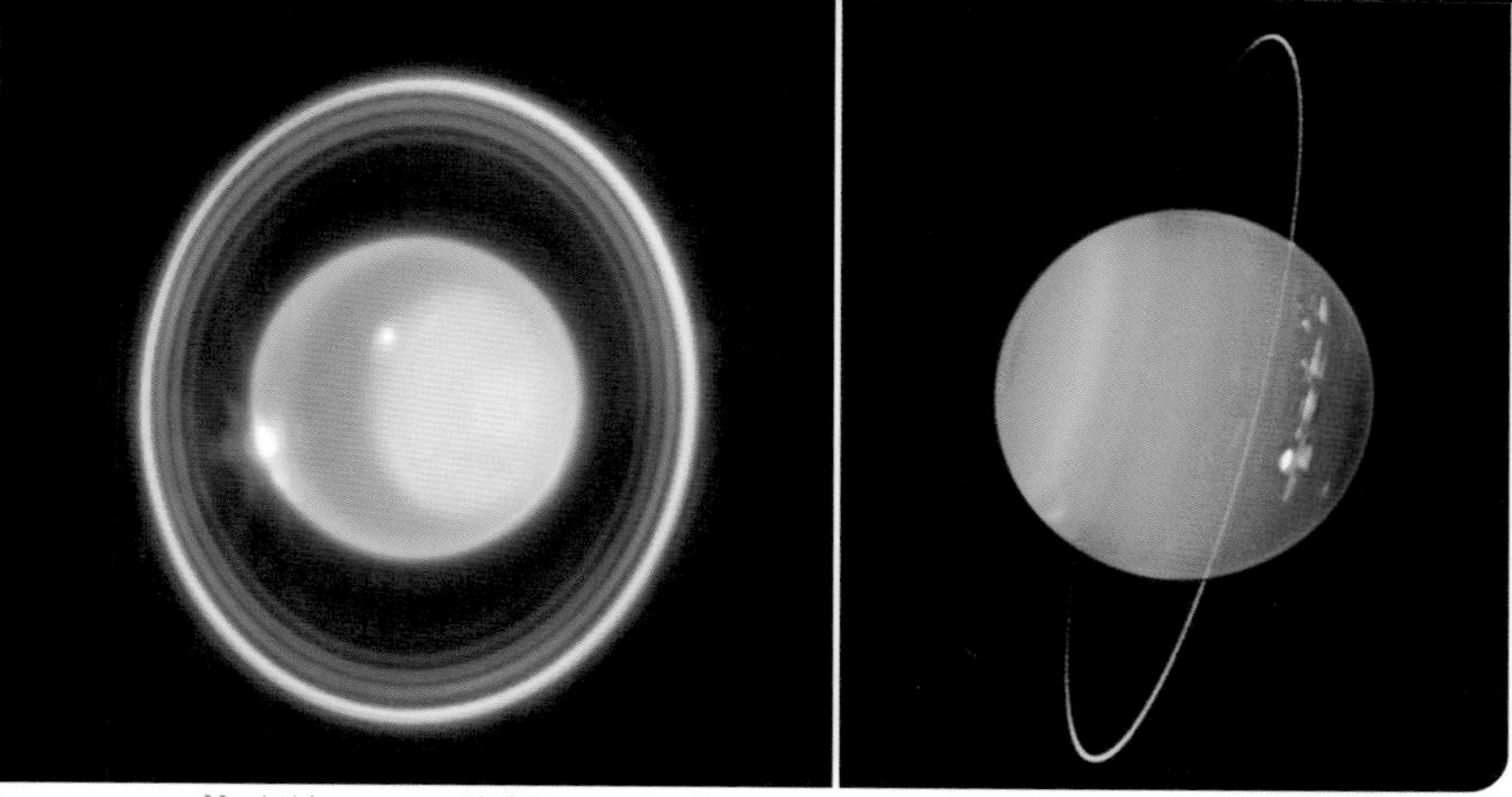

⬆上《うえ》の写真《しゃしん》はどちらも天王星《てんのうせい》とその環《わ》を写《うつ》したもの。左《ひだり》はジェームズ・ウェッブ宇宙望遠鏡《うちゅうぼうえんきょう》による写真《しゃしん》で、右《みぎ》はケック望遠鏡《ぼうえんきょう》がとらえた天王星《てんのうせい》の姿《すがた》。天王星《てんのうせい》の自転軸《じてんじく》は公転軸《こうてんじく》に対《たい》して横倒《よこだお》しになっています。これは誕生《たんじょう》したばかりの天王星《てんのうせい》に、巨大《きょだい》な天体《てんたい》が衝突《しょうとつ》したためではないかと考《かんが》えられています。

©Lawrence Sromovsky,University of Wisconsin-Madison/W.W.Keck Observatory
©SCIENCE: NASA, ESA, CSA, STScI　IMAGE PROCESSING: Joseph DePasquale (STScI)

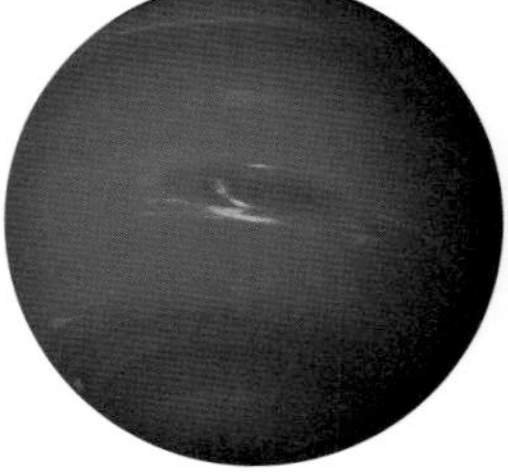

⬆1989年《ねん》8月《がつ》21日《にち》、ボイジャー2号《ごう》がとらえた海王星《かいおうせい》の姿《すがた》。太陽系《たいようけい》でもっとも遠《とお》くにある海王星《かいおうせい》には、水《みず》やアンモニア、メタンなどの氷《こおり》の成分《せいぶん》が含《ふく》まれています。

©NASA

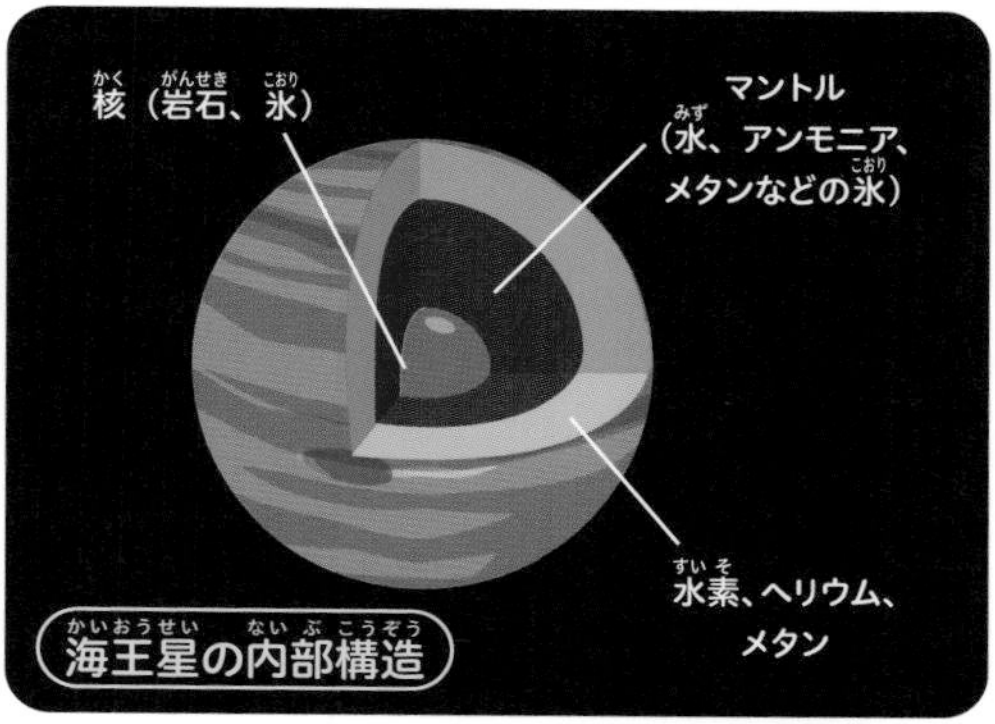

➡左《ひだり》は天王星《てんのうせい》に27個《こ》ある衛星《えいせい》で一番大《いちばんおお》きい衛星《えいせい》ティターニア。右《みぎ》は海王星《かいおうせい》の衛星《えいせい》トリトンの南半球《みなみはんきゅう》。

©NASA/JPL　©NASA/JPL/USGS

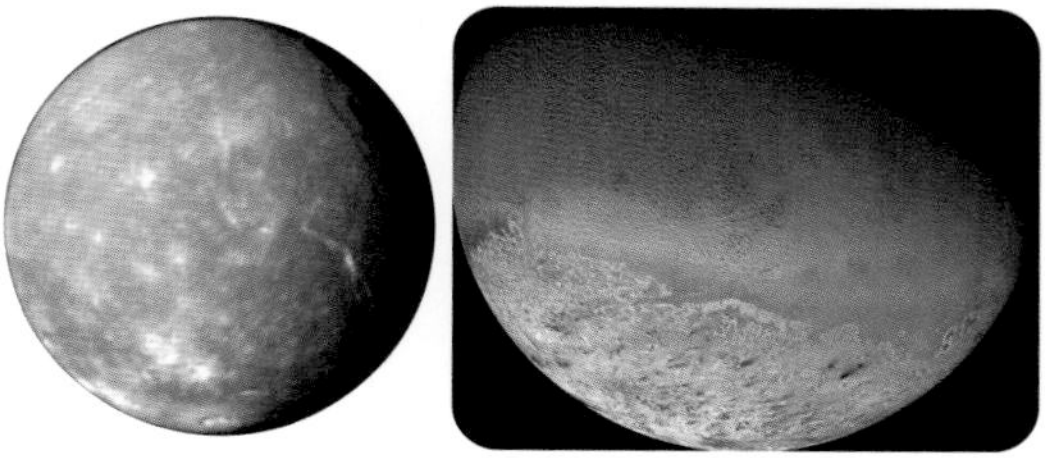

宇宙《うちゅう》の豆知識《まめちしき》

天王星《てんのうせい》と海王星《かいおうせい》には、土星《どせい》と同《おな》じように環《わ》があることがわかっています。どちらの惑星《わくせい》にも複数《ふくすう》の環《わ》があり、土星《どせい》に比《くら》べると幅《はば》が狭《せま》くて暗《くら》いのが特徴《とくちょう》です。環《わ》のおもな成分《せいぶん》は、水《みず》の氷《こおり》と黒《くろ》っぽい有機物《ゆうきぶつ》の塵《ちり》だと考《かんが》えられています。

25

土《ど》星《せい》の大《おお》きい環《わ》は何《なに》でできているの？

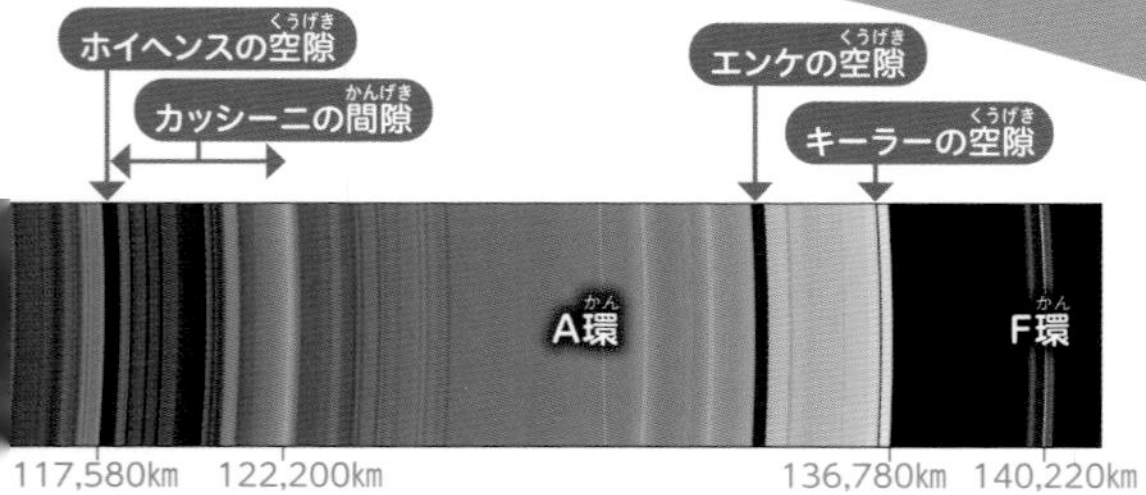

⬆土星《どせい》のおもな環《わ》は内側《うちがわ》からD環《かん》、C環《かん》、B環《かん》、A環《かん》、F環《かん》、G環《かん》、E環《かん》の7つです。上《うえ》の写真《しゃしん》は、そのうちD環《かん》からF環《かん》を土星探査機《どせいたんさき》カッシーニが撮影《さつえい》したものです。 ©NASA/JPL/Space Science Institute

⬅土星《どせい》の環《わ》をつくっている、たくさんの氷粒《こおりつぶ》の想像図《そうぞうず》。
©NASA/JPL/University of Colorado

土《ど》星《せい》は、太陽系《たいようけい》で木星《もくせい》の次《つぎ》に大《おお》きな惑星《わくせい》です。土星《どせい》の一番《いちばん》の特徴《とくちょう》は、土星《どせい》を取《と》り巻《ま》いている**大《おお》きな環《わ》**で、小《ちい》さな望遠鏡《ぼうえんきょう》でも環《わ》が見《み》られる惑星《わくせい》は土星《どせい》だけです。

土星《どせい》の環《わ》を初《はじ》めて望遠鏡《ぼうえんきょう》で観測《かんそく》したのは、天文学者《てんもんがくしゃ》の**ガリレオ・ガリレイ**で、17世紀初《せいきはじ》めのことでした。17世紀半《せいきなか》ば、オランダの天《てん》文学者《もんがくしゃ》**ホイヘンス**は、それが土星《どせい》を取《と》り巻《ま》く環《わ》だと書《か》き記《しる》しています。

観測技術《かんそくぎじゅつ》が発達《はったつ》すると、土星《どせい》には明《あか》るい環《わ》や暗《くら》い環《わ》など複数《ふくすう》の環《わ》があること、環《わ》は無数《むすう》の細《こま》かい粒《つぶ》が集《あつ》まってできていることなどが

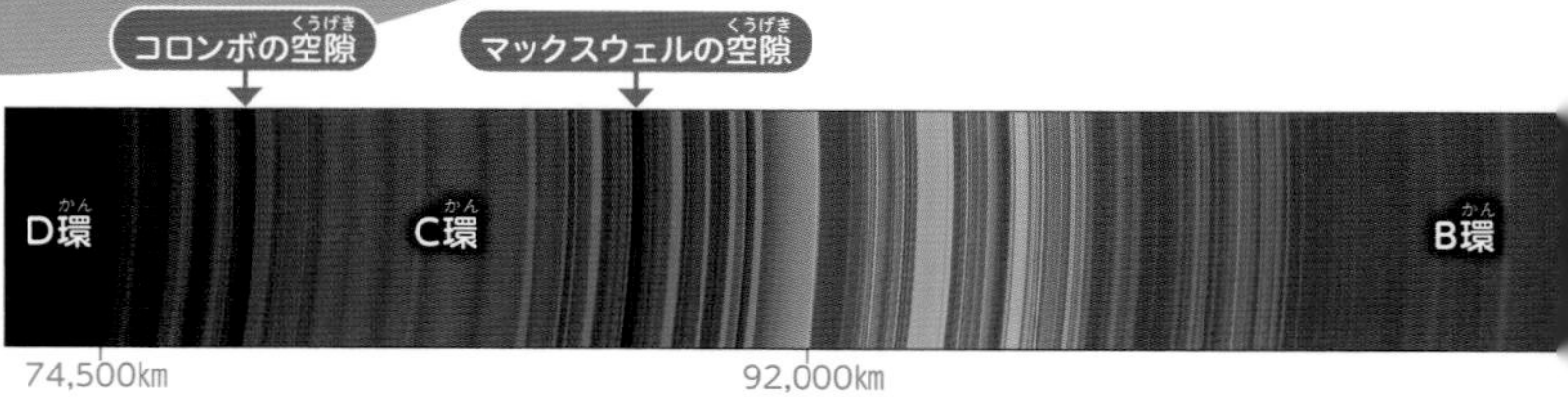

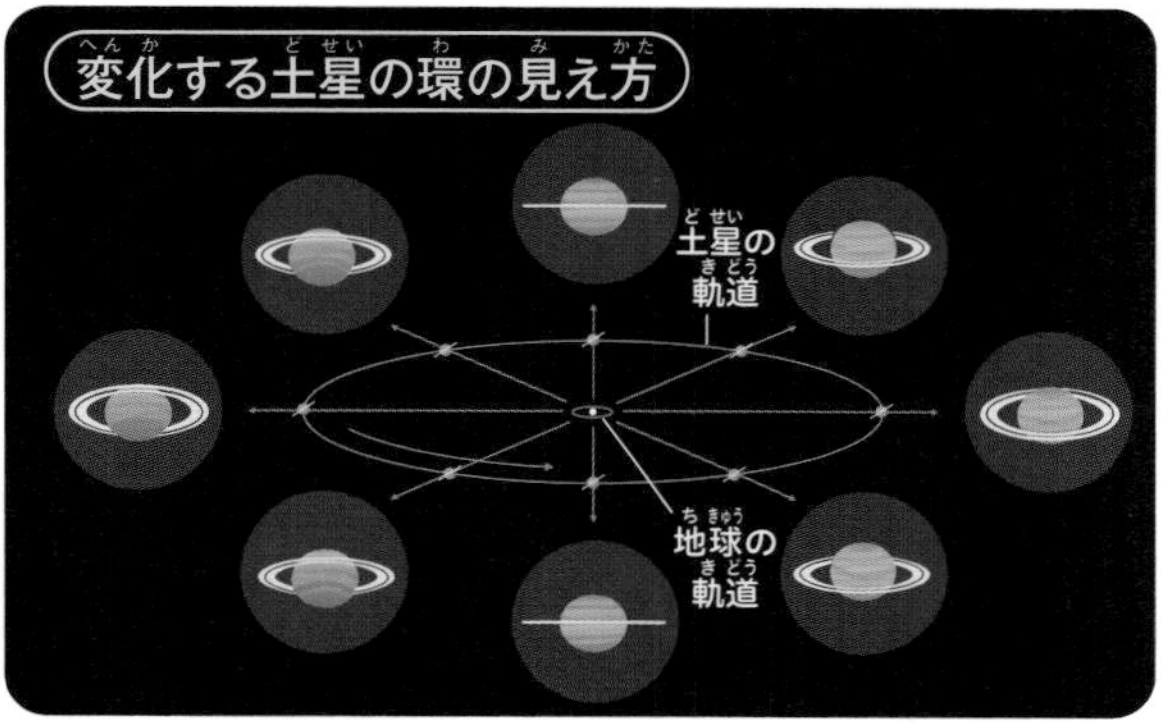

⬅土星《どせい》の環《わ》は公転面《こうてんめん》に対《たい》して26.7度《ど》傾《かたむ》きながら、約《やく》30年《ねん》かけて太陽《たいよう》を1周《しゅう》します。そのため、環《わ》の北側《きたがわ》が見《み》えるとき、南側《みなみがわ》が見《み》えるときなど地球《ちきゅう》から見《み》える環《わ》の姿《すがた》は時間《じかん》をかけて変化《へんか》します。

わかってきました。

1980年代以後《ねんだいいご》、ボイジャーやカッシーニといった探査機《たんさき》によって、土星《どせい》の環《わ》の幅《はば》は100kmから数万《すうまん》kmとさまざまで、数千本《すうせんぼん》の細《ほそ》い環《わ》がきれいに円《えん》を描《えが》くように並《なら》んでいること、環《わ》は非常《ひじょう》に薄《うす》く、厚《あつ》さは数十《すうじゅう》m〜数《すう》kmであること、環《わ》をつくっている細《こま》かい粒《つぶ》の大《だい》部分《ぶぶん》が**数《すう》cm〜数《すう》mくらいの氷《こおり》**であることが明《あき》らかになりました。

土星《どせい》の環《わ》がいつ頃《ごろ》、どうやってできたのかははっきりわかっていませんが、最近《さいきん》の研究《けんきゅう》では次《つぎ》のように考《かんが》えられています。

まず、土星《どせい》の近《ちか》くにあった氷《こおり》でできた小《ちい》さな天体《てんたい》が、土星《どせい》の重力《じゅうりょく》の影響《えいきょう》で破壊《はかい》されて、外側《そとがわ》の氷《こおり》の層《そう》の破片《はへん》の一部《いちぶ》が土星《どせい》の周《まわ》りを回《まわ》るようになりました。そして、長《なが》い年月《ねんげつ》をかけて氷《こおり》の破片同士《はへんどうし》が衝突《しょうとつ》を繰《く》り返《かえ》し、細《こま》かい氷《こおり》の粒《つぶ》でできた環《わ》になったというものです。

宇宙《うちゅう》の豆知識《まめちしき》

土星《どせい》の環《わ》は、土星《どせい》が太陽《たいよう》の周《まわ》りを公転《こうてん》する面《めん》に対《たい》して26.7度《ど》傾《かたむ》いています。土星《どせい》は約《やく》30年《ねん》で太陽《たいよう》を1周《しゅう》しますが、その間《かん》、約《やく》15年《ねん》ごとに、太陽光《たいようこう》が環《わ》の真横《まよこ》から当《あ》たるとき、地球《ちきゅう》が環《わ》の真横《まよこ》にあるときには環《わ》が見《み》えません。

26

土星《どせい》の衛星《えいせい》タイタンには臭《くさ》い雨《あめ》が降《ふ》る?

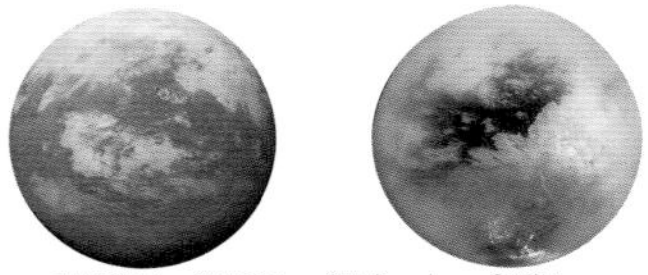

⬆タイタンは、太陽系《たいようけい》で唯一《ゆいいつ》濃《こ》い大気《たいき》をもつ衛星《えいせい》であり、現在《げんざい》、地球《ちきゅう》以外《いがい》の惑星《わくせい》で川《かわ》や湖《みずうみ》、海《うみ》が存在《そんざい》する唯一《ゆいいつ》の天体《てんたい》です。右《みぎ》は土星探査《どせいたんさ》機《き》カッシーニが撮影《さつえい》した衛星《えいせい》タイタン。黒《くろ》っぽい場所《ばしょ》が液体《えきたい》のメタンやエタンの海《うみ》。左《ひだり》はカッシーニによる赤外線画像《せきがいせんがぞう》です。

（左）©NASA/JPL-Caltech/University of Nantes/University of Arizona
（右）©NASA/JPL/Space Science Institute

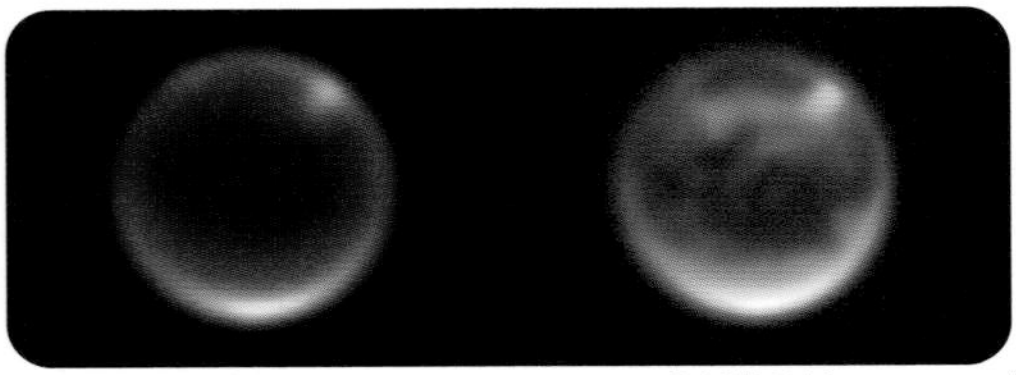

⬆2022年《ねん》11月《がつ》4日《か》にジェームズ・ウェッブ宇宙望遠鏡《うちゅうぼうえんきょう》がとらえた土《ど》星《せい》の衛星《えいせい》タイタン。左《ひだり》はフィルターを使用《しよう》して撮影《さつえい》したもの。右《みぎ》は複《ふく》数《すう》の波長《はちょう》の画像《がぞう》を合成《ごうせい》したものです。

©NASA, ESA, CSA, A. Pagan (STScI), JWST Titan GTO Team

タイタンは、百個以上見《ひゃくこいじょうみ》つかっている**土《ど》星《せい》の衛星《えいせい》のなかで最大《さいだい》**です。タイタンには地球《ちきゅう》のような濃《こ》い大気《たいき》があり、表面《ひょうめん》には山《やま》や湖《みずうみ》、川《かわ》があります。大気《たいき》の成分《せいぶん》の大部《だいぶ》分《ぶん》が窒素《ちっそ》で、炭素《たんそ》と水素《すいそ》が結《むす》びついたメタンやエタン、水素《すいそ》も含《ふく》まれています。今、タイタンが注目《ちゅうもく》されている理由《りゆう》のひとつは、タイタンの環境《かんきょう》が**生命《せいめい》が誕生《たんじょう》した頃《ころ》の地球《ちきゅう》**と似《に》ているからです。

大気中《たいきちゅう》のメタンから、たんぱく質《しつ》の元《もと》になるアミノ酸《さん》という化合物《かごうぶつ》がつくりだされていれば、原始的《げんしてき》な生命《せいめい》が誕生《たんじょう》していたかもしれ

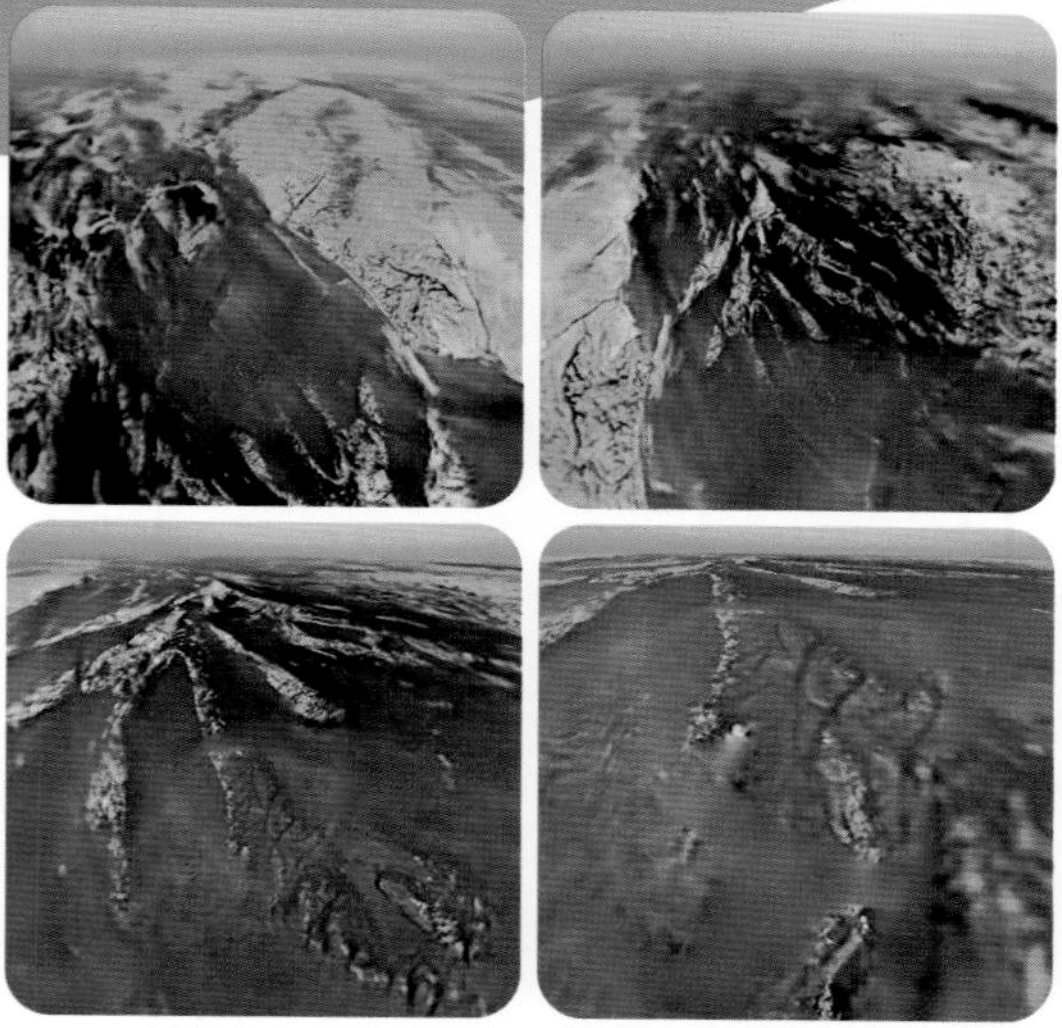

⬆探査機《たんさき》カッシーニから切《き》り離《はな》された、着陸機《ちゃくりくき》ホイヘンスがとらえたタイタンの地表《ちひょう》。液体《えきたい》が流《なが》れた跡《あと》のような筋模様《すじもよう》の地形《ちけい》が見《み》えます。

©ESA/NASA/JPL/University of Arizona

⬇探査機《たんさき》カッシーニのレーダーがとらえたタイタンの西側《にしがわ》から見《み》た地《ち》形《けい》。青《あお》い部分《ぶぶん》はすべて液体《えきたい》があることを示《しめ》しています。

©NASA/JPL-Caltech/USGS

ない、と考《かんが》えられています。

　太陽《たいよう》から遠《とお》く離《はな》れているタイタンの表面温《ひょうめんおん》度《ど》はマイナス180℃で、水《みず》は液体《えきたい》の状態《じょうたい》ではいられません。では、タイタンの湖《みずうみ》や川《かわ》が何《なに》でできているのかというと、そのくらいの温度《おんど》でも液体《えきたい》でいられる、メタンやエタンだと考《かんが》えられています。タイタンでは、メタンやエタンが液体《えきたい》となって湖《みずうみ》をつくり、蒸《じょう》発《はつ》して雲《くも》になって、**メタンやエタンの雨《あめ》**を降《ふ》らせています。

　冷《ひ》えて液体《えきたい》になったメタンは、液化天然《えきかてんねん》ガスと同《おな》じです。メタンガスというと「おなら」を思《おも》い浮《う》かべる人《ひと》がいるかもしれませんが、メタンガスに臭《にお》いはないので、おならのような臭《にお》いがあるということはありません。

　NASA《ナサ》の研究《けんきゅう》チームによると、タイタンの大気《たいき》は、独特《どくとく》な甘《あま》い匂《にお》いがするといわれています。

宇宙《うちゅう》の豆知識《まめちしき》

探査機《たんさき》カッシーニの観測《かんそく》によって、土星《どせい》の衛星《えいせい》エンケラドゥスやディオネには、薄《うす》い大気《たいき》があることがわかっています。エンケラドゥスの大気《たいき》は、火山《かざん》か間欠《かんけつ》泉《せん》から噴《ふ》き出《だ》した氷《こおり》や水蒸気《すいじょうき》、ディオネの大気《たいき》は、薄《うす》い酸素《さんそ》が主成分《しゅせいぶん》です。

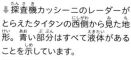

27

太陽系《たいようけい》で一番《いちばん》大《おお》きい木星《もくせい》の中身《なかみ》と表面《ひょうめん》はどうなっている？

木《もく》星《せい》は、太陽系《たいようけい》でもっとも大《おお》きな惑星《わくせい》で、直径《ちょっけい》は地球《ちきゅう》の約《やく》11倍《ばい》、重《おも》さは318倍《ばい》ほどあります。成分《せいぶん》は水素《すいそ》が約《やく》90%、ヘリウムが約《やく》10%と、太陽《たいよう》と同《おな》じような物質《ぶっしつ》でできています。※水素《すいそ》もヘリウムも非常《ひじょう》に軽《かる》いため、木星《もくせい》の平均密度《へいきんみつど》は水《みず》の約《やく》1・3倍《ばい》しかありません（地球《ちきゅう》は約《やく》5・5倍《ばい》）。

木星《もくせい》の**表面《ひょうめん》は水素《すいそ》とヘリウムのガス**でできていて、地球《ちきゅう》のような固《かた》い地面《じめん》はありません。わたしたちが望遠鏡《ぼうえんきょう》で見《み》ることができるのは、木星《もくせい》のガスでできた表面《ひょうめん》だけです。

木星《もくせい》の大気《たいき》を降《お》りていくと、木星内部《もくせいないぶ》の温《おん》度《ど》と圧力《あつりょく》によって、水素《すいそ》は気体《きたい》ではなく液体《えきたい》（液体水素《えきたいすいそ》）になっています。液体水素《えきたいすいそ》の層《そう》の厚《あつ》さは約《やく》2万《まん》kmもあって、その下《した》には厚《あつ》さ約《やく》4万《まん》kmもの**液体金属水素《えきたいきんぞくすいそ》の層《そう》**、さらに木星《もくせい》の中心部《ちゅうしんぶ》には鉄《てつ》や岩石《がんせき》でできた**核《かく》**があると考《かんが》えられています。

木星《もくせい》の表面《ひょうめん》には、赤《あか》、白《しろ》、茶色《ちゃいろ》のしま模様《もよう》や、**大赤斑《だいせきはん》**と呼《よ》ばれる大《おお》きな渦巻《うずまき》が見《み》られます。しま模様《もよう》は、高《たか》さが違《ちが》う雲《くも》によってできています。木星《もくせい》のシンボルともいえる大赤斑《だいせきはん》は、木星《もくせい》に吹《ふ》く**巨大《きょだい》な嵐《あらし》**で、地球《ちきゅう》が2個並《こなら》ぶほどの大《おお》きさがあります。

※太陽《たいよう》の成分《せいぶん》は質量《しつりょう》（重《おも》さ）の比《ひ》、木星《もくせい》の大気成分《たいきせいぶん》は、粒子《りゅうし》の数《かず》（体積《たいせき》の分率《ぶんりつ》）で表《あらわ》すことが多《おお》いです。

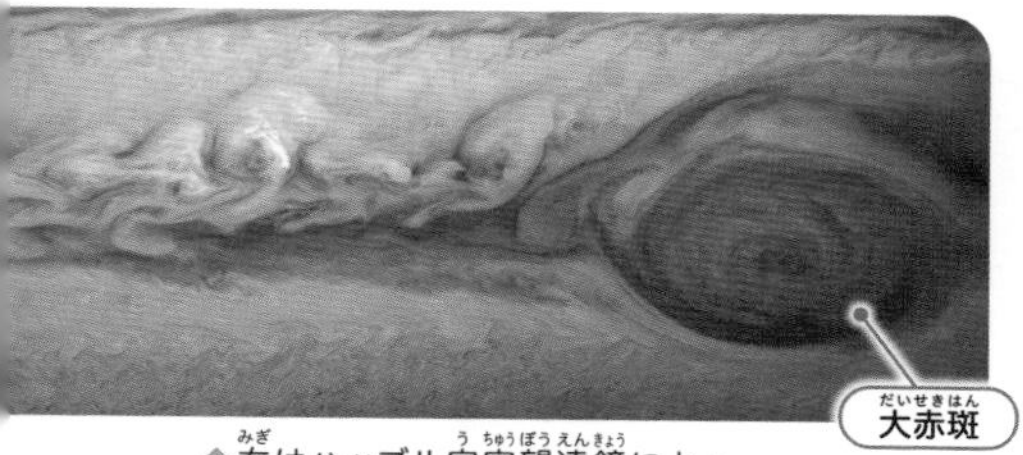

⬆右《みぎ》はハッブル宇宙望遠鏡《うちゅうぼうえんきょう》によって撮影《さつえい》された木星《もくせい》。木星《もくせい》の赤道付《せきどうふ》近《きん》では嵐《あらし》が吹《ふ》き荒《あ》れ、木星自身《もくせいじしん》の模様《もよう》を常《つね》に変化《へんか》させ続《つづ》けています。上写真《うえしゃしん》はNASA《ナサ》の木星探査機《もくせいたんさき》ジュノーが撮影《さつえい》した木星《もくせい》の特徴的《とくちょうてき》な渦《うず》、大赤斑《だいせきはん》の拡大写真《かくだいしゃしん》です。

©SCIENCE: NASA, ESA, Amy Simon (NASA-GSFC), Michael H. Wong (UC Berkeley)　IMAGE PROCESSING: Joseph DePasquale (STScI)
©NASA/JPL-Caltech/SwRI/MSSS

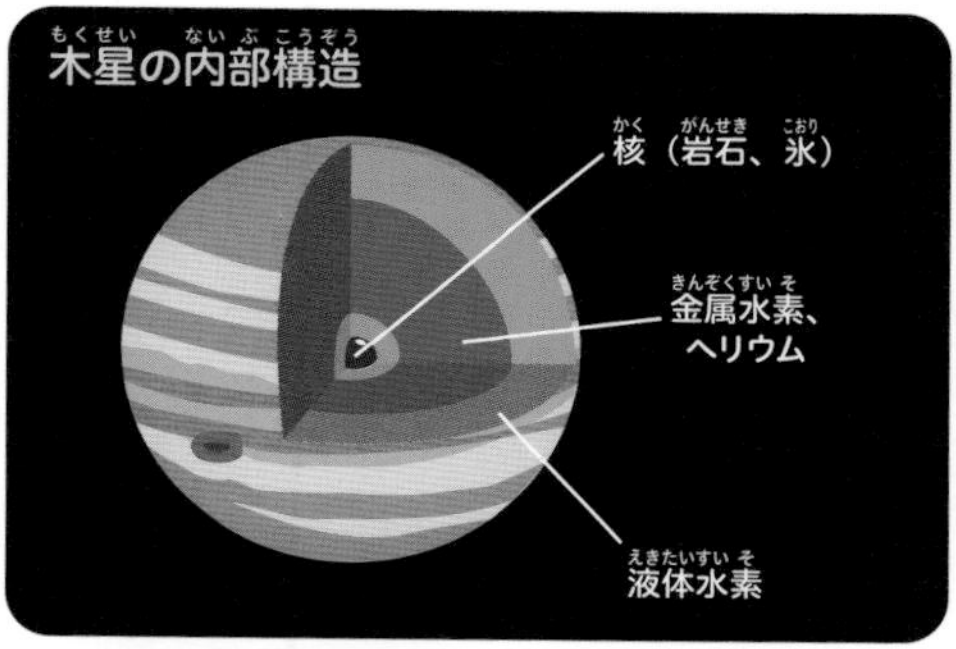

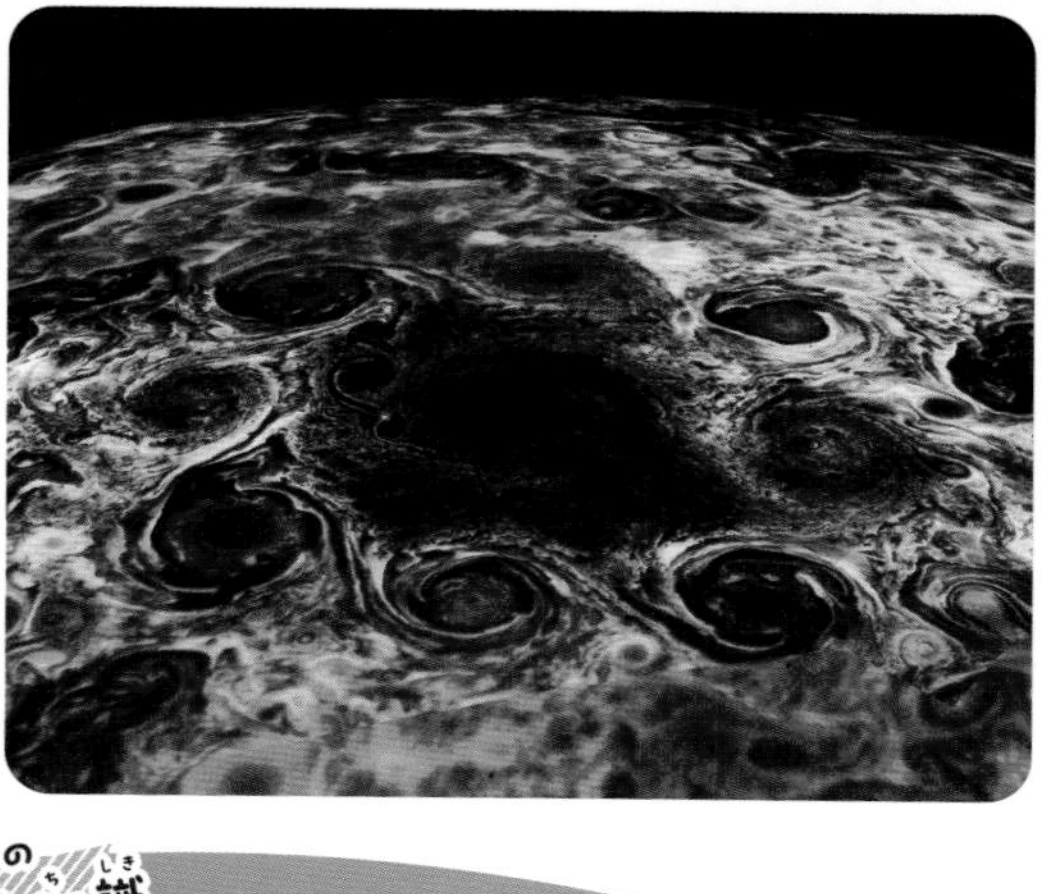

⬅木星《もくせい》の北極《ほっきょく》にある巨大《きょだい》サイクロンの周《まわ》りを8つのサイクロンが取《と》り囲《かこ》んでいるこの写真《しゃしん》は、探査機《たんさき》ジュノーが撮影《さつえい》した赤外線画像《せきがいせんがぞう》から合成《ごうせい》されたものです。それぞれのサイクロンの幅《はば》は約《やく》7000㎞あります。また、写真《しゃしん》の色《いろ》は放射熱《ほうしゃねつ》を表《あらわ》し、白《しろ》っぽく明《あか》るい部分《ぶぶん》ほど温度《おんど》が高《たか》く、赤《あか》く暗《くら》い部分《ぶぶん》は温度《おんど》が低《ひく》くなっています。

©NASA, Caltech, SwRI, ASI, INAF, JIRAM

宇宙《うちゅう》の豆《まめ》知識《ちしき》

木星《もくせい》が1回自転《かいじてん》するのにかかる時間《じかん》は約《やく》10時間《じかん》。太陽系《たいようけい》でもっとも速《はや》いスピードで自転《じてん》している惑星《わくせい》です。木星《もくせい》は、水素《すいそ》やヘリウムなどのガスでできているため、遠心力《えんしんりょく》のために少《すこ》し横方向《よこほうこう》に膨《ふく》らんだ、つぶれた形《かたち》をしています。

28

大《おお》きくて力《ちから》の強《つよ》い木星《もくせい》が彗星《すいせい》を飲《の》み込《こ》んだ！

重《じゅう》力《りょく》の大《おお》きさは、物体《ぶったい》の重《おも》さ（質量《しつりょう》）に比例《ひれい》します。そして木星《もくせい》は、太陽系《たいようけい》で一番大《いちばんおお》きく、重《おも》たい惑星《わくせい》です。ほかの天体《てんたい》を引《ひ》き寄《よ》せるとても強《つよ》い重力《じゅうりょく》をもっています。そのため、木星《もくせい》の近《ちか》くを通《とお》り過《す》ぎる彗星《すいせい》や小《しょう》惑星《わくせい》などが、木星《もくせい》の重力《じゅうりょく》で引《ひ》き寄《よ》せられて木《もく》星《せい》に衝突《しょうとつ》することがあります。

1994年《ねん》7月《がつ》には、**シューメーカー・レビー第《だい》9周期彗星《しゅうきすいせい》（SL9）**の核《かく》が、次々《つぎつぎ》と木星《もくせい》に衝突《しょうとつ》しました。

衝突《しょうとつ》は、地球《ちきゅう》から見《み》て木星《もくせい》の裏側《うらがわ》で起《お》こったため、地上《ちじょう》から見《み》ることはできませんでした。ですが、**ハッブル宇宙望遠鏡《うちゅうぼうえんきょう》**が、衝突《しょうとつ》したときの閃光《せんこう》や木星《もくせい》から湧《わ》き上《あ》がる高《たか》さ3000㎞の高温《こうおん》の**キノコ雲《ぐも》**、木星《もくせい》の表面《ひょうめん》にできた**衝突《しょうとつ》の跡《あと》**を観測《かんそく》しました。衝突《しょうとつ》の跡《あと》のうち、大《おお》きなものは地球《ちきゅう》の直径《ちょっけい》を超《こ》えるほどになりました。

その後《ご》もアマチュア天文家《てんもんか》などによって、木星《もくせい》に小天体《しょうてんたい》が衝突《しょうとつ》したことで起《お》こる閃光《せんこう》が何度《なんど》か見《み》つかっています。そして、これらの木星《もくせい》に衝突《しょうとつ》した天体《てんたい》は、太陽系《たいようけい》の外縁部《がいえんぶ》からやってきている、直径数《ちょっけいすう》m～数十《すうじゅう》mのごく小《ちい》さなものだと考《かんが》えられています。

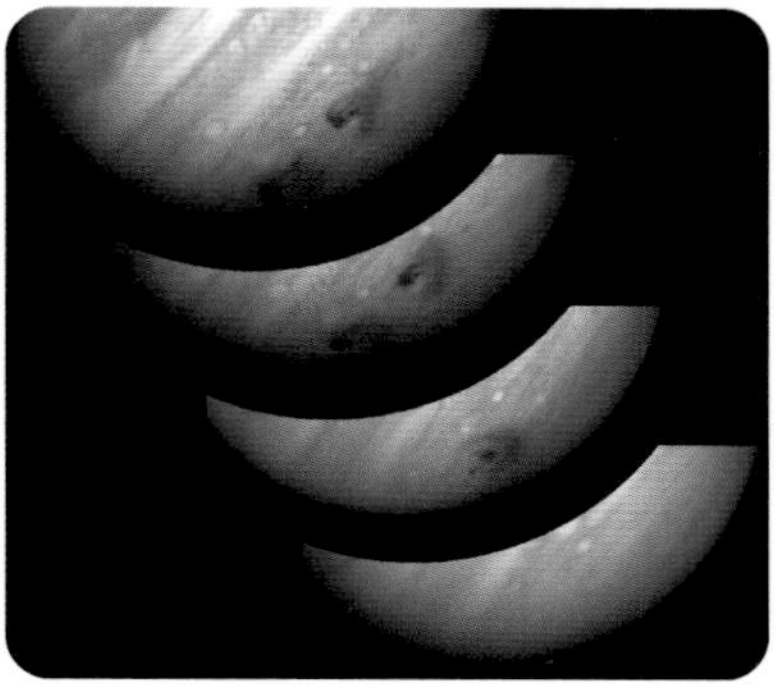

↑1994年《ねん》7月《がつ》に木星《もくせい》に次々《つぎつぎ》と衝突《しょうとつ》したシューメーカー・レビー第《だい》9周期《しゅうき》彗星《すいせい》（SL9）。この彗星《すいせい》は木星《もくせい》の重力《じゅうりょく》によって20個以上《こいじょう》の破片《はへん》に分《わ》かれて、次々《つぎつぎ》と木星《もくせい》に衝突《しょうとつ》していきました。

©NASA,ESA,and H.Weaver and E.Smith（STScI）

←SL9が木星《もくせい》に残《のこ》した衝突《しょうとつ》の跡《あと》。右下《みぎした》から順《じゅん》に衝突直後《しょうとつちょくご》、衝突《しょうとつ》から1時間半後《じかんはんご》、3日後《かご》、5日後《かご》の画像《がぞう》で、衝突《しょうとつ》の跡《あと》が黒《くろ》っぽく広《ひろ》がっているのがわかります。

©R. Evans, J. Trauger, H. Hammel and the HST Comet Science Team

←↓↓→木星《もくせい》にはたくさんの衛星《えいせい》がありますが、なかでもガリレオ衛星《えいせい》（イオ、エウロパ、ガニメデ、カリスト）は、地球《ちきゅう》の月《つき》と同《おな》じように自転《じてん》と公転《こうてん》の周期《しゅうき》が同《おな》じであるため、いつも同《おな》じ側《がわ》を木星《もくせい》に向《む》けています。

イオ

©NASA/JPL/University of Arizona

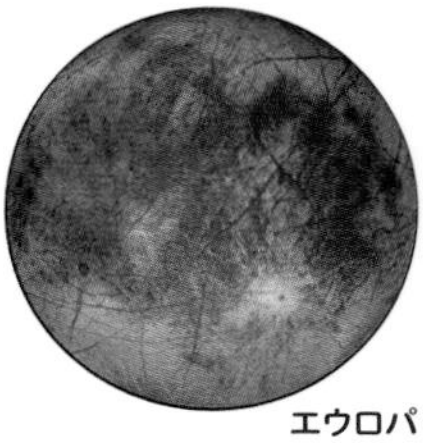

エウロパ

©NASA/JPL/DLR

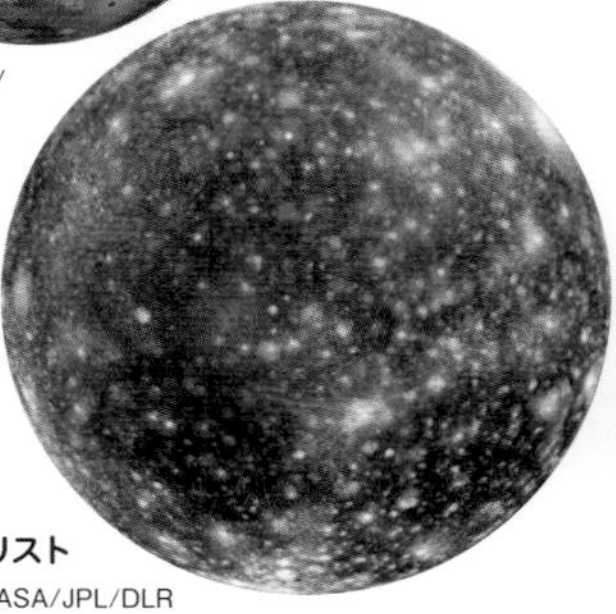

カリスト

©NASA/JPL/DLR

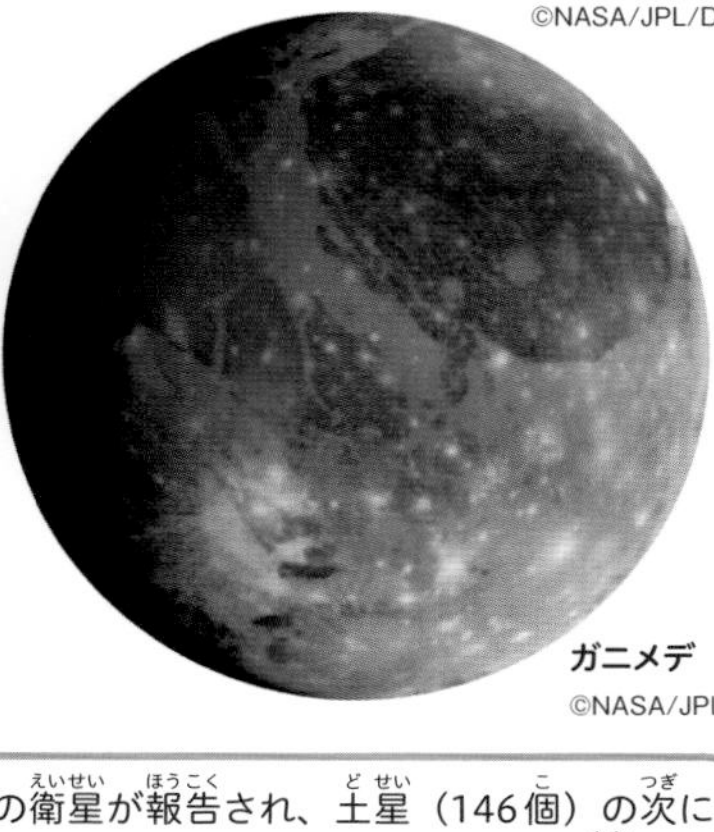

ガニメデ

©NASA/JPL

宇宙《うちゅう》の豆知識《まめちしき》

2023年《ねん》5月現在《がつげんざい》、木星《もくせい》には95の衛星《えいせい》が報告《ほうこく》され、土星《どせい》（146個《こ》）の次《つぎ》に衛星《えいせい》が多《おお》い惑星《わくせい》です。イオ、エウロパ、ガニメデ、カリストはとくに大《おお》きく、1610年《ねん》にガリレオ・ガリレイが発見《はっけん》したことからガリレオ衛星《えいせい》と呼《よ》ばれます。

29

目《め》立《だ》たないけど木星《もくせい》にもじつは環《わ》っかがある！

太《たい》陽系《ようけい》の惑星《わくせい》で環《わ》をもっているのは、木《もく》星《せい》、土星《どせい》、天王星《てんのうせい》、海王星《かいおうせい》の4つです。木星《もくせい》の環《わ》は1979年《ねん》、NASA《ナサ》の探査機《たんさき》ボイジャー1号《ごう》の観測《かんそく》によって、土星《どせい》、天王《てんのう》星《せい》に続《つづ》いて3番目《ばんめ》に発見《はっけん》されました。環《わ》は外《そと》側《がわ》から、**テーベ・ゴサマー環《わ》、アマルテア・ゴサマー環《わ》、主環《しゅかん》、ハロー環《わ》**という4つの部《ぶ》分《ぶん》からできています。

木星《もくせい》の環《わ》がなかなか見《み》つからなかったのは、環《わ》が薄《うす》くて暗《くら》かったこと、太陽光《たいようこう》を反射《はんしゃ》して明《あか》るく輝《かがや》く木星《もくせい》の光《ひかり》がじゃまをして、環《わ》が見《み》えにくかったことなどが原因《げんいん》です。

木星《もくせい》の環《わ》が暗《くら》いのは、明《あか》るく輝《かがや》く土星《どせい》の環《わ》が、おもに光《ひかり》を反射《はんしゃ》する氷《こおり》の粒《つぶ》でできているのに対《たい》し、木星《もくせい》の環《わ》はおもに**細《こま》かく暗《くら》い塵《ちり》**でできているからです。

木星《もくせい》の環《わ》をつくっている塵《ちり》は、隕石《いんせき》などの小天体《しょうてんたい》が木星《もくせい》の衛星《えいせい》と衝突《しょうとつ》したときに、粉々《こなごな》になってできたものではないかと考《かんが》えられています。ハロー環《わ》と主環《しゅかん》は、アドラステアとメティス、アマルテア・ゴサマー環《わ》はアマルテア、テーベ・ゴサマー環《わ》はテーベという衛《えい》星《せい》にほかの天体《てんたい》が衝突《しょうとつ》して飛《と》び散《ち》った塵《ちり》からできていると見《み》られています。

ジェームズ・ウェッブ宇宙望遠鏡《うちゅうぼうえんきょう》によって撮影《さつえい》された木星《もくせい》。オレンジと青《あお》のフィルターをかけた画像《がぞう》を合成《ごうせい》しています。手前《てまえ》に薄《うす》く見《み》える筋《すじ》は木星《もくせい》よりも100万倍暗《まんばいくら》い環《わ》。木星《もくせい》の特徴《とくちょう》のひとつである大赤斑《だいせきはん》は、ここでは白《しろ》っぽく見《み》えます。なお、写真《しゃしん》の左《ひだり》に白《しろ》く見《み》える点《てん》は、木星《もくせい》の衛星《えいせい》アマルテアです。

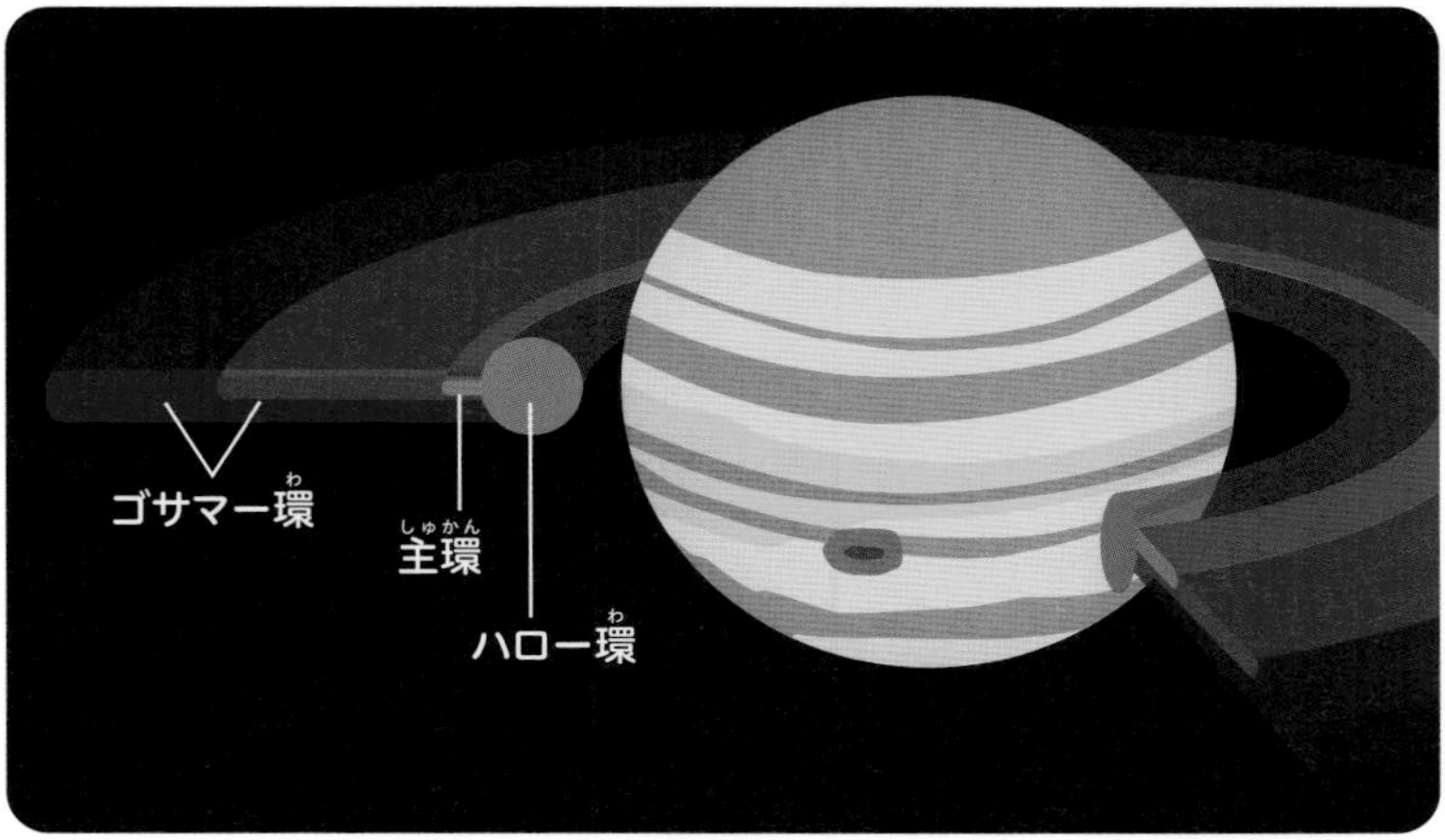

⬆木星《もくせい》の環《わ》は、外側《そとがわ》から順《じゅん》にゴサマー環《わ》、主環《しゅかん》、ハロー環《わ》と呼《よ》ばれています。

宇宙《うちゅう》の豆知識《まめちしき》

小惑星《しょうわくせい》にも環《わ》はありますが、初《はじ》めて環《わ》が見《み》つかった小惑星《しょうわくせい》は、土星《どせい》と天王星《てんのうせい》の間《あいだ》にあるカリクローです。その環《わ》は氷《こおり》でできていると考《かんが》えられています。ほかにもキロン、ハウメア、クワーオワーといった小惑星《しょうわくせい》で環《わ》が見《み》つかっています。

30

火《か》星《せい》と木《もく》星《せい》の間《あいだ》には小《しょう》惑《わく》星《せい》がたくさんある？

太《たい》陽系《ようけい》には、惑星《わくせい》やその周《まわ》りを回《まわ》る衛星《えいせい》といった大《おお》きな天体《てんたい》のほかに、たくさんの小《ちい》さな天体《てんたい》があります。そのなかで、火星《かせい》と木星《もくせい》の間《あいだ》に多《おお》く存在《そんざい》する、おもに岩石《がんせき》でできた小《ちい》さな天体《てんたい》を**小惑星《しょうわくせい》**と呼《よ》びます。小《しょう》惑星《わくせい》の多《おお》くは、直径《ちょっけい》100km以下《いか》で不規則《ふきそく》な形《かたち》をしていますが、最大級《さいだいきゅう》のものは直径《ちょっけい》が500km以上《いじょう》あります。

火星《かせい》と木星《もくせい》の間《あいだ》には、たくさんの小惑星《しょうわくせい》がリング状《じょう》に集《あつ》まっている場所《ばしょ》があって、これを**小惑星帯《しょうわくせいたい》**、**アステロイドベルト**、**メインベルト**などと呼《よ》びます。地球《ちきゅう》に衝突《しょうとつ》する**隕石《いんせき》**のほとんどは、この小惑星帯《しょうわくせいたい》を起源《きげん》とするものです。

以前《いぜん》は、火星《かせい》と木星《もくせい》の間《あいだ》にあった惑星《わくせい》が、何《なん》らかの理由《りゆう》で粉々《こなごな》になって小惑星帯《しょうわくせいたい》になったと考《かんが》えられていました。それが今《いま》では、小《しょう》惑星帯《わくせいたい》がある場所《ばしょ》では、太陽系《たいようけい》が生《う》まれた頃《ころ》にできたごく小《ちい》さな惑星《わくせい》（微惑星《びわくせい》）が合体《がったい》して惑星《わくせい》になるほど多《おお》くなかったために取《と》り残《のこ》されたものと考《かんが》えられています。そのため小《しょう》惑星《わくせい》には、太陽系《たいようけい》が生《う》まれた頃《ころ》の物質《ぶっしつ》がそのまま残《のこ》っていると考《かんが》えられ、**太陽系《たいようけい》の化石《かせき》**とも呼《よ》ばれます。

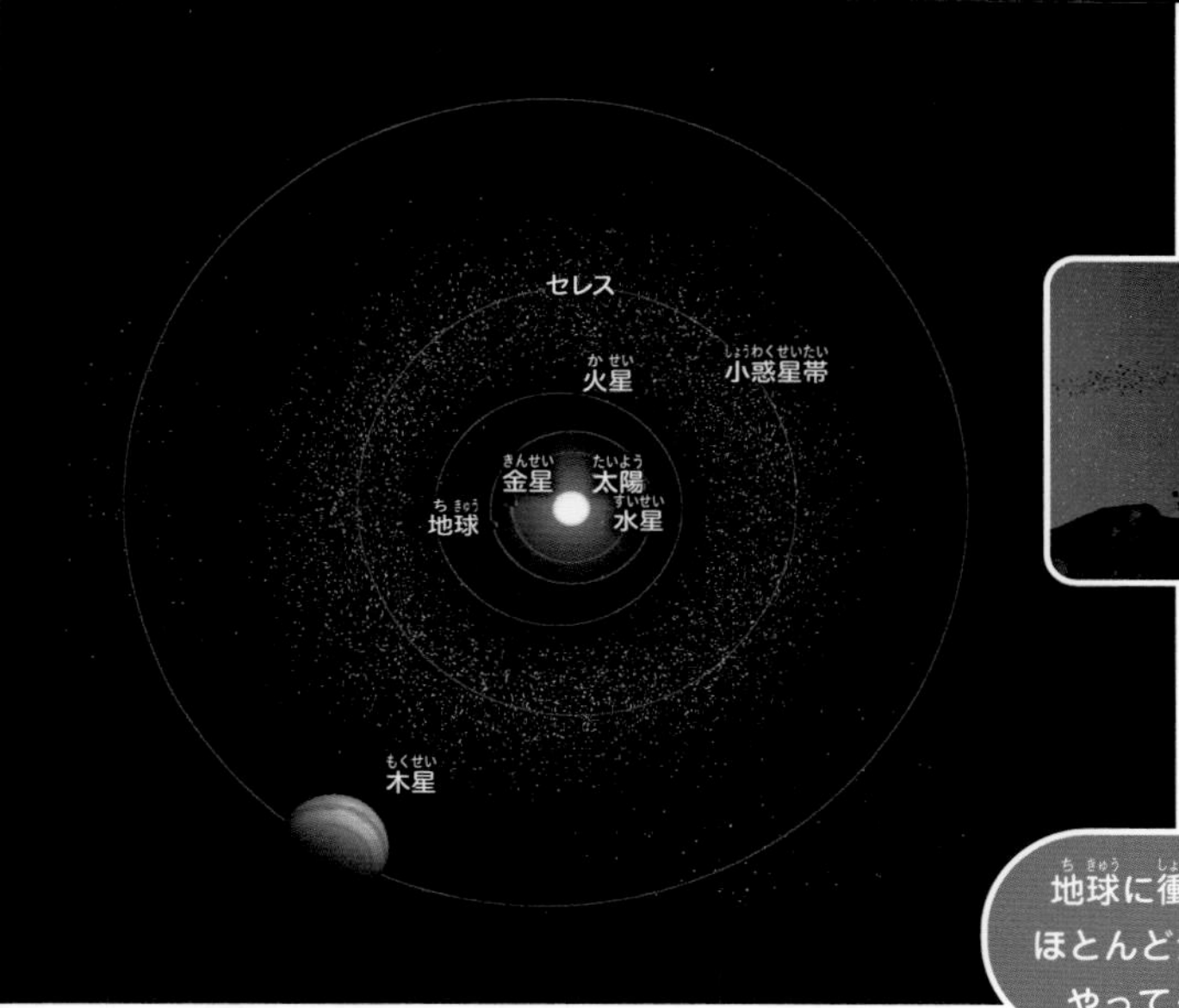

⬆太陽系《たいようけい》に無数《むすう》に存在《そんざい》する小天体《しょうてんたい》のなかでも、とくに火星《かせい》と木星《もくせい》の間《あいだ》に帯状《おびじょう》に多《おお》くの小惑星《しょうわくせい》が存在《そんざい》しています。この小惑星群《しょうわくせいぐん》を「小惑星帯《しょうわくせいたい》」といいます。

©NASA/JPL-Caltech

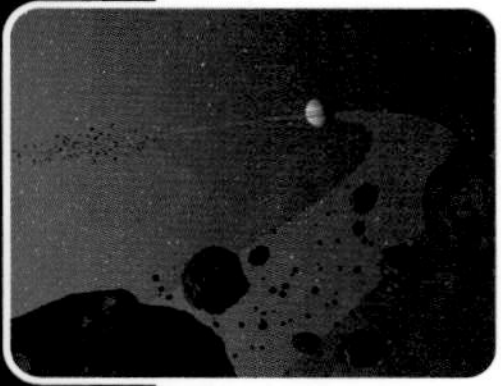

⬆トロヤ群《ぐん》から木星《もくせい》を見《み》たときの想像図《そうぞうず》。

©NASA/JPL-Caltech

地球《ちきゅう》に衝突《しょうとつ》する隕石《いんせき》のほとんどが小惑星帯《しょうわくせいたい》からやってくるんだよ！

⬆探査機《たんさき》ドーンが撮影《さつえい》したケレス。発見時《はっけんじ》、その大《おお》きさから惑星《わくせい》だと思《おも》われていましたが、その後《ご》小惑《しょうわく》星《せい》に分類《ぶんるい》され、今《いま》は冥王星《めいおうせい》と同《おな》じく準惑星《じゅんわくせい》にも分類《ぶんるい》されています。直径《ちょっけい》は約《やく》945km。

©NASA/JPL-Caltech/UCLA/MPS/DLR/IDA

⬇探査機《たんさき》ドーンが撮影《さつえい》した小惑星《しょうわくせい》ベスタ。ベスタの表面《ひょうめん》はクレーターだらけで、南半球《みなみはんきゅう》には高《たか》さ22kmもの山《やま》がそびえ立《た》っています。

©NASA/JPL-Caltech/UCLA/MPS/DLR/IDA

宇宙《うちゅう》の豆《まめ》知識《ちしき》

木星《もくせい》とほとんど同《おな》じ軌道《きどう》で、しかも木星《もくせい》とほぼ同《おな》じ速《はや》さで太陽《たいよう》の周《まわ》りを回《まわ》っているふたつの小惑星群《しょうわくせいぐん》があります。木星《もくせい》が進《すす》む方向《ほうこう》にある小惑星群《しょうわくせいぐん》をギリシャ群《ぐん》、後《うし》ろにある小惑星群《しょうわくせいぐん》をトロヤ群《ぐん》と区別《くべつ》することもあります。

31 地球《ちきゅう》に衝突《しょうとつ》するかもしれない地球近傍天体《ちきゅうきんぼうてんたい》って？

小《しょう》惑星《わくせい》のなかには、とても強《つよ》い木星《もくせい》の重力《じゅうりょく》の影響《えいきょう》を受《う》けて軌道《きどう》が変《か》わり、地球《ちきゅう》の軌道《きどう》の近《ちか》くまでやってくるものがあります。このように、地球《ちきゅう》へ接近《せっきん》する軌道《きどう》をもつ天体《てんたい》を**地球近傍天体《ちきゅうきんぼうてんたい》（NEO）**といって、そのなかでも地球《ちきゅう》に衝突《しょうとつ》する可能性《かのうせい》がある小惑星《しょうわくせい》を**PHA**といいます。

　この小惑星《しょうわくせい》（PHA）は、軌道《きどう》を見張《みは》っておく必要《ひつよう》があります。

　約《やく》6600万年前《まんねんまえ》には、直径《ちょっけい》10～15㎞の小惑星《しょうわくせい》がメキシコのユカタン半島《はんとう》に落《お》ちて、恐竜《きょうりゅう》をはじめ**生《い》きものの約《やく》70％以上《いじょう》が絶滅《ぜつめつ》**したと考《かんが》えられています。もしも同《おな》じようなことが起《お》これば、地球《ちきゅう》に破滅的《はめつてき》な被害《ひがい》を引《ひ》き起《お》こすことでしょう。

　小惑星《しょうわくせい》の衝突《しょうとつ》を避《さ》ける方法《ほうほう》のひとつは、小惑星《しょうわくせい》が遠《とお》くにあるうちに探査機《たんさき》を衝突《しょうとつ》させ、小惑星《しょうわくせい》の軌道《きどう》を少《すこ》し変《か》えることです。

　2022年《ねん》9月《がつ》、アメリカのNASA《ナサ》は、**探査機《たんさき》DART《ダート》**を小惑星《しょうわくせい》ディディモスの衛星《えいせい》ディモルフォスに衝突《しょうとつ》させるという実験《じっけん》を行《おこな》いました。その結果《けっか》、ディモルフォスがディディモスの周《まわ》りを回《まわ》る周期《しゅうき》を約《やく》33分短《ぶんみじか》くすることに成功《せいこう》しています。

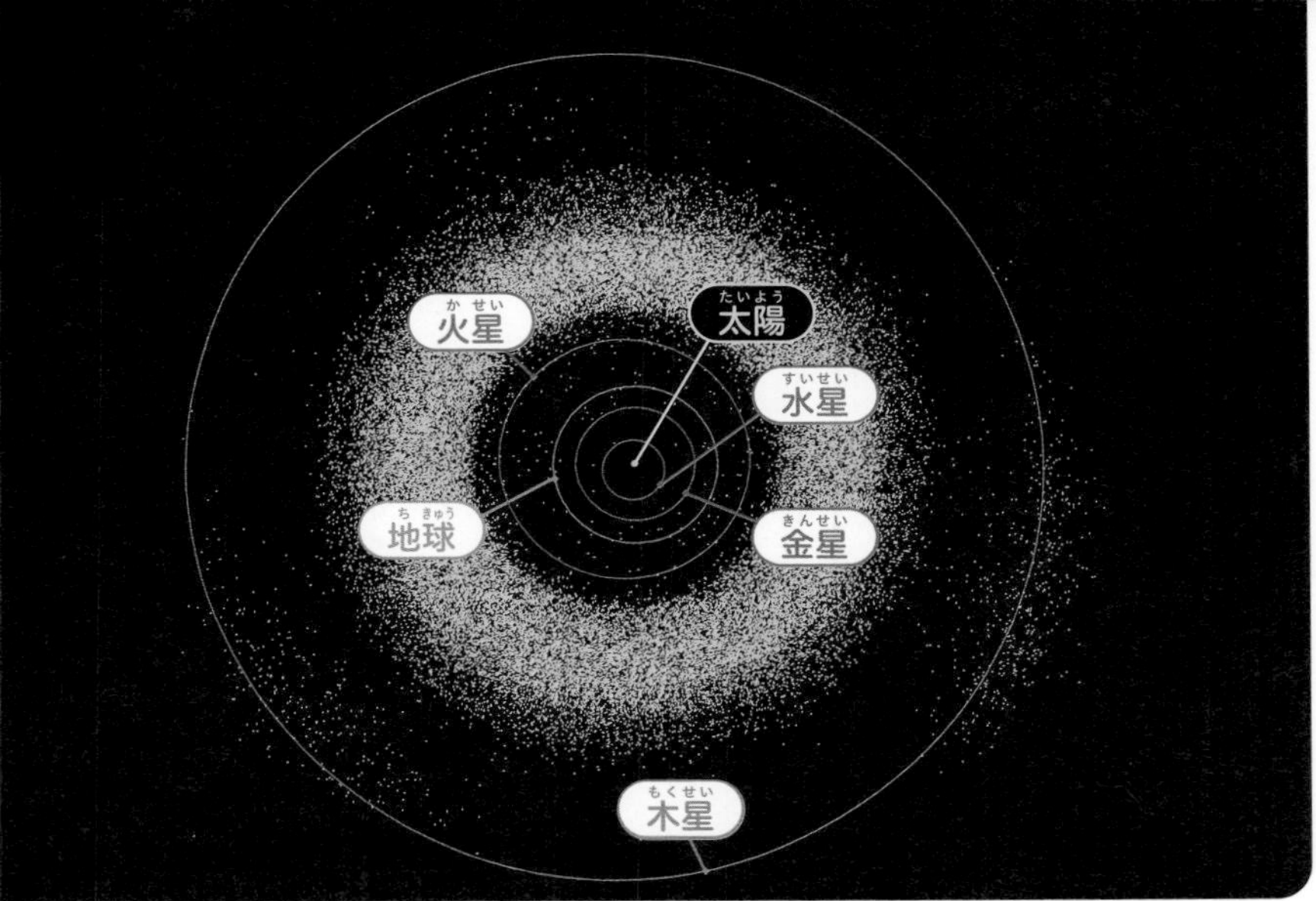

⬆2018年《ねん》1月《がつ》1日《ついたち》時点《じてん》で、小惑星《しょうわくせい》が太陽系《たいようけい》にどのように分布《ぶんぷ》しているかを示《しめ》した図《ず》。数《かぞ》えきれないほど多《おお》くの点《てん》がひしめき合《あ》っています。

➡ハッブル宇宙望遠鏡《うちゅうぼうえんきょう》が撮影《さつえい》した小惑星《しょうわくせい》ディモルフォスとディモルフォスから放出《ほうしゅつ》された彗星《すいせい》のような塵《ちり》の尾《お》。これは探査機《たんさき》DART《ダート》が衝突《しょうとつ》した285時間後《じかんご》に撮影《さつえい》されたものです。

⬅小惑星《しょうわくせい》へ向《む》かって進《すす》む探査機《たんさき》DART《ダート》の想像図《そうぞうず》。DART《ダート》とは「Double Asteroid Redirection Test（二重《にじゅう》小惑星《しょうわくせい》進路《しんろ》変更実験《へんこうじっけん》）」の略《りゃく》で、小惑星《しょうわくせい》など天体《てんたい》の衝《しょう》突《とつ》から地球《ちきゅう》を守《まも》る取《と》り組《く》みのひとつです。

宇宙《うちゅう》の豆知識《まめちしき》

小惑星《しょうわくせい》の衝突《しょうとつ》から地球《ちきゅう》を守《まも》ることを「プラネタリーディフェンス（地球防衛《ちきゅうぼうえい》）」といいます。小惑星《しょうわくせい》の軌道《きどう》を調《しら》べて地球《ちきゅう》に衝突《しょうとつ》する可能性《かのうせい》を調《しら》べたり、衝突《しょうとつ》を防《ふせ》いだり、衝突《しょうとつ》の被害《ひがい》をできるだけ少《すく》なくすることを目的《もくてき》にしています。

Part 2 驚《おどろ》きの太陽系《たいようけい》に大接近《だいせっきん》！

32

「はやぶさ2」が試料《しりょう》を持《も》ち帰《かえ》ったリュウグウって？

➡2018年《ねん》6月《がつ》26日《にち》に「はやぶさ2」搭載《とうさい》の光学航法《こうがくこうほう》カメラによって撮影《さつえい》されたリュウグウの姿《すがた》。

©JAXA, 東京大，高知大，立教大，名古屋大，千葉工大，明治大，会津大，産総研

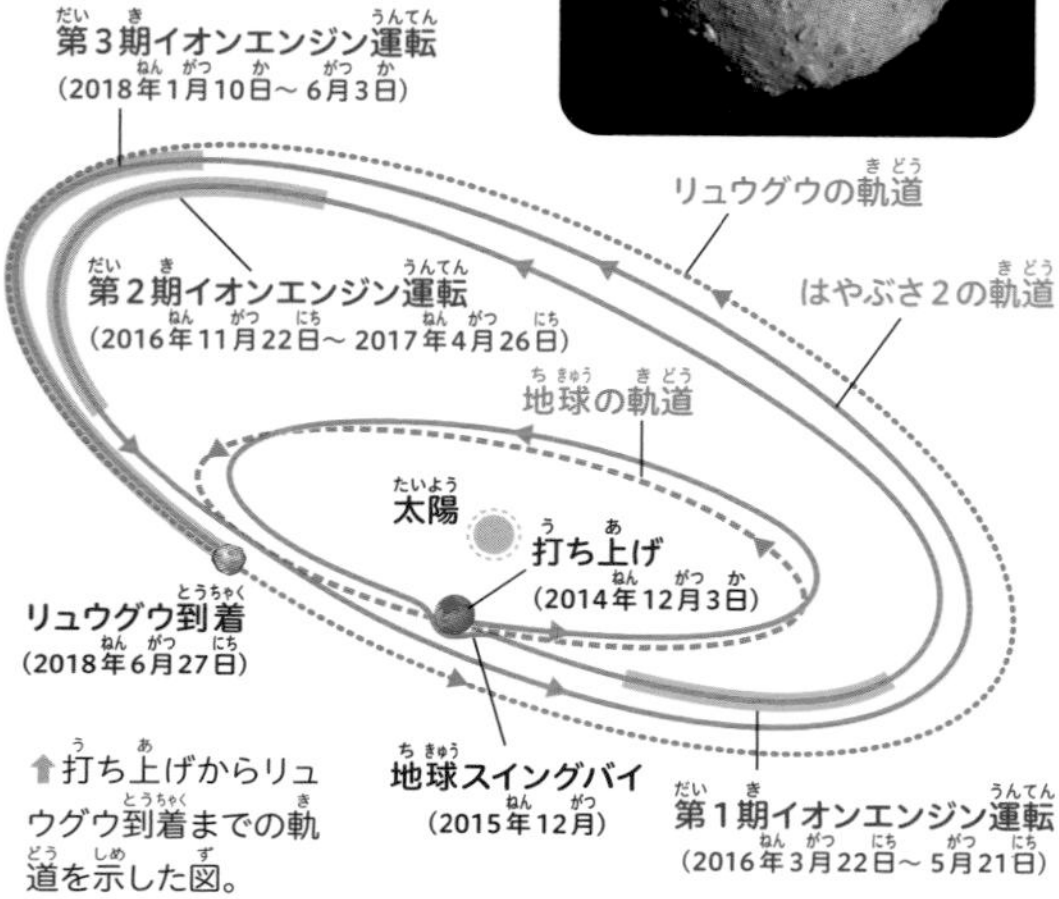

⬆打《う》ち上《あ》げからリュウグウ到着《とうちゃく》までの軌道《きどう》を示《しめ》した図《ず》。

「はやぶさ2」は、**小惑星《しょうわくせい》リュウグウ**の物《ぶっ》質《しつ》を採取《さいしゅ》し、地球《ちきゅう》に持《も》ち帰《かえ》ることを目《もく》的《てき》として打《う》ち上《あ》げられた小惑星探査機《しょうわくせいたんさき》です。

初号機《しょごうき》の「はやぶさ」は、世界《せかい》で初《はじ》めて**小《しょう》惑星《わくせい》イトカワ**の物質《ぶっしつ》を持《も》ち帰《かえ》りました。イトカワは**S型小惑星《がたしょうわくせい》**といって、ケイ酸《さん》やケイ酸《さん》塩《えん》でできた岩石《がんせき》を多《おお》く含《ふく》んでいる小惑星《しょうわくせい》です。S型小惑星《がたしょうわくせい》は、地球上《ちきゅうじょう》でもっとも多《おお》く見《み》つかっている普通《ふつう》コンドライト隕石《いんせき》という隕《いん》石《せき》のもととなる天体《てんたい》です。

リュウグウは、表面《ひょうめん》の岩石《がんせき》に水《みず》や有機物《ゆうきぶつ》を多《おお》く含《ふく》むと考《かんが》えられる**C型小惑星《がたしょうわくせい》**です。C型《がた》

⬆2021年《ねん》3月《がつ》4日《か》に公開《こうかい》された、再突入《さいとつにゅう》カプセル内《ない》C室《しつ》に入《はい》っていたリュウグウの粒子《りゅうし》0.51グラム。

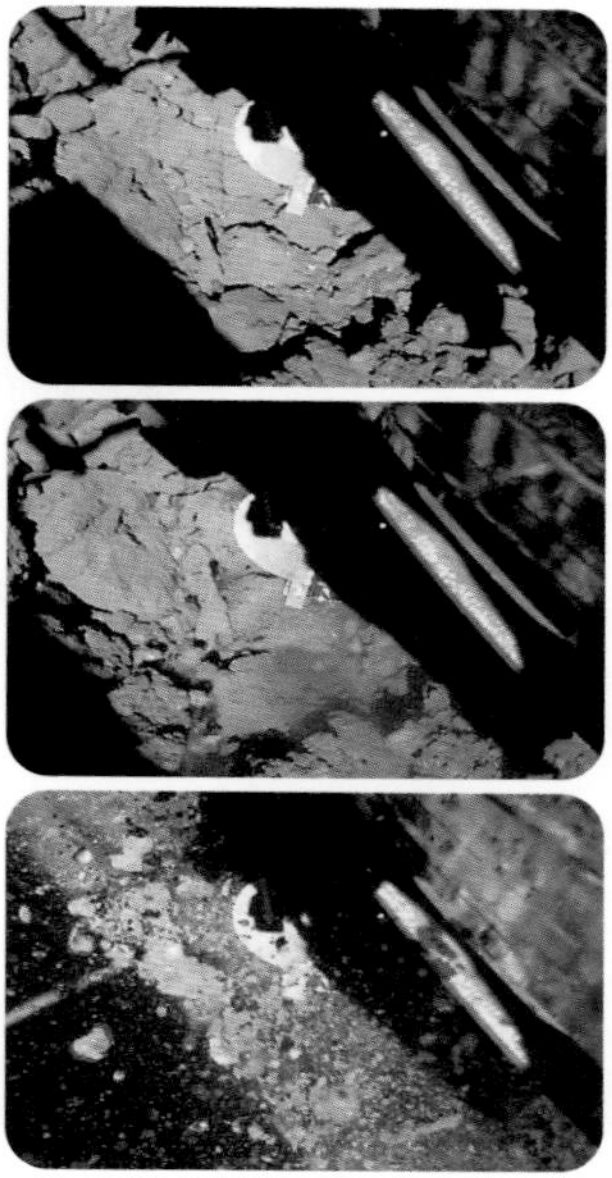

➡「はやぶさ２」に搭載《とうさい》された小型《こがた》のモニターカメラが撮影《さつえい》した岩石《がんせき》を採集《さいしゅう》する瞬間《しゅんかん》。リュウグウにぶつかる４秒前《びょうまえ》から４秒後《びょうご》までを撮影《さつえい》した画像《がぞう》のなかで白《しろ》く見《み》えているのは、採集《さいしゅう》する機械《きかい》の先端部《せんたんぶ》です。

小惑星《しょうわくせい》はS型《がた》よりも、**太陽系《たいようけい》が生《う》まれた頃《ころ》の情報《じょうほう》**を多《おお》く保《たも》っていると考《かんが》えられています。リュウグウの岩石《がんせき》を調《しら》べることで、地球《ちきゅう》の生命《せいめい》や水《みず》が、いったいどこからきたのかわかる可能性《かのうせい》があるのです。

２０１４年《ねん》12月《がつ》に打《う》ち上《あ》げられ、２０１８年《ねん》６月《がつ》にリュウグウに到着《とうちゃく》した「はやぶさ2」は、リュウグウの岩石《がんせき》を採取《さいしゅ》することに成功《せいこう》し、２０２０年《ねん》12月《がつ》に岩石《がんせき》が入《はい》ったカプセルを地球《ちきゅう》に投下《とうか》しました。

その後《ご》、世界中《せかいじゅう》の研究者《けんきゅうしゃ》によって「はやぶさ2」が持《も》ち帰《かえ》ったリュウグウの岩石《がんせき》が調《しら》べられています。これまでに、リュウグウの岩石《がんせき》から23種類《しゅるい》の生命《せいめい》のもとになる**アミノ酸《さん》**という化合物《かごうぶつ》が見《み》つかったこと、リュウグウのもとになった天体《てんたい》には豊富《ほうふ》な**水《みず》**があったこと、リュウグウの水《みず》は地球《ちきゅう》の水《みず》に似《に》ていることなどがわかっています。

宇宙《うちゅう》の豆知識《まめちしき》

「はやぶさ」は、世界《せかい》で初《はじ》めて小惑星《しょうわくせい》の物質《ぶっしつ》を地球《ちきゅう》に持《も》ち帰《かえ》った探査機《たんさき》です。2003年《ねん》5月《がつ》に打《う》ち上《あ》げられ、2005年《ねん》9月《がつ》に小惑星《しょうわくせい》イトカワへ到着《とうちゃく》。いくつものトラブルを乗《の》り越《こ》え2010年《ねん》6月《がつ》に地球《ちきゅう》へ戻《もど》り、人々《ひとびと》に感動《かんどう》を与《あた》えました。

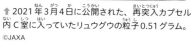

33

赤《あか》い星《ほし》・火星《かせい》には太陽系《たいようけい》で一番《いちばん》高《たか》い山《やま》がある！

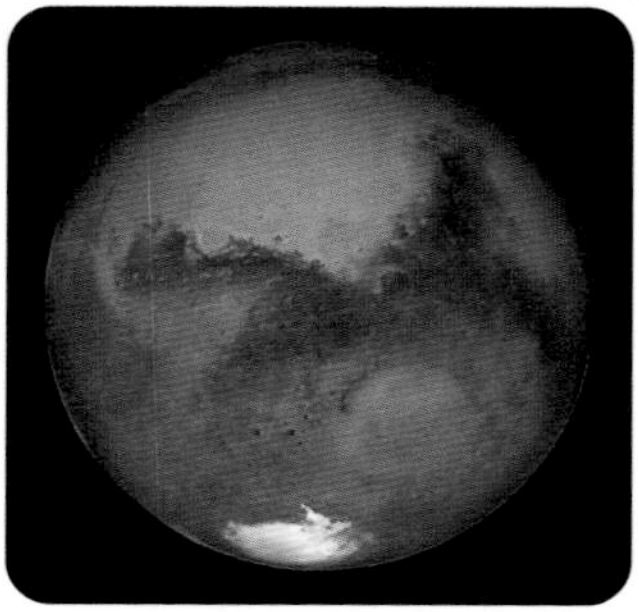

➡ハッブル宇宙望遠鏡《うちゅうぼうえんきょう》がとらえた火星《かせい》。これは2003年《ねん》8月《がつ》に地球《ちきゅう》と最接近《さいせっきん》した際《さい》のものです。火星《かせい》の中央《ちゅうおう》、赤《あか》く曇《くも》った領域《りょういき》では大規模《だいきぼ》で局地的《きょくちてき》な砂嵐《すなあらし》が吹《ふ》き荒《あ》れているといいます。

©NASA, ESA, and The Hubble Heritage Team (STScI/AURA)

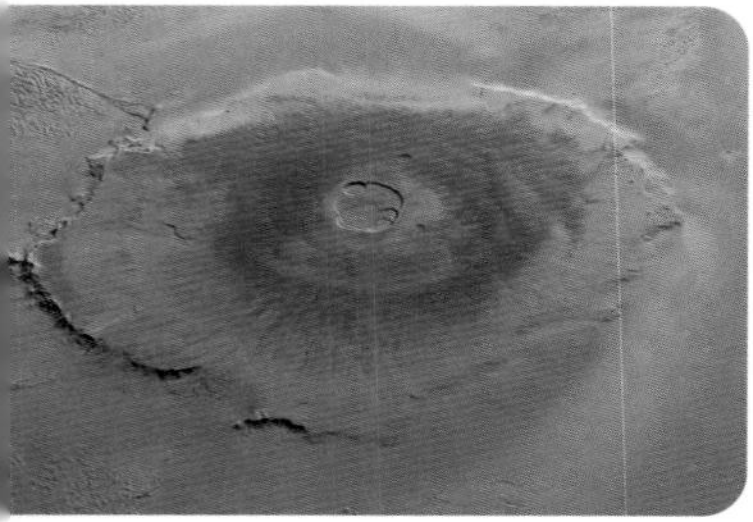

⬅探査機《たんさき》マーズ・エクスプレスが撮影《さつえい》した、太陽系《たいようけい》で最大《さいだい》の火山《かざん》オリンポス山《さん》。高《たか》さは約《やく》2万《まん》5000㎞と地球《ちきゅう》のエベレストの約《やく》3倍《ばい》もあるのです。

©ESA, DLR, FU Berlin, Mars Express

火《か》星《せい》は、太陽系《たいようけい》で地球《ちきゅう》のひとつ外側《そとがわ》の軌《き》道《どう》を回《まわ》っている惑星《わくせい》です。地球《ちきゅう》と同《おな》じように岩石《がんせき》でできていて、大《おお》きさは地球《ちきゅう》の半《はん》分《ぶん》ほどです。平均気温《へいきんきおん》はマイナス50℃ととても寒《さむ》いですが、夏《なつ》には30℃、冬《ふゆ》にはマイナス130℃にもなります。

火星《かせい》は夜《よる》、肉眼《にくがん》で赤《あか》く見《み》えます。その理由《りゆう》は、表面《ひょうめん》が**赤《あか》くさびた鉄《てつ》**を含《ふく》む砂《すな》や岩《いわ》でおおわれているためです。また、火星《かせい》には薄《うす》い大《たい》気《き》があって、火星全体《かせいぜんたい》をおおってしまうような砂嵐《すなあらし》が起《お》こります。

火星《かせい》の地形《ちけい》の特徴《とくちょう》は、とても深《ふか》くて長《なが》い峡《きょう》

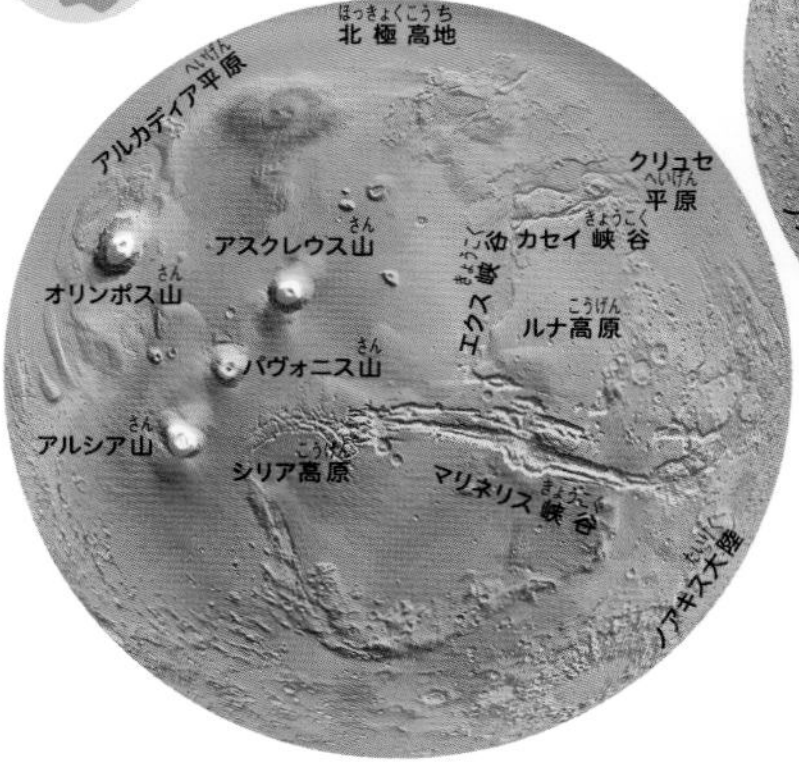

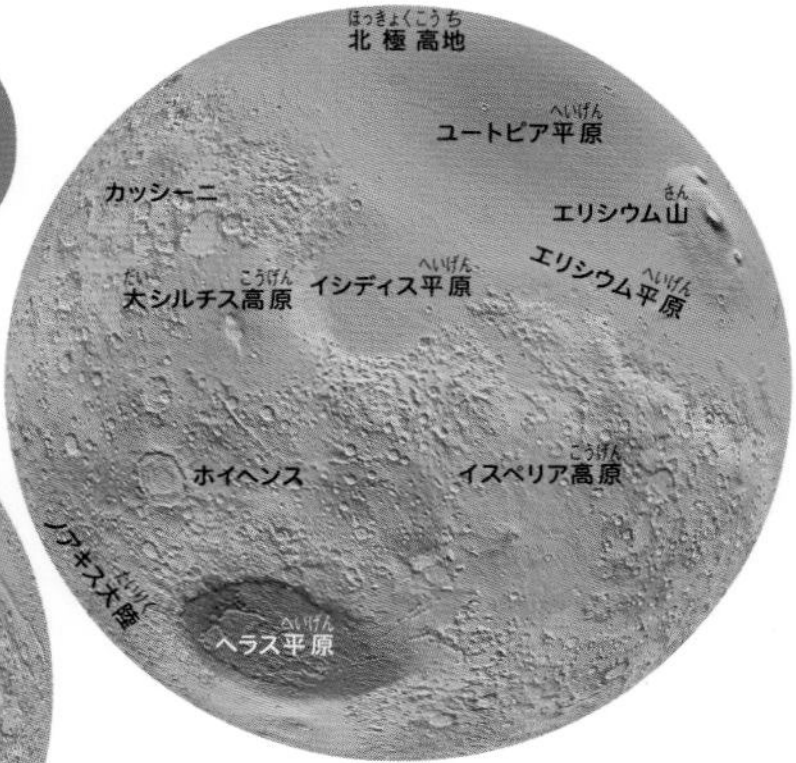

⬅⬆レーザー高度計《こうどけい》を使用《しよう》して火星《かせい》の地形《ちけい》を測定《そくてい》し色《いろ》づけした地形図《ちけいず》。赤《あか》い部分《ぶぶん》は標高《ひょうこう》が高《たか》く、青《あお》い部分《ぶぶん》は標高《ひょうこう》が低《ひく》いところです。

谷《こく》、高《たか》い火山《かざん》、広《ひろ》い台地《だいち》があることです。北《きた》半球《はんきゅう》に山《やま》が多《おお》く、南半球《みなみはんきゅう》にクレーターが多《おお》く見《み》られます。赤道付近《せきどうふきん》には深《ふか》さ約《やく》7㎞、長《なが》さ約《やく》4000㎞という太陽系最大《たいようけいさいだい》の谷《たに》、**マリネリス峡谷《きょうこく》**があります。これは、地殻《ちかく》が裂《さ》けてできたと考《かんが》えられています。

北半球《きたはんきゅう》にある**オリンポス山《さん》**は高《たか》さ約《やく》**2万《まん》5000m**（エベレストの約《やく》3倍《ばい》）、山《やま》の幅《はば》は約《やく》550㎞と、太陽系《たいようけい》で最大《さいだい》の火山《かざん》のひとつです。山《やま》の南東《なんとう》には、タルシス地域《ちいき》と呼《よ》ばれる台地《だいち》が広《ひろ》がっています。この台地《だいち》には、北《きた》からアスクレウス山《さん》、パヴォニス山《さん》、アルシア山《さん》という3つの巨大《きょだい》な火山《かざん》があり、タルシス三山《さんざん》と呼《よ》ばれています。

北極《ほっきょく》や南極《なんきょく》には、二酸化炭素《にさんかたんそ》の氷《こおり》（ドライアイス）や水《みず》の氷《こおり》でおおわれた**極冠《きょっかん》**という場《ば》所《しょ》があります。極冠《きょっかん》の下《した》には、**水《みず》の氷《こおり》**の層《そう》があることがわかっています。

宇宙《うちゅう》の豆知識《まめちしき》

火星《かせい》には1960年代《ねんだい》からたくさんの探査機《たんさき》が送《おく》られています。現在《げんざい》もマーズ2020（アメリカ）、天問《てんもん》1号《ごう》（中国《ちゅうごく》）、アル・アマル（UAE）などが火星《かせい》を観測《かんそく》しています。また、探査車《たんさしゃ》キュリオシティ（アメリカ）も探査《たんさ》を続《つづ》けています。

34

なぜ金星《きんせい》は明《あ》けの明星《みょうじょう》と宵《よい》の明星《みょうじょう》なの?

明《あ》け方《がた》、太陽《たいよう》がのぼってくる頃《ころ》、東《ひがし》の空《そら》に明《あか》るく輝《かがや》いている星《ほし》を**明《あ》けの明星《みょうじょう》**、太陽《たいよう》が沈《しず》んだあと、西《にし》の空《そら》に明《あか》るく輝《かがや》いている星《ほし》を**宵《よい》の明星《みょうじょう》**といいます。どちらも金星《きんせい》のことを指《さ》しています。

金星《きんせい》は、地球《ちきゅう》よりも太陽系《たいようけい》の内側《うちがわ》の軌道《きどう》を回《まわ》っている惑星《わくせい》です。地球《ちきゅう》よりも太陽《たいよう》に近《ちか》い内側《うちがわ》を回《まわ》っている水星《すいせい》と金星《きんせい》を**内惑星《ないわくせい》**と呼《よ》びます。また、地球《ちきゅう》よりも外側《そとがわ》を回《まわ》っている火《か》星《せい》、木星《もくせい》、土星《どせい》、天王星《てんのうせい》、海王星《かいおうせい》を**外惑星《がいわくせい》**と呼《よ》びます。

内惑星《ないわくせい》を地球《ちきゅう》から見《み》ると、**いつも太陽《たいよう》の近《ちか》くに見《み》える**ので、外惑星《がいわくせい》のように深夜《しんや》に見《み》えることがありません。昼間《ひるま》は太陽《たいよう》の光《ひかり》の影響《えいきょう》を受《う》けるので、ほとんど見《み》ることができません。見《み》えるのは、太陽《たいよう》が沈《しず》んだあとの西《にし》の空《そら》か、太陽《たいよう》がのぼる前《まえ》の東《ひがし》の空《そら》だけです。これが金星《きんせい》が朝《あさ》と夕方《ゆうがた》に見《み》える理由《りゆう》です。

金星《きんせい》は、「明星《みょうじょう》」と呼《よ》ばれるほど明《あか》るく輝《かがや》いて見《み》える惑星《わくせい》です。でも金星《きんせい》は、自分《じぶん》から光《ひかり》を放《はな》って輝《かがや》いているわけではありません。金星《きんせい》が明《あか》るく輝《かがや》いて見《み》えるのは、ぶ厚《あつ》い硫酸《りゅうさん》の雲《くも》でおおわれていて、雲《くも》が太陽《たいよう》の光《ひかり》の大部《だいぶ》分《ぶん》を反射《はんしゃ》しているからです。

金星《きんせい》は地球《ちきゅう》よりも内側《うちがわ》の軌道《きどう》を回《まわ》っている内惑星《ないわくせい》！

➡探査機《たんさき》マゼランの観測《かんそく》データをもとに作成《さくせい》した金星《きんせい》の地形図《ちけいず》。画像内《がぞうない》の赤《あか》い部分《ぶぶん》は高地《こうち》を、青《あお》い部分《ぶぶん》は低地《ていち》を示《しめ》しています。1990 ～ 1994年《ねん》にかけてレーダー探査《たんさ》されたデータをもとに処理《しょり》されたものです。

©NASA/JPL/USGS

⬅探査機《たんさき》あかつきの紫外線《しがいせん》をとらえるカメラによって撮影《さつえい》された金星《きんせい》の画像《がぞう》に、疑似的《ぎじてき》に色《いろ》を載《の》せたカラー画像《がぞう》。模様《もよう》のように見《み》えるのは金星《きんせい》の分厚《ぶあつ》い雲《くも》です。

©PLANET-C Project Team

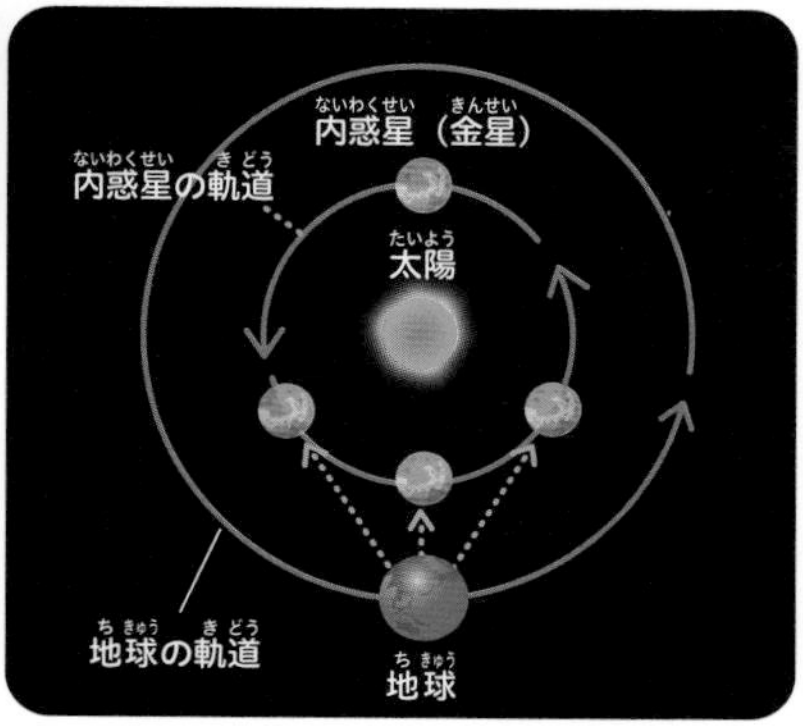

➡太陽系《たいようけい》のなかでも地球《ちきゅう》よりも内側《うちがわ》を公転《こうてん》する惑星《わくせい》を内惑星《ないわくせい》と呼《よ》びます。内惑星《ないわくせい》は地球《ちきゅう》との位置関係《いちかんけい》によって欠《か》けて見《み》えます。右《みぎ》の図《ず》は見《み》え方《かた》がどのように変《か》わるのかを示《しめ》したものです。

宇宙《うちゅう》の豆知識《まめちしき》

「あかつき」は、2010年《ねん》5月《がつ》に打《う》ち上《あ》げられた日本《にほん》の金星探査機《きんせいたんさき》です。一度《いちど》、金星《きんせい》の周《まわ》りを回《まわ》る軌道《きどう》に入《はい》るのに失敗《しっぱい》しましたが、2015年《ねん》にもう一度挑戦《いちどちょうせん》して成功《せいこう》。金星《きんせい》の激《はげ》しい大気現象《たいきげんしょう》の謎《なぞ》などを探《さぐ》る観測《かんそく》を続《つづ》けています。

Part2 驚《おどろ》きの太陽系《たいようけい》に大接近《だいせっきん》!

35

「地球《ちきゅう》の双子星《ふたごぼし》」と呼《よ》ばれる金星《きんせい》はいったいどんな星《ほし》?

金《きん》星《せい》は地球《ちきゅう》と同《おな》じように岩石《がんせき》でできた惑星《わくせい》で、大《おお》きさも地球《ちきゅう》とほぼ同《おな》じなので**地球《ちきゅう》の双子星《ふたごぼし》**とも呼《よ》ばれています。ところが、金星《きんせい》の環境《かんきょう》は地球《ちきゅう》とは大違《おおちが》いです。

地球《ちきゅう》の大気《たいき》（空気《くうき》）はおもに窒素《ちっそ》と酸素《さんそ》からできていますが、金星《きんせい》の大気《たいき》はほとんどが**二酸化炭素《にさんかたんそ》**です。これが温度《おんど》を上《あ》げる（温室効果《おんしつこうか》）ため、金星《きんせい》の地表《ちひょう》は**400℃以上《いじょう》**、気圧《きあつ》は**90気圧以上《きあついじょう》**もあります。空《そら》は厚《あつ》さが数《すう》kmもある**硫酸《りゅうさん》の雲《くも》**でおおわれていて、太陽《たいよう》の光《ひかり》は地上《ちじょう》に届《とど》きません。

これだけでもすごい環境《かんきょう》ですが、金星《きんせい》の上空《じょうくう》には**スーパーローテーション**と呼《よ》ばれる高速《こうそく》の風《かぜ》が、自転《じてん》の方向《ほうこう》に吹《ふ》き荒《あ》れています。その速度《そくど》は高《たか》いところほど速《はや》くなり、60kmの高《たか》さでは**時速《じそく》400km**に達《たっ》します。金星《きんせい》は243日《にち》かけてゆっくりと自転《じてん》していますが、上空《じょうくう》では自転速度《じてんそくど》の60倍《ばい》も速《はや》い風《かぜ》が吹《ふ》いているのです。

日本《にほん》の**金星探査機《きんせいたんさき》あかつき**の観測《かんそく》によって、スーパーローテーションには、昼《ひる》と夜《よる》の気温《きおん》の差《さ》によって起《お》こる、大気《たいき》を伝《つた》わっていく波《なみ》（熱潮汐波《ねっちょうせきは》）がかかわっていることなどがわかっています。

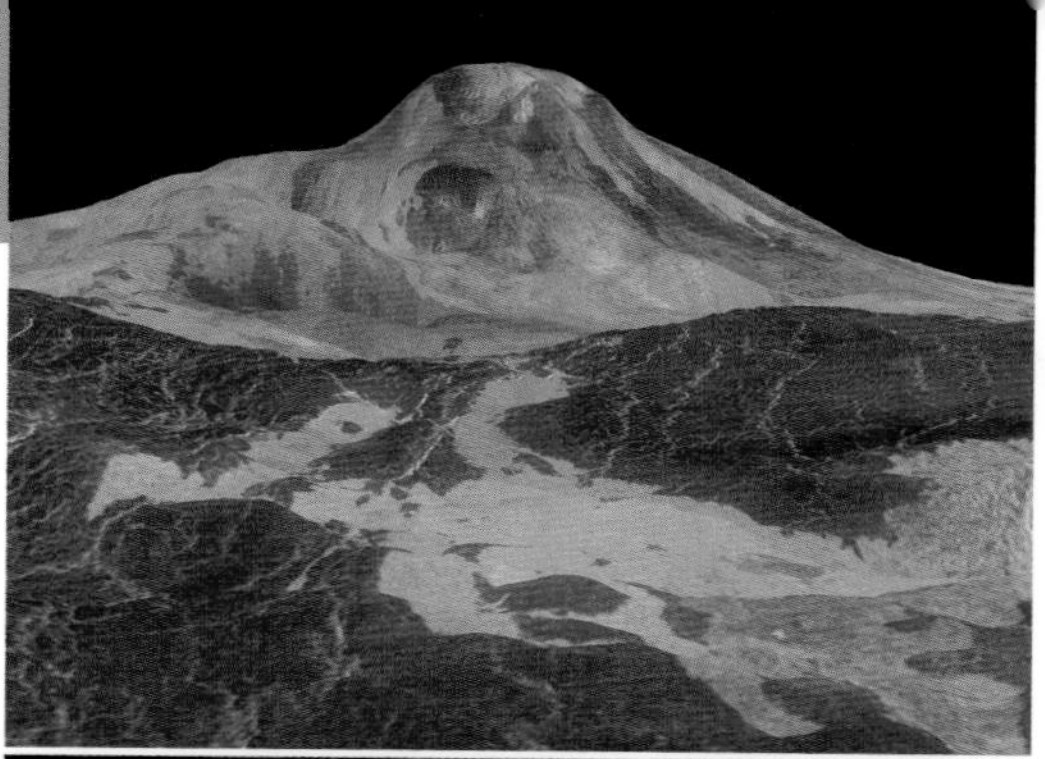

⬅上《うえ》は金星《きんせい》でもっとも高《たか》い火山《かざん》であるマアト山《さん》。マアト山《さん》は高《たか》さ8000m以上《いじょう》もある火山《かざん》ですが、この画像《がぞう》ではわかりやすいように高《たか》さが約《やく》20倍《ばい》も強調《きょうちょう》されています。下《した》は金星《きんせい》の火山《かざん》が噴火《ふんか》した際《さい》のイメージ図《ず》。

©NASA/JPL
©NASA/JPL-Caltech/Peter Rubin

⬇金星《きんせい》の分厚《ぶあつ》い大気《たいき》は、自転《じてん》する速度《そくど》の60倍《ばい》ほどになる速《はや》さで回転《かいてん》しています。これは「スーパーローテーション」と呼《よ》ばれる現象《げんしょう》です。

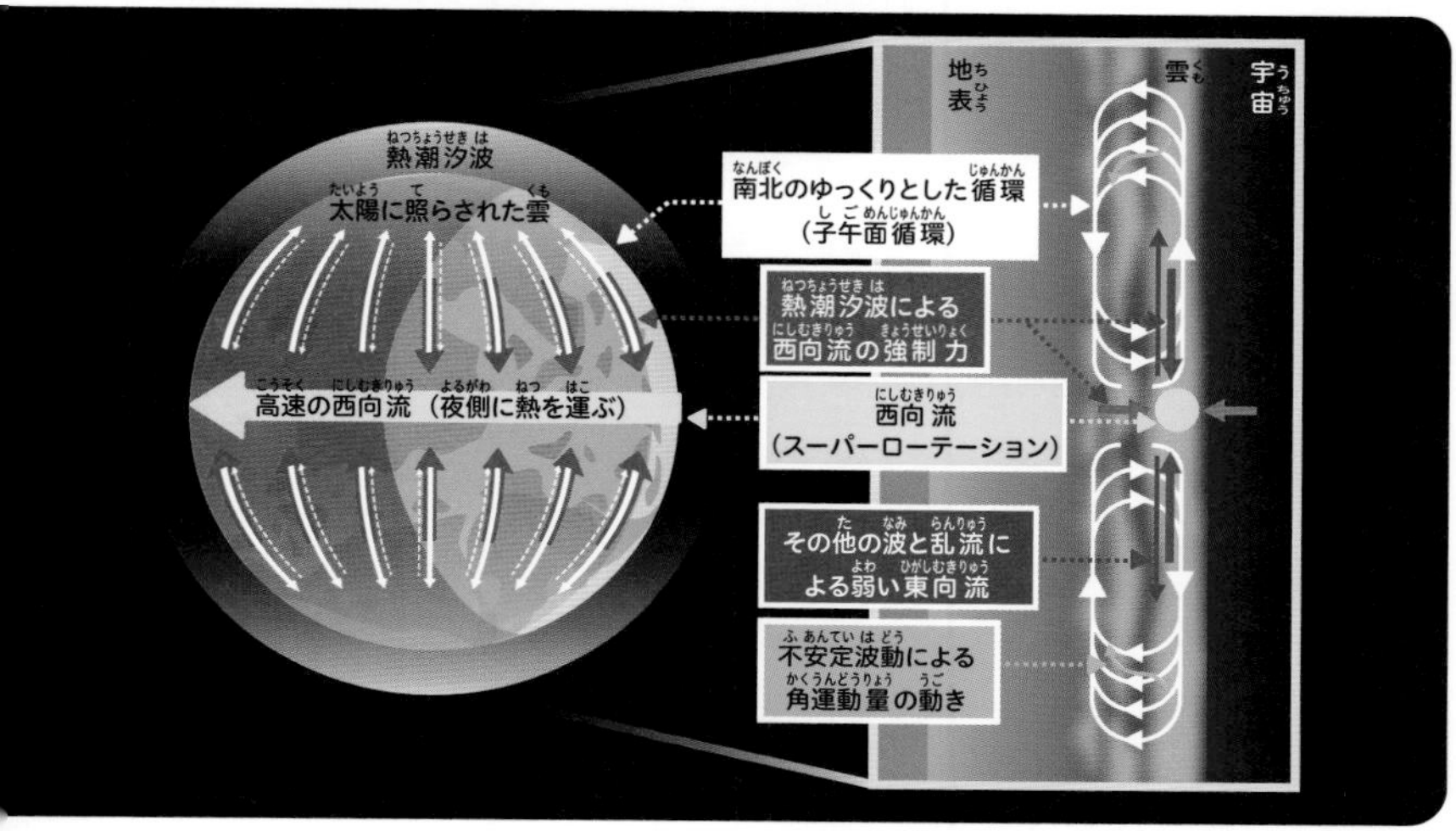

上図は Planet-C Project Team による概念図をもとに作成しました。

宇《う》宙《ちゅう》の豆《まめ》知《ち》識《しき》

金星《きんせい》では約《やく》3億《おく》～5億年前《おくねんまえ》に激《はげ》しい火山活動《かざんかつどう》が起《お》きて、そのときにできたと思《おも》われる地形《ちけい》が広《ひろ》い範囲《はんい》で見《み》つかっています。マアト山《さん》は、金星《きんせい》で一番大《いちばんおお》きな火山《かざん》で、現在《げんざい》も火山活動《かざんかつどう》が続《つづ》いているかもしれないと考《かんが》えられています。

36

太陽《たい よう》に近《ちか》くて暑《あつ》い水星《すい せい》にも水《みず》があるって本当《ほん とう》？

水《すい》星《せい》は、太陽系《たいようけい》で太陽《たいよう》の一番近《いちばんちか》くを回《まわ》っている惑星《わくせい》です。地形《ちけい》の特徴《とくちょう》は、表面《ひょうめん》がたくさんの**クレーター**におおわれていることです。水星《すいせい》にはとても薄《うす》い大気《たいき》しかないため、小天体《しょうてんたい》はスピードを落《お》とさずに地表《ちひょう》に衝《しょう》突《とつ》してクレーターをつくります。また、水星《すいせい》は風《かぜ》が吹《ふ》いたり雨《あめ》が降《ふ》ったりしないため、水《すい》星《せい》が生《う》まれて間《ま》もない頃《ころ》にできたクレーターがそのまま残《のこ》っています。なかでも太陽系《たいようけい》で最大級《さいだいきゅう》、**直径《ちょっけい》1300㎞もあるカロリス盆地《ぼんち》**は、約《やく》38億年前《おくねんまえ》にできたクレーターだと考《かんが》えられています。

太陽《たいよう》に近《ちか》くて熱《あつ》いため、水《みず》は存在《そんざい》しないと考《かんが》えられていた水星《すいせい》ですが、探査機《たんさき》メッセンジャーの観測《かんそく》によって、水星《すいせい》の極地域《きょくちいき》（北極《ほっきょく》や南極《なんきょく》）の**日《ひ》が当《あ》たらない場所《ばしょ》に、氷《こおり》がある**ことがわかりました。水星《すいせい》は、公転《こうてん》している面《めん》に対《たい》して、ほとんど垂直《すいちょく》の角度《かくど》で自転《じてん》しています。そのため北極《ほっきょく》や南極《なんきょく》へは、太陽《たいよう》の光《ひかり》がほぼ真横《まよこ》から差《さ》し込《こ》みます。だから極地域《きょくちいき》のクレーターの底《そこ》までは太陽光《たいようこう》が差《さ》し込《こ》まず、氷《こおり》が残《のこ》されていると考《かんが》えられています。氷《こおり》はもともと、水星《すいせい》に衝突《しょうとつ》した小惑星《しょうわくせい》や彗星《すいせい》が運《はこ》んできたものです。

⬅探査機《たんさき》メッセンジャーの観測《かんそく》データをもとに、水星表面《すいせいひょうめん》を構成《こうせい》する物質《ぶっしつ》の違《ちが》いがわかりやすいように色《いろ》を付《つ》けたもの。右上《みぎうえ》にある円形《えんけい》の大《おお》きな地形《ちけい》が特徴的《とくちょうてき》な「カロリス盆地《ぼんち》」です。

©NASA/Johns Hopkins University Applied Physics Laboratory/Carnegie Institution of Washington

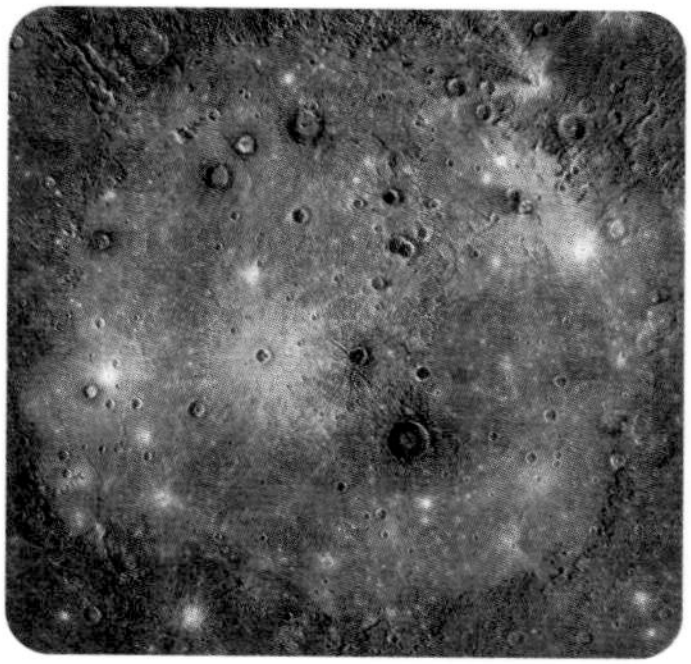

➡カロリス盆地《ぼんち》は直径約《ちょっけいやく》1300km以上《いじょう》ある、水星最大《すいせいさいだい》のクレーター。これは約《やく》38億年前《おくねんまえ》に直径《ちょっけい》100kmほどの小惑星《しょうわくせい》が衝突《しょうとつ》した際《さい》にできたと考《かんが》えられています。

©NASA/Johns Hopkins University Applied Physics Laboratory/Carnegie Institution of Washington

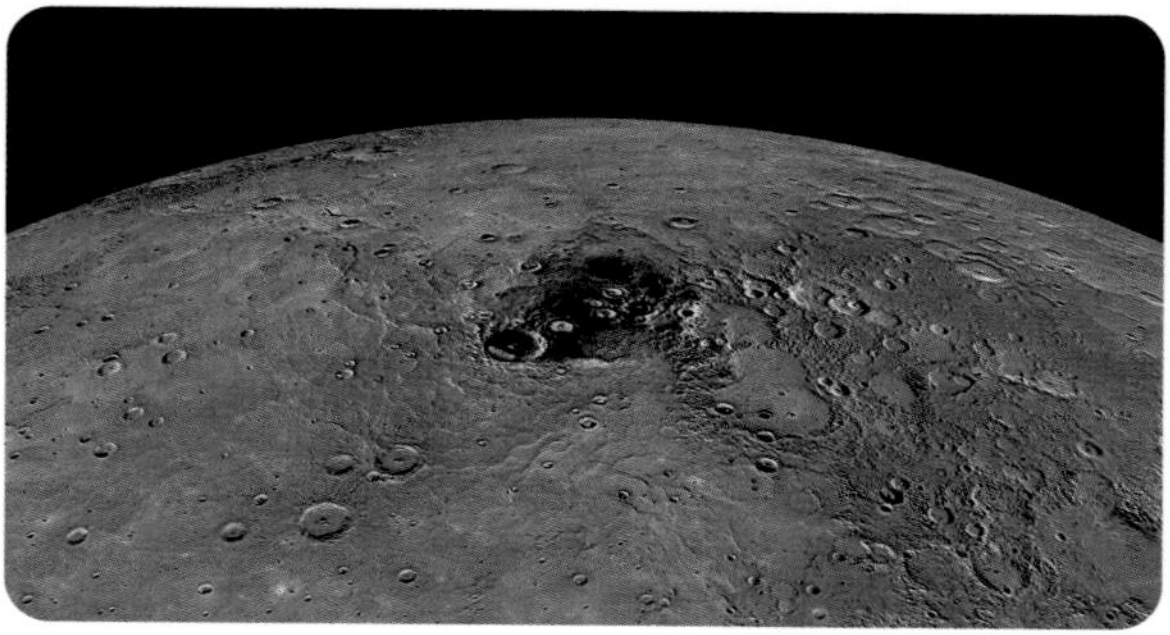

⬅メッセンジャーがとらえた水星《すいせい》の北極付近《ほっきょくふきん》の地表《ちひょう》。黄色《きいろ》く着色《ちゃくしょく》されたクレーターは、氷《こおり》があるとされている場所《ばしょ》です。

©NASA/Johns Hopkins University Applied Physics Laboratory/Carnegie Institution of Washington

宇宙《うちゅう》の豆知識《まめちしき》

JAXA《ジャクサ》とESA《イーサ》（ヨーロッパ宇宙機関《うちゅうきかん》）が共同《きょうどう》で進《すす》めているのが、水星探査《すいせいたんさ》計画《けいかく》ベピコロンボです。水星磁気圏探査機《すいせいじきけんたんさき》みお（MMO）と水星表面探査機《すいせいひょうめんたんさき》MPOの2機《き》が、2025年《ねん》に水星《すいせい》を回《まわ》る軌道《きどう》に入《はい》って探査《たんさ》を始《はじ》める予定《よてい》です。

37

太陽《たいよう》は燃《も》えているんじゃなくてエネルギーを出《だ》している？

太《たい》陽《よう》は、太陽系《たいようけい》の中心《ちゅうしん》にある星《ほし》です。地《ち》球《きゅう》に暮《く》らすわたしたちを暖《あたた》かく照《て》らしてくれる太陽《たいよう》は、どのようにして光《ひか》り輝《かがや》いているのでしょうか。

太陽《たいよう》は、地球《ちきゅう》のように岩石《がんせき》でできているのではなく、熱《あつ》いガスでできた天体《てんたい》です。重《おも》さは地球《ちきゅう》のおよそ33万倍《まんばい》もあって、おもに**水素《すいそ》とヘリウム**でできています。太陽《たいよう》の中心部《ちゅうしんぶ》では、高《たか》い温度《おんど》（１５００万《まん》℃）と高《たか》い密度《みつど》によって4つの水素《すいそ》の原子核《げんしかく》が結《むす》びついて、ひとつのヘリウムの原子核《げんしかく》になっています。これを**核融合反応《かくゆうごうはんのう》**といいます。核融合反応《かくゆうごうはんのう》が起《お》こると、とても大《おお》きな光《ひかり》や熱《ねつ》が出《で》ます。太陽《たいよう》は燃《も》えているのではなく、この**エネルギーによって輝《かがや》いている**のです。

中心核《ちゅうしんかく》の外側《そとがわ》にはエネルギーが電磁波《でんじは》になって伝《つた》わる**放射層《ほうしゃそう》**、その外側《そとがわ》には対流《たいりゅう》によってエネルギーが運《はこ》ばれる**対流層《たいりゅうそう》**があります。光《ひかり》を出《だ》している太陽《たいよう》の表面《ひょうめん》を**光球《こうきゅう》**といって、その温度《おんど》は約《やく》６０００℃。黒《くろ》く見《み》える黒《こく》点《てん》もここにあります。光球《こうきゅう》の外側《そとがわ》の彩層《さいそう》では、太陽《たいよう》フレアやプロミネンスが観測《かんそく》されます。一番外側《いちばんそとがわ》にあるコロナは、温度《おんど》が約《やく》１００万《まん》℃もあるプラズマの層《そう》です。

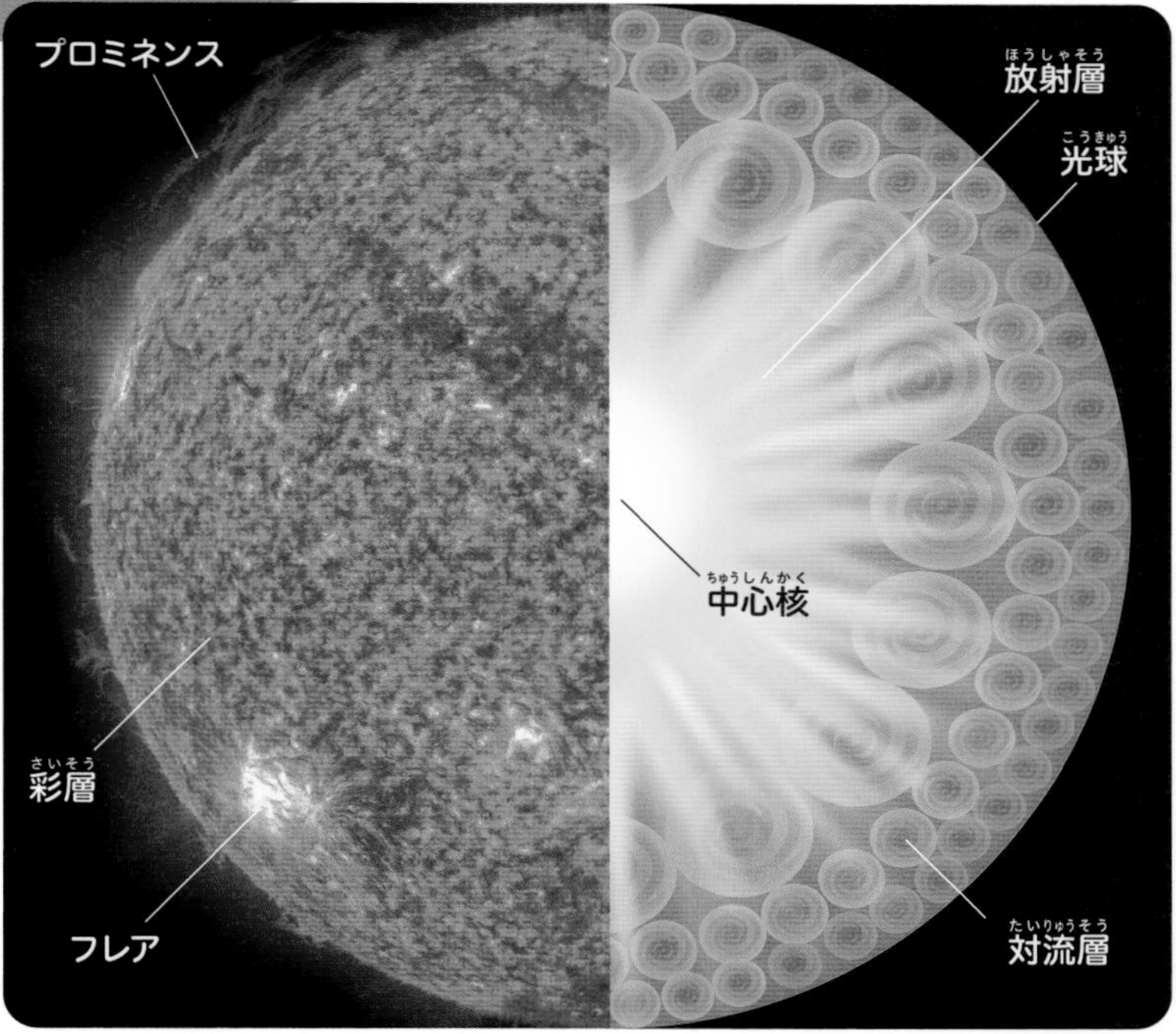

⬆太陽《たいよう》の表面《ひょうめん》と内部《ないぶ》の構造《こうぞう》を表《あらわ》した図《ず》。内部《ないぶ》を直接《ちょくせつ》見《み》ることはできませんが、物質《ぶっしつ》の性質《せいしつ》などからどのように構成《こうせい》されているかが調《しら》べられています。

©NASA/SDO

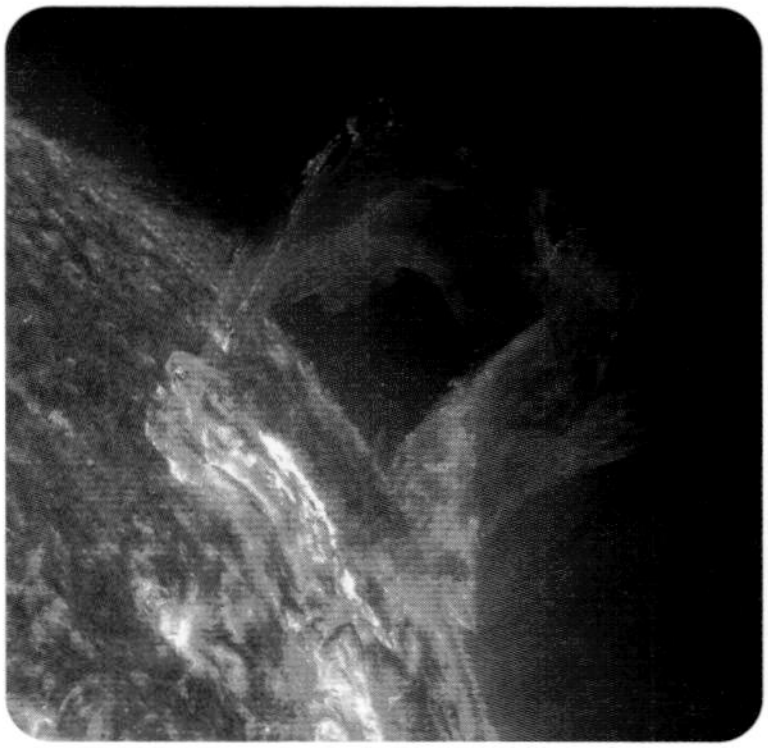

⬅2013年《ねん》3月《がつ》、紫外線《しがいせん》カメラによって撮影《さつえい》された太陽《たいよう》のプロミネンス（紅炎《こうえん》）。一見《いっけん》炎《ほのお》のようにも見《み》えますが、これは数千《すうせん》～1万《まん》℃にもなるプラズマによるものです。

©Solar Dynamics Observatory/NASA

宇宙《うちゅう》の豆知識《まめちしき》

太陽《たいよう》のような恒星《こうせい》には寿命《じゅみょう》があります。太陽《たいよう》が死《し》を迎《むか》えるのは、エネルギー源《げん》の軽《かる》い元素《げんそ》が、中心《ちゅうしん》でなくなったときです。太陽《たいよう》の寿命《じゅみょう》は、約《やく》100億歳《おくさい》と考《かんが》えられています。太陽《たいよう》は現在《げんざい》46億歳《おくさい》なので、あと50億年《おくねん》は輝《かがや》き続《つづ》けます。

38

太《たい》陽《よう》フレアの大《だい》爆《ばく》発《はつ》が地《ち》球《きゅう》を大《だい》混《こん》乱《らん》させる？

太《たい》陽《よう》の黒点《こくてん》は、温度《おんど》が周《まわ》りよりも約《やく》2000℃低《ひく》いため黒《くろ》いシミのように見《み》えています。磁場《じば》による圧力《あつりょく》があるため、周《まわ》りと圧力《あつりょく》がつり合《あ》うよう低温《ていおん》になっていると考《かんが》えられています。そして、黒点《こくてん》の近《ちか》くで起《お》こる爆発現象《ばくはつげんしょう》が**太陽《たいよう》フレア**です。

黒点《こくてん》や光球《こうきゅう》からは、磁石《じしゃく》の力《ちから》（磁力線《じりょくせん》）が出《で》ています。この磁力線《じりょくせん》がからみ合《あ》っている場所《ばしょ》で高温《こうおん》のガスが発生《はっせい》して太陽《たいよう》フレアが起《お》こります。太陽《たいよう》フレアは、数分間《すうふんかん》から長《なが》いときには数日間続《すうじつかんつづ》くことがあります。太陽《たいよう》フレアでは**X線《エックスせん》などの電磁波《でんじは》、電気《でんき》を帯《お》びた強《つよ》いエネルギーをもった粒子《りゅうし》**などが放出《ほうしゅつ》されます。X線《エックスせん》の強《つよ》さによって、弱《よわ》いほうからA、B、C、M、Xという5つのクラスに分類《ぶんるい》されます。**もっとも強《つよ》いX《エックス》クラス**の太陽《たいよう》フレアが起《お》こると、地球《ちきゅう》にも大《おお》きな影響《えいきょう》を及《およ》ぼすことがあります。

1859年《ねん》の太陽《たいよう》フレア（キャリントンフレア）では、世界各地《せかいかくち》の電報《でんぽう》システムに障害《しょうがい》が起《お》こりました。もしも今《いま》、同《おな》じような太陽《たいよう》フレアが起《お》きた場合《ばあい》、GPSや携帯電話《けいたいでんわ》が使《つか》えなくなったり、**大規模《だいきぼ》な停電《ていでん》**が起《お》こることが予測《よそく》されています。

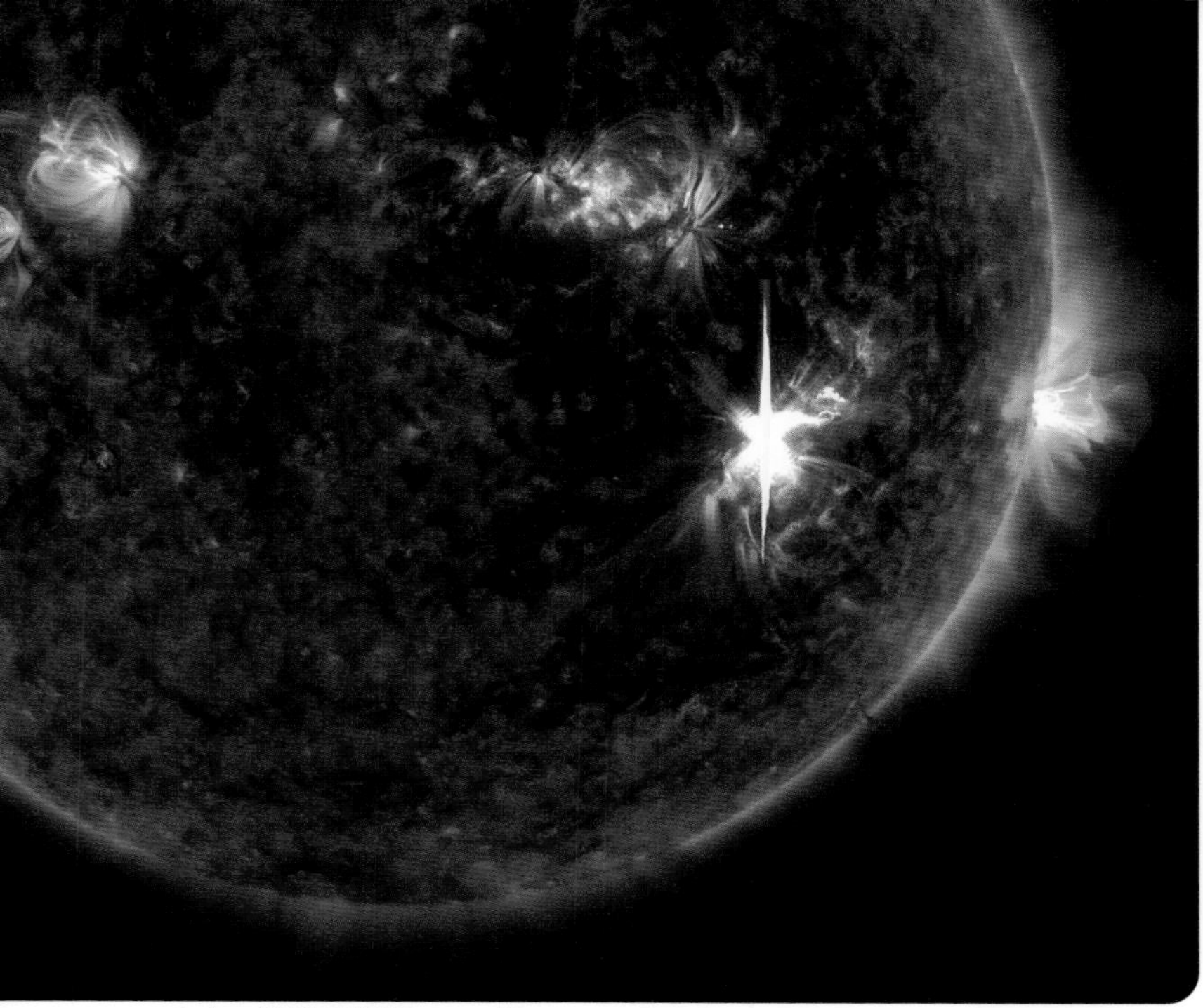

⬆ NASA《ナサ》の太陽観測衛星《たいようかんそくえいせい》 SDOが撮影《さつえい》した、2017年《ねん》9月《がつ》6日《か》に発生《はっせい》した最強《さいきょう》 X《エックス》 クラスの太陽《たいよう》フレア。白《しろ》っぽく輝《かがや》いている、写真《しゃしん》の中央《ちゅうおう》付《ふ》近《きん》の明《あか》るい領域《りょういき》がフレアです。

➡太陽《たいよう》の表面《ひょうめん》から輪《わ》を描《えが》くように出《で》ているのは、NASA《ナサ》の太陽観測衛星《たいようかんそくえいせい》 SDOが撮影《さつえい》した「コロナループ」という現象《げんしょう》です。これは磁力線《じりょくせん》に沿《そ》ってできる巨大《きょだい》な虹《にじ》のような形《かたち》をしたガスの流《なが》れで、高《たか》さは最大《さいだい》で約《やく》48万《まん》kmを超《こ》えます。

宇宙《うちゅう》の豆知識《まめちしき》

太陽《たいよう》の表面《ひょうめん》からは、電気《でんき》を帯《お》びた細《こま》かな粒《つぶ》の流《なが》れ「太陽風《たいようふう》」が噴《ふ》き出《で》ていて、太陽風《たいようふう》が届《とど》く範囲《はんい》を太陽圏《たいようけん》といいます。太陽圏《たいようけん》の外側《そとがわ》では、銀河《ぎんが》の中心付近《ちゅうしんふきん》などから粒子《りゅうし》が高速《こうそく》で飛《と》び回《まわ》っていて、これを「銀河風《ぎんがふう》」といいます。

コラム

教《おし》えて山岡先生《やまおかせんせい》!

もっと知《し》りたい宇《う》宙《ちゅう》のロマン No.2

太陽《たいよう》は11年《ねん》ごとに元気《げんき》になったり弱《よわ》くなったりする？

観測結果《かんそくけっか》から、太陽《たいよう》の活動《かつどう》は約《やく》11年《ねん》ごとに活発《かっぱつ》な時期《じき》と穏《おだ》やかな時期《じき》を繰《く》り返《かえ》していることがわかっています。これを「太陽周期活動《たいようしゅうきかつどう》」といいます。太陽《たいよう》の活動《かつどう》が活発《かっぱつ》な時期《じき》を「極大期《きょくだいき》」、穏《おだ》やかな時期《じき》を「極小期《きょくしょうき》」と呼《よ》びます。極大期《きょくだいき》には黒点《こくてん》の数《かず》が増《ふ》えて、その周《まわ》りでは盛《さか》んに太陽《たいよう》フレアが起《お》こり、地球《ちきゅう》の北極《ほっきょく》や南極《なんきょく》の周《まわ》りでは、オーロラが現《あらわ》れやすくなります。極小期《きょくしょうき》には、太陽《たいよう》の黒点《こくてん》の数《かず》が減《へ》り、まったくなくなってしまうこともあります。

太陽活動《たいようかつどう》が活発《かっぱつ》なときは、太陽系《たいようけい》の外《そと》からやってくる高《こう》エネルギーの銀《ぎん》河宇宙線《がうちゅうせん》が地球《ちきゅう》に届《とど》くのを太陽《たいよう》の磁場《じば》が防《ふせ》いでくれます。極小期《きょくしょうき》には、地《ち》球《きゅう》に届《とど》く銀河宇宙線《ぎんがうちゅうせん》の量《りょう》が増《ふ》えて、宇宙線《うちゅうせん》が地球《ちきゅう》の大気《たいき》に飛《と》び込《こ》むと大気《たいき》中《ちゅう》のいろいろな原子《げんし》や分子《ぶんし》と反応《はんのう》して霧《きり》や雲《くも》が生《う》まれます。宇宙線《うちゅうせん》そのものの地上《ちじょう》への影響《えいきょう》はほとんどありませんが、雲《くも》ができることで太陽《たいよう》の光《ひかり》が遮《さえぎ》られて、地表《ちひょう》の温度《おんど》が下《さ》がると考《かんが》える研究者《けんきゅうしゃ》もいます。

太陽《たいよう》も地球《ちきゅう》と同《おな》じように表面《ひょうめん》に複雑《ふくざつ》な磁場《じば》をもっていて、太陽《たいよう》は11年周《ねんしゅう》期《き》でS極《エスきょく》とN極《エヌきょく》が逆《ぎゃく》になります。太陽《たいよう》の周期活動《しゅうきかつどう》は、この太陽《たいよう》の磁場《じば》と深《ふか》く関係《かんけい》しています。また、太陽活動《たいようかつどう》には100年《ねん》から数千年《すうせんねん》の長期的《ちょうきてき》な変化《へんか》もあります。17世紀半《せいきなか》ばから約《やく》70年間《ねんかん》、黒点《こくてん》がほとんど見《み》られないマウンダー極小期《きょくしょうき》があり、この時期《じき》の地球《ちきゅう》はとても寒冷《かんれい》でした。

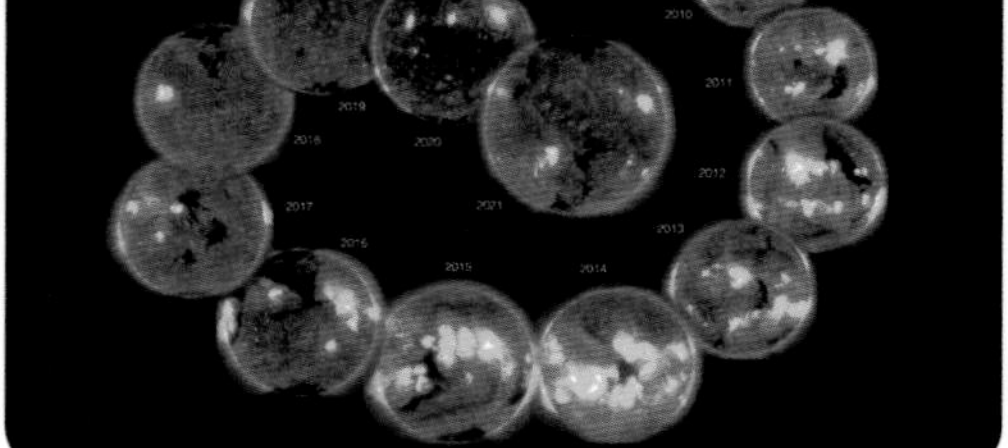

➡日本《にほん》の太陽観測衛星《たいようかんそくえいせい》ひのでが撮影《さつえい》した2006～2021年《ねん》の太陽《たいよう》の姿《すがた》。表面《ひょうめん》の活動《かつどう》が徐々《じょじょ》に変化《へんか》していることがわかります。2006～2008年《ねん》にかけて黒点《こくてん》が減《へ》ったあとは活動《かつどう》がにぎやかになって、2014年頃《ねんごろ》に太陽活動《たいようかつどう》が最盛期《さいせいき》を迎《むか》えました。その後《ご》はまた暗《くら》くなり、2019年以降再《ねんいこうふたた》び活動《かつどう》が活発《かっぱつ》になってきています。

© 国立天文台/JAXA/MSU

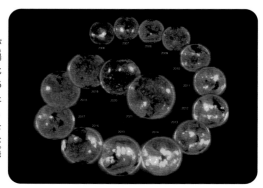

Part 3

地球《ちきゅう》と月《つき》には 不思議《ふしぎ》がいっぱい

地球《ちきゅう》は、どのようにして生《う》まれたのでしょう。
また、地球《ちきゅう》の中身《なかみ》は
どんなしくみになっているのでしょう。
そもそも生《い》きものは
どうやって誕生《たんじょう》したのでしょう。
生命《せいめい》の星《ほし》・地球《ちきゅう》と地球《ちきゅう》の周《まわ》りを回《まわ》っている月《つき》に
まつわる不思議《ふしぎ》に迫《せま》ります。

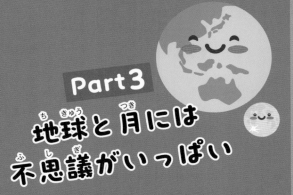

39

地球《ちきゅう》はいつどうやってできた星《ほし》なの？

地《ち》球《きゅう》が誕生《たんじょう》したのは、**約《やく》46億年前《おくねんまえ》**だと考《かんが》えられています。

46億年前《おくねんまえ》、星間分子雲《せいかんぶんしうん》（水素分子《すいそぶんし》をおもな成分《せいぶん》とするガス）のなかで、密度《みつど》の高《たか》い部分《ぶぶん》にガスが集《あつ》まって回転《かいてん》を始《はじ》め、円盤《えんばん》のようになりました。この円盤《えんばん》を**原始太陽系円盤《げんしたいようけいえんばん》**といいます。

やがて、円盤《えんばん》の中心《ちゅうしん》から上下《じょうげ》にジェット（ガスと塵《ちり》の流《なが》れ）が噴《ふ》き出《だ》して、高温《こうおん》の中心部《ちゅうしんぶ》では水素《すいそ》の**核融合反応《かくゆうごうはんのう》**が起《お》きて太陽《たいよう》が輝《かがや》き始《はじ》めます。**太陽《たいよう》の誕生《たんじょう》**です。

円盤内《えんばんない》では、たくさんの塵《ちり》が衝突《しょうとつ》と合体《がったい》を繰《く》り返《かえ》して、直径数《ちょっけいすう》kmの**微惑星《びわくせい》**という天体《てんたい》がつくられます。さらに、微惑星同士《びわくせいどうし》も衝突《しょうとつ》と合体《がったい》を繰《く》り返《かえ》して、もっと大《おお》きな**原始惑星《げんしわくせい》**という天体《てんたい》に成長《せいちょう》します。

そして、太陽《たいよう》から吹《ふ》き出《だ》す**太陽風《たいようふう》**が、太陽《たいよう》に近《ちか》い場所《ばしょ》にあるガスを噴《ふ》き飛《と》ばしたため、水星《すいせい》や金星《きんせい》、地球《ちきゅう》、火星《かせい》は**岩石《がんせき》と金属《きんぞく》でできた惑星《わくせい》**になったのです。

地表《ちひょう》に届《とど》いた小天体《しょうてんたい》の**隕石《いんせき》**には、地球《ちきゅう》の材料《ざいりょう》となった塵《ちり》を大昔《おおむかし》のままとどめているものがあります。隕石《いんせき》の年代《ねんだい》を調《しら》べることで、地《ち》球《きゅう》が約《やく》46億年前《おくねんまえ》に生《う》まれたとわかりました。

⬆原始太陽《げんしたいよう》とそれをぐるっと囲《かこ》んでいる回転円盤《かいてんえんばん》の想像図《そうぞうず》。円盤《えんばん》にあるガスや塵《ちり》は回転《かいてん》しながら、上下《じょうげ》にジェットとして噴《ふ》き出《だ》している。

©NASA/JPL-Caltech

地球《ちきゅう》と月《つき》は
いっしょにできたんだよ！

⬆できたばかりの太陽系《たいようけい》では、微惑星同士《びわくせいどうし》が衝突《しょうとつ》して惑星《わくせい》が生《う》まれました。地球《ちきゅう》もそのひとつです。

©NASA/JPL-Caltech

⬅NASA《ナサ》の月周回無人衛星《つきしゅうかいむじんえいせい》LROが、月《つき》から撮影《さつえい》した地球《ちきゅう》。

©NASA/Goddard/Arizona State University

宇宙《うちゅう》の豆知識《まめちしき》

宇宙《うちゅう》から見《み》た地球《ちきゅう》の住所《じゅうしょ》を「○県《けん》△市《し》」のように表《あらわ》すと「ラニアケア超銀河《ちょうぎんが》団《だん》 おとめ座超銀河団《ざちょうぎんがだん》 おとめ座銀河団《ざぎんがだん》 局部銀河群《きょくぶぎんがぐん》 天《あま》の川銀河《がわぎんが》 太陽系《たいようけい》 第《だい》3惑星《わくせい》」となります。ラニアケア超銀河団《ちょうぎんがだん》には、数十万個《すうじゅうまんこ》の銀河《ぎんが》があります。

40

地球《ちきゅう》は熱《あつ》くて真《ま》っ赤《か》なときや凍《こお》って真《ま》っ白《しろ》なときがあった？

生《う》まれたばかりの地球《ちきゅう》には、微惑星《びわくせい》が次々《つぎつぎ》と衝突《しょうとつ》していました。そのエネルギーによって地球《ちきゅう》は高温《こうおん》になり、表面《ひょうめん》は岩石《がんせき》がドロドロに溶《と》けた**真《ま》っ赤《か》なマグマの海《うみ》**になっていました。これを**マグマオーシャン**といいます。その頃《ころ》の地球《ちきゅう》は、水蒸気《すいじょうき》、窒素《ちっそ》、二酸化炭素《にさんかたんそ》などでできた原始大気《げんしたいき》に覆《おお》われていました。

地球《ちきゅう》に衝突《しょうとつ》する微惑星《びわくせい》が減《へ》ってくると、マグマオーシャンが冷《ひ》えて、岩石《がんせき》ができてきました。さらに表面《ひょうめん》が冷《ひ》えると、原始大気《げんしたいき》に含《ふく》まれていた水蒸気《すいじょうき》が雨《あめ》になって落《お》ちてきます。こうして原始《げんし》の海《うみ》が誕生《たんじょう》しました。その後《ご》、地球《ちきゅう》に生命《せいめい》が誕生《たんじょう》したのは、約《やく》40億年前《おくねんまえ》だと考《かんが》えられています。

逆《ぎゃく》に、暑《あつ》いはずの赤道《せきどう》あたりも含《ふく》めて、地《ち》球全体《きゅうぜんたい》が氷《こおり》で覆《おお》われて、表面《ひょうめん》に液体《えきたい》の水《みず》がなかった時代《じだい》があったことがわかっています。この状態《じょうたい》を**スノーボールアース**といって、約《やく》22億《おく》2000万年前《まんねんまえ》、約《やく》7億年前《おくねんまえ》、約《やく》6億《おく》5000万年前《まんねんまえ》と最低《さいてい》でも3回《かい》は起《お》こったとされています。スノーボールアースの時《じ》代《だい》、地球《ちきゅう》は**分厚《ぶあつ》い氷《こおり》で覆《おお》われて真《ま》っ白《しろ》**になってしまいました。

真《ま》っ赤《か》な地球《ちきゅう》

マグマオーシャンに覆《おお》われた地球《ちきゅう》の想像図《そうぞうず》。地球《ちきゅう》は誕生直後《たんじょうちょくご》、微惑星《びわくせい》が衝突《しょうとつ》したことで地表《ちひょう》は溶《と》けたマグマで覆《おお》われていました。表面温度《ひょうめんおんど》は何《なん》と約《やく》2000℃もあったようです。

©ESA/Hubble,M.Kornmesser

真《ま》っ白《しろ》な地球《ちきゅう》

地球《ちきゅう》はこれまでに少《すく》なくとも3回《かい》、全体《ぜんたい》が凍《こお》った白《しろ》い地球《ちきゅう》「スノーボールアース」になっています。気温《きおん》は平均《へいきん》でマイナス40℃まで下《さ》がりました。

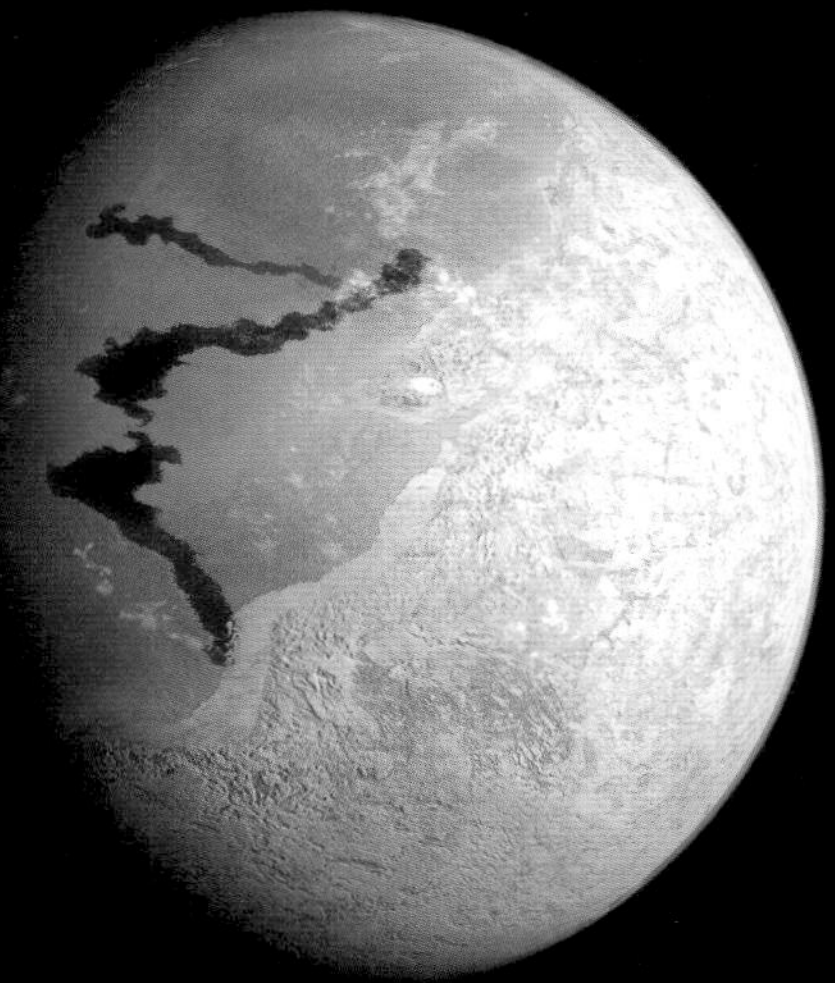

©Science Photo Library/アフロ

宇宙《うちゅう》の豆知識《まめちしき》

大陸《たいりく》に広《ひろ》く氷河《ひょうが》が発達《はったつ》している時代《じだい》を「氷河時代《ひょうがじだい》」といいます。氷河時代《ひょうがじだい》でとくに寒《さむ》い時代《じだい》を「氷河期《ひょうがき》（氷期《ひょうき》）」、氷期《ひょうき》と氷期《ひょうき》の間《あいだ》の暖《あたた》かい時代《じだい》を「間氷期《かんぴょうき》」といいます。現在《げんざい》は1万年《まんねん》ほど前《まえ》から続《つづ》く間氷期《かんぴょうき》にあたります。

41

真《ま》ん中《なか》ほど硬《かた》い？ 熱《あつ》い？ 地球《ちきゅう》の中《なか》身《み》はどうなってるの？

地《じ》震《しん》が起《お》きたときの振動《しんどう》は、地球内部《ちきゅうないぶ》を波《なみ》として伝《つた》わっていきます。これを**地《じ》震波《しんは》**といって、地震波《じしんは》の観測《かんそく》によって地球《ちきゅう》の内部《ないぶ》が外側《そとがわ》から**地殻《ちかく》、マントル、核《かく》（コア）**からできていることがわかりました。

地殻《ちかく》には、海洋《かいよう》をつくる厚《あつ》さ5～10㎞の海《かい》洋地殻《ようちかく》と大陸《たいりく》をつくる厚《あつ》さ30～70㎞の大陸地《たいりくち》殻《かく》があります。

マントルは、浅《あさ》い上部《じょうぶ》マントルと深《ふか》い下部《かぶ》マントルに分《わ》かれています。上部《じょうぶ》マントルは深《ふか》さ660㎞付近《ふきん》までで、おもにカンラン岩《がん》という岩石《がんせき》でできています。それより深《ふか》い約《やく》2900㎞までの層《そう》が下部《かぶ》マントルで、高温《こうおん》と圧力《あつりょく》によってカンラン岩《がん》の性質《せいしつ》が変《か》わって、粘《ねば》り気《け》をもったマントルには流《なが》れ（対《たい》流《りゅう》）が起《お》こっています。

深《ふか》さ約《やく》2900～6400㎞には、おもに鉄《てつ》やニッケルでできた核《かく》があります。下部《かぶ》マントルと外核《がいかく》の境目《さかいめ》では、カンラン岩《がん》が、強《つよ》い圧力《あつりょく》によってとても高密度《こうみつど》な鉱物《こうぶつ》に変《か》わっていると考《かんが》えられています。また核《かく》は、**液体《えきたい》の外核《がいかく》**（深《ふか》さ約《やく》2900～5200㎞）と**固《こ》体《たい》の内核《ないかく》**（深《ふか》さ約《やく》5200～6400㎞）からできています。

地球《ちきゅう》の内部《ないぶ》

地球《ちきゅう》は大陸《たいりく》で厚《あつ》さ30 ～ 70㎞、海《うみ》で厚《あつ》さ5～ 10㎞ほどある地殻《ちかく》に覆《おお》われています。その下《した》のマントルは硬《かた》い岩石《がんせき》の上部《じょうぶ》マントル、水《みず》あめのような下部《かぶ》マントルに分《わ》けられます。中心《ちゅうしん》は核《かく》といって、液体《えきたい》の外核《がいかく》と固体《こたい》の内核《ないかく》からできています。地球表面《ちきゅうひょうめん》には大陸《たいりく》や海《うみ》を載《の》せて動《うご》くプレートがあって、その動《うご》きによってマントル内部《ないぶ》には、上昇《じょうしょう》するホットプルーム、落《お》ちていくコールドプルームというマントルの流《なが》れが生《う》まれています。

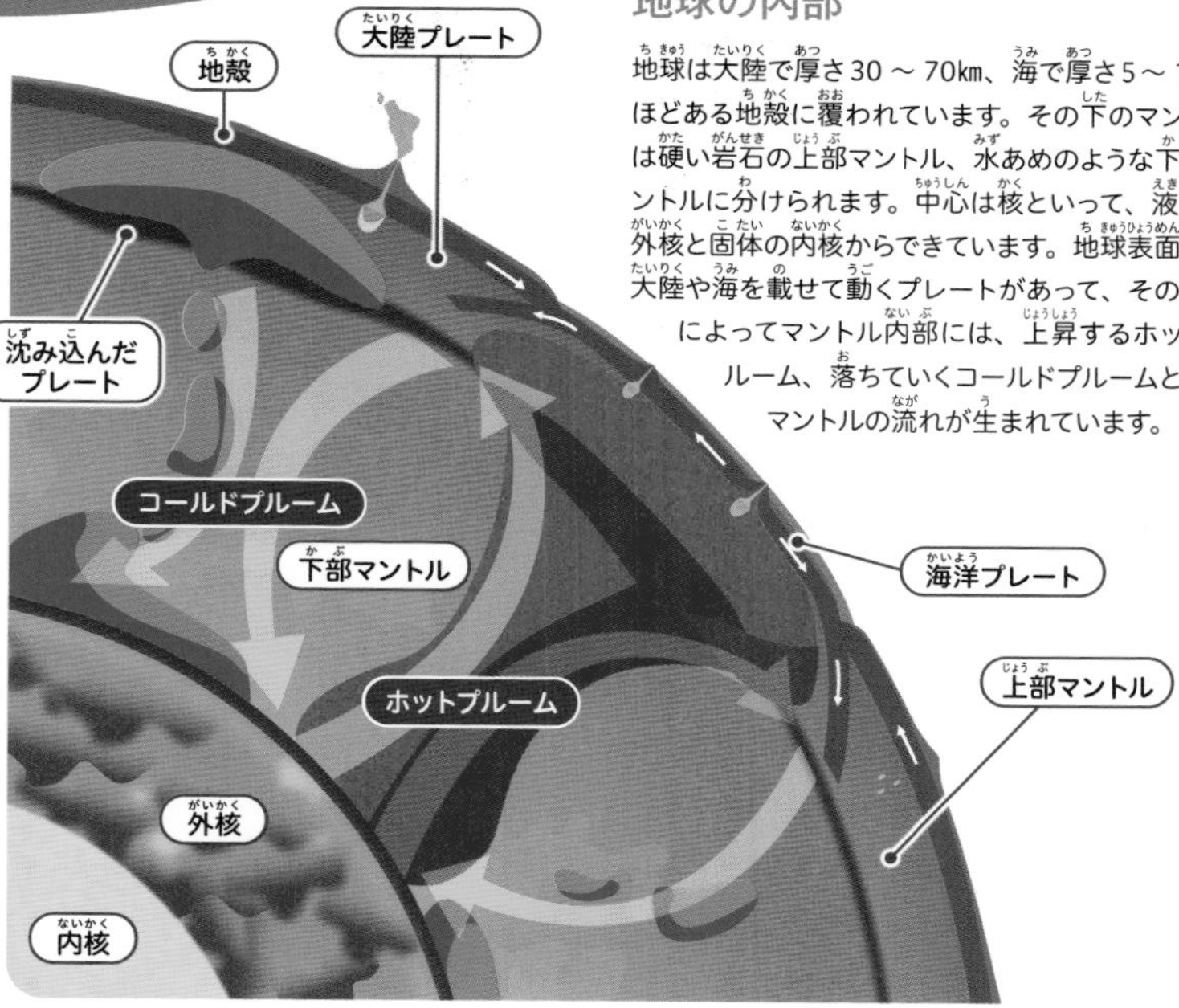

➡マントルのはずのカンラン岩《がん》が、大《おお》きな地殻変動《ちかくへんどう》によって地表《ちひょう》に現《あらわ》れた北海道《ほっかいどう》（様似町《さまにちょう》）のアポイ岳《だけ》。地球《ちきゅう》の中身《なかみ》を見《み》られる貴重《きちょう》な場所《ばしょ》です。

宇宙《うちゅう》の豆知識《まめちしき》

石油技術協会《せきゆぎじゅつきょうかい》によれば、人間《にんげん》が掘《ほ》った世界《せかい》で一番深《いちばんふか》い穴《あな》はロシア北西部《ほくせいぶ》、コラ半島《はんとう》にある深《ふか》さ約《やく》12㎞の「コラ半島超深度掘削坑《はんとうちょうしんどくっさくこう》」だといわれています。この穴《あな》は、旧《きゅう》ソビエト連邦《れんぽう》が、地殻《ちかく》の深《ふか》い部分《ぶぶん》を調《しら》べるために掘《ほ》ったものです。

42

オーロラが出《で》るのは地球《ちきゅう》が大《おお》きな磁石《じしゃく》だから？

地《ち》球上《きゅうじょう》のどこでも方位磁石《ほういじしゃく》（コンパス）が北《きた》を指《さ》すことから、地球《ちきゅう》は**北極《ほっきょく》がS《エス》極《きょく》、南極《なんきょく》がN極《エヌきょく》**の大《おお》きな磁石《じしゃく》になっていることがわかります。この地球《ちきゅう》が出《だ》している磁石《じしゃく》の力《ちから》（磁力《じりょく》）を**地磁気《ちじき》**といい、地磁気《ちじき》によって地球《ちきゅう》の周《まわ》りには磁場《じば》ができています。地球《ちきゅう》の磁場《じば》は、外核《がいかく》で溶《と》けた金属《きんぞく》が動《うご》くことで生《う》まれています。

太陽《たいよう》からは、光《ひかり》だけでなくプラスやマイナスの電気《でんき》を帯《お》びた粒子《りゅうし》（プラズマ）がものすごい速《はや》さで噴《ふ》き出《だ》しています。これが**太陽風《たいようふう》**です。太陽風《たいようふう》は、地球《ちきゅう》にも吹《ふ》きつけていますが、**地球《ちきゅう》の磁場《じば》がバリア**となっているため直《ちょく》接地球《せっちきゅう》に届《とど》くことがなく、地球《ちきゅう》を包《つつ》み込《こ》むようにして後《うし》ろに流《なが》されていきます。この磁気《じき》バリアによって守《まも》られている範囲《はんい》を地球磁気《ちきゅうじき》圏《けん》といいます。

それでも太陽風《たいようふう》の粒子《りゅうし》の一部《いちぶ》は、北極《ほっきょく》や南《なん》極《きょく》の上空《じょうくう》から地球《ちきゅう》に入《はい》り込《こ》んできます。それが空気中《くうきちゅう》の**酸素《さんそ》や窒素《ちっそ》と衝突《しょうとつ》**することで光《ひか》り輝《かがや》きます。これが**オーロラ**です。

また、地球《ちきゅう》の地磁気《ちじき》は、太陽系《たいようけい》の外《そと》から飛《と》んでくる高《こう》エネルギーの放射線《ほうしゃせん》（宇宙線《うちゅうせん》）からも地球《ちきゅう》を守《まも》っています。

地球《ちきゅう》を守《まも》る地磁気《ちじき》

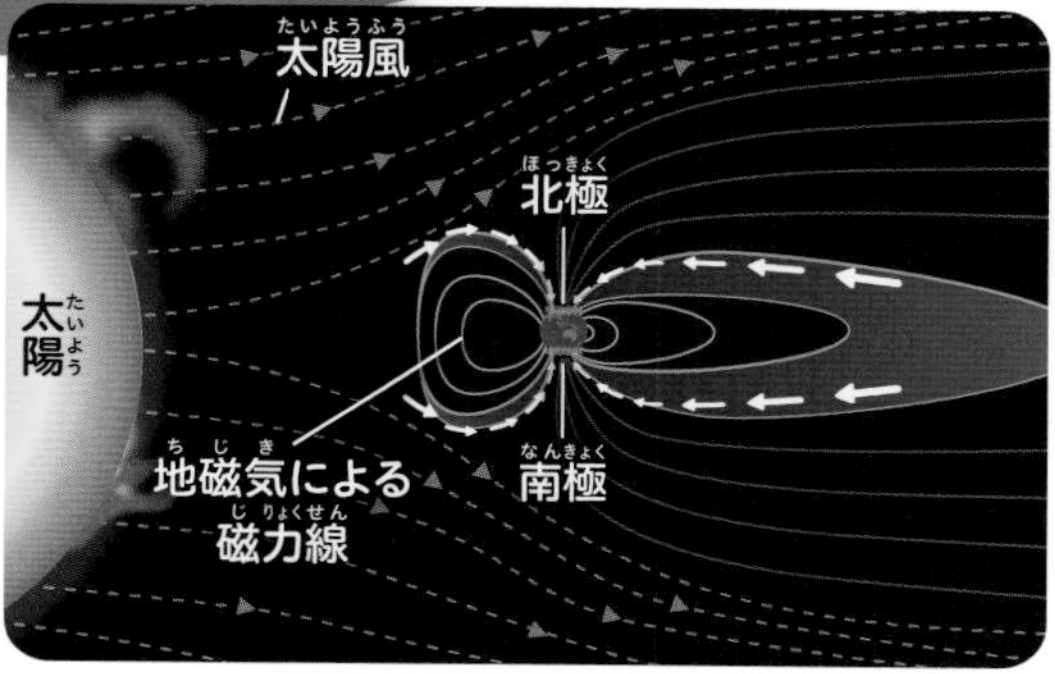

←太陽《たいよう》からやってくる太陽風《たいようふう》（細《こま》かい粒子《りゅうし》）は生《い》きものに悪《わる》い影響《えいきょう》を与《あた》えます。地球《ちきゅう》は北極《ほっきょく》がＳ極《エスきょく》、南極《なんきょく》がＮ極《エヌきょく》の大《おお》きな磁石《じしゃく》になっていて、太陽風《たいようふう》はその地磁気《ちじき》にガードされて直接《ちょくせつ》地上《ちじょう》までは届《とど》きません。

オーロラができるしくみ

↓2016年《ねん》、国際《こくさい》宇宙《うちゅう》ステーション（ＩＳＳ《アイエスエス》）から撮影《さつえい》された地球《ちきゅう》（北極《ほっきょく》付近《ふきん》）のオーロラ。

©ESA/NASA

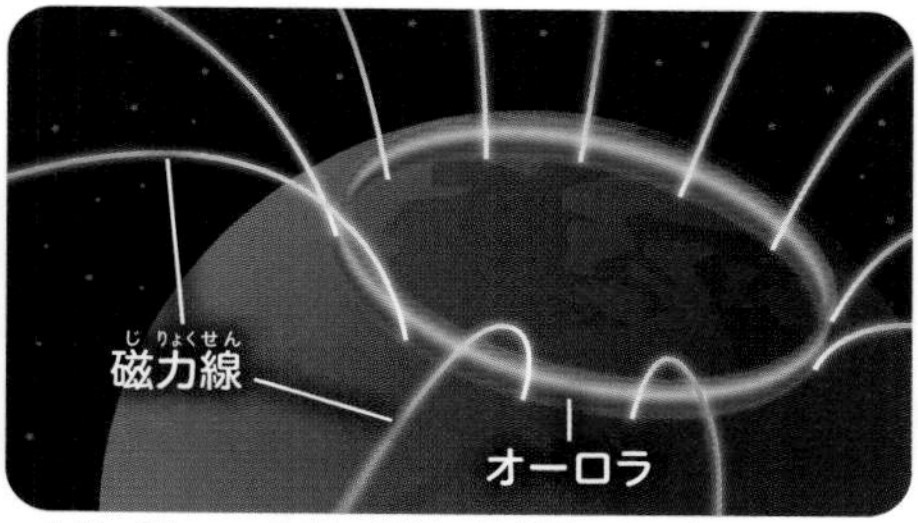

↑磁石《じしゃく》の極《きょく》である北極《ほっきょく》や南極《なんきょく》は太陽風《たいようふう》を引《ひ》き寄《よ》せてしまって、一部《いちぶ》が空《そら》から地球《ちきゅう》へ入《はい》ってきます。このときに空気中《くうきちゅう》の酸素《さんそ》や窒素《ちっそ》にぶつかって生《う》まれる光《ひかり》がオーロラです。

↑ハッブル宇宙望遠鏡《うちゅうぼうえんきょう》が撮影《さつえい》した土星《どせい》のオーロラ。

©ESA/Hubble,NASA,A.Simon (GSFC) and the OPAL Team,J.DePasquale(STScI),L. Lamy(Observatoire de Paris)

↓アラスカで撮影《さつえい》された地上《ちじょう》から見《み》たオーロラ。

©Dora Miller/NASA

宇宙《うちゅう》の豆知識《まめちしき》

オーロラは、大気《たいき》と磁場《じば》をもった惑星《わくせい》で見《み》られます。地球以外《ちきゅういがい》では木星《もくせい》、土星《どせい》、天王星《てんのうせい》、海王星《かいおうせい》でオーロラが発生《はっせい》することがわかっています。木星《もくせい》や土星《どせい》のオーロラは地球《ちきゅう》のオーロラよりも明《あか》るく、見《み》られる時間《じかん》が長《なが》いのが特徴《とくちょう》です。

43

地球《ちきゅう》の豊《ゆた》かな水《みず》や生命《せいめい》はどこからきたの？

「**水**《みず》の惑星《わくせい》」と呼《よ》ばれ、表面《ひょうめん》の7割《わり》が液体《えきたい》の水《みず》（海《うみ》）で覆《おお》われている地球《ちきゅう》ですが、地球《ちきゅう》の材料《ざいりょう》となったのは、宇宙空間《うちゅうくうかん》を漂《ただよ》っていたガスや塵《ちり》で、もともとは地球《ちきゅう》に水《みず》はなかったのです。

地球《ちきゅう》に水《みず》をもたらした候補《こうほ》のひとつは、火星《かせい》と木星《もくせい》の間《あいだ》にある**小惑星**《しょうわくせい》です。木星近《もくせいちか》くの小惑星《しょうわくせい》には氷《こおり》があるので、その小惑星《しょうわくせい》が地球《ちきゅう》に衝突《しょうとつ》して水《みず》をもたらしたという考《かんが》えです。

もうひとつの候補《こうほ》は**彗星**《すいせい》です。彗星《すいせい》は氷《こおり》のかたまりなので、地球《ちきゅう》に衝突《しょうとつ》して水《みず》をもたらしたというのです。ただし、今《いま》のところ地球《ちきゅう》の水《みず》がどこからやってきたのか、その謎《なぞ》は明《あき》らかになっていません。

もうひとつ地球《ちきゅう》の大《おお》きな謎《なぞ》は、生命《せいめい》がどこからきたのかという問題《もんだい》です。**小惑星**《しょうわくせい》**や彗星**《すいせい》には、**生命**《せいめい》**のもとになる有機物**《ゆうきぶつ》が含《ふく》まれています。小惑星《しょうわくせい》や彗星《すいせい》が地球《ちきゅう》に衝突《しょうとつ》して有機物《ゆうきぶつ》をもたらしたのかもしれません。そして深海《しんかい》には、硫化水素《りゅうかすいそ》、メタン、水素《すいそ》などを含《ふく》んだ熱水《ねっすい》が噴《ふ》き出《だ》している**熱水噴出孔**《ねっすいふんしゅつこう》**（チムニー）**があります。ここに到達《とうたつ》した有機物《ゆうきぶつ》が化学反応《かがくはんのう》を起《お》こして、生命《せいめい》が誕生《たんじょう》したのではないかという考《かんが》えがあります。

⬅大昔《おおむかし》の地球《ちきゅう》には、たくさんの小《しょう》天体《てんたい》が衝突《しょうとつ》しました。小天体《しょうてんたい》といっしょにやってきた「生命《せいめい》の材《ざい》料《りょう》」が海《うみ》に沈《しず》んで、やがて熱水噴《ねっすいふん》出孔《しゅつこう》（チムニー）付近《ふきん》で命《いのち》が誕生《たんじょう》したと考《かんが》えられています。

➡西太平洋《にしたいへいよう》・マリアナ海溝南部《かいこうなんぶ》の海底火《かいていか》山《ざん》にある熱水噴出孔《ねっすいふんしゅつこう》（チムニー）。煙突《えんとつ》の高《たか》さは50㎝、幅《はば》は20㎝ほど。マグマで熱《あつ》くなった水《みず》といっしょに、メタンや硫化《りゅうか》水素《すいそ》のガスが出《で》ています。

⬇西太平洋《にしたいへいよう》にあるマリアナ海溝《かいこう》の熱水噴出孔《ねっすいふんしゅつこう》（チムニー）付近《ふきん》に集《あつ》まる貝類《かいるい》。ヒメイカやゴエモンコシオリエビなど、ほかの深海生物《しんかいせいぶつ》の姿《すがた》もあります。

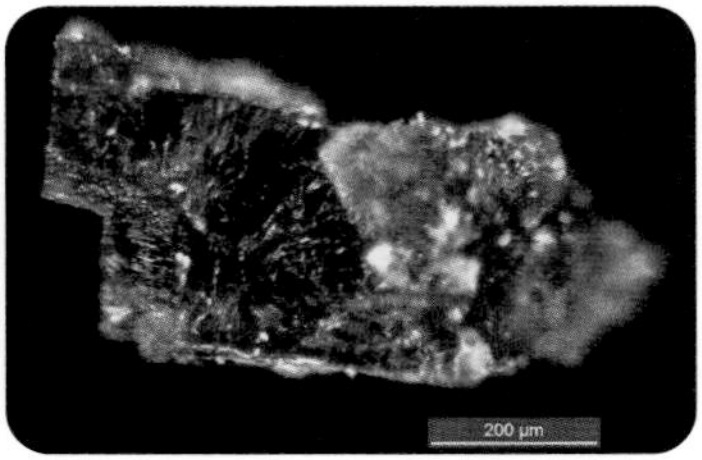

⬆1998年《ねん》にモロッコ付近《ふきん》に落下《らっか》した隕石《いんせき》から採取《さいしゅ》された結晶《けっしょう》。ここからは「生命《せいめい》の起源《きげん》」に関係《かんけい》する液体《えきたい》の水《みず》、炭化水素《たんかすいそ》やアミノ酸《さん》などの有機化合物《ゆうきかごうぶつ》が見《み》つかっています。

宇宙《うちゅう》の豆知識《まめちしき》

とても厳《きび》しい環境《かんきょう》にある熱水噴出孔《ねっすいふんしゅつこう》ですが、その周囲《しゅうい》では多《おお》くの生物《せいぶつ》が見《み》つかっています。チューブワーム、シロウリガイ、目《め》が退化《たいか》しているゴエモンコシオリエビなどは、有毒《ゆうどく》な硫化水素《りゅうかすいそ》を有機物《ゆうきぶつ》に変《か》える細菌《さいきん》と共生《きょうせい》しています。

44 隕《いん》石《せき》はどこからやってくるどんなものなの？

宇《う》宙《ちゅう》からやってきて地表《ちひょう》に届《とど》いた岩石《がんせき》や鉄《てつ》を**隕石《いんせき》**といいます。

隕石《いんせき》の多《おお》くは、火星《かせい》と木星《もくせい》の間《あいだ》にある**小惑《しょうわく》星帯《せいたい》**からやってきたものです。なかには火星《かせい》からやってきた火星隕石《かせいいんせき》、月《つき》からやってきた月隕石《つきいんせき》も見《み》つかっています。

隕石《いんせき》は、その隕石《いんせき》をつくっている物質《ぶっしつ》の違《ちが》いから、おもに岩石《がんせき》でできた**石質隕石《せきしついんせき》**、岩石《がんせき》と鉄《てつ》が半々《はんはん》くらいの**石鉄隕石《せきてついんせき》**、鉄《てつ》とニッケルの合金《ごうきん》でできた**鉄隕石《てついんせき》**に分《わ》けられます。

地球《ちきゅう》に飛来《ひらい》する隕石《いんせき》の大部分《だいぶぶん》は、石質隕石《せきしついんせき》のなかの**コンドライト**と呼《よ》ばれるもので、惑《わく》星《せい》や小惑星《しょうわくせい》などのもとになった物質《ぶっしつ》でできています。

大《おお》きめの小天体《しょうてんたい》が地球《ちきゅう》に衝突《しょうとつ》してできた穴《あな》が**クレーター**です。地球《ちきゅう》ではこれまで１００個《こ》以上《いじょう》のクレーターが確認《かくにん》されていて、現在《げんざい》もその形《かたち》がはっきりとわかる場所《ばしょ》もあります。約《やく》６６００万年前《まんねんまえ》の白亜紀末期《はくあきまっき》には、直《ちょっ》径《けい》が10㎞もある小惑星《しょうわくせい》が現在《げんざい》のメキシコ・ユカタン半島《はんとう》に衝突《しょうとつ》して、恐竜《きょうりゅう》のほか多《おお》くの生《せい》物《ぶつ》を絶滅《ぜつめつ》させたといわれています。現在《げんざい》もし同《おな》じことが起《お》きたら、現代文明《げんだいぶんめい》は滅《ほろ》んでしまうかもしれません。

アメリカのアリゾナ州《しゅう》にあるバリンジャークレーター。直径《ちょっけい》1.2㎞もある大《おお》きなへこみは、およそ5万年前《まんねんまえ》、直径《ちょっけい》40mの小天体《しょうてんたい》が秒速《びょうそく》12㎞の猛《もう》スピードで衝突《しょうとつ》したためにできたものです。

©Science Photo Library/アフロ

⬆2023年《ねん》2月《がつ》13日《にち》、フランス北部《ほくぶ》で火球《かきゅう》として観測《かんそく》された小惑星《しょうわくせい》「2023 CX_1」。

©Gijs de Reijke/NASA

⬆アフリカのナビミアにあるホバ隕石《いんせき》。これは世界《せかい》で最大《さいだい》の隕石《いんせき》です。

⬅2013年《ねん》2月《がつ》15日《にち》、ロシアのチェリャビンスク州《しゅう》付近《ふきん》に落下《らっか》した隕石《いんせき》。断面《だんめん》の直径《ちょっけい》はおよそ25㎜。

試料提供：高橋典嗣

宇《う》宙《ちゅう》の豆《まめ》知《ち》識《しき》

2013年《ねん》2月《がつ》15日《にち》、直径《ちょっけい》17mの小天体《しょうてんたい》がロシアのチェリャビンスク州《しゅう》で大気《たいき》圏《けん》に突入《とつにゅう》しました。小天体《しょうてんたい》は上空《じょうくう》で爆発《ばくはつ》、約《やく》5000棟《とう》の建物《たてもの》に被害《ひがい》が出《で》て、1500人以上《にんいじょう》が負傷《ふしょう》。天体衝突《てんたいしょうとつ》による人類史上最大《じんるいしじょうさいだい》の被害《ひがい》となりました。

45

地球《ちきゅう》は天《あま》の川《がわ》のなかにあるのに天《あま》の川《がわ》が見《み》えるのはなぜ？

わたしたちの太陽系《たいようけい》がある銀河《ぎんが》を**天《あま》の川《がわ》銀河《ぎんが》**といいます。

天《あま》の川《がわ》銀河《ぎんが》は、中心部《ちゅうしんぶ》の膨《ふく》らんでいる部分《ぶぶん》（バルジ）が棒《ぼう》のように伸《の》びている**棒渦巻銀河《ぼううずまきぎんが》**です。直径《ちょっけい》は約《やく》10万光年《まんこうねん》、バルジの厚《あつ》さは約《やく》2万光年《まんこうねん》、**約《やく》2000億個《おくこ》の恒星《こうせい》**の集《あつ》まりだと考《かんが》えられています。

棒《ぼう》の両端《りょうたん》あたりから渦巻腕《うずまきうで》が伸《の》びていて、多《おお》くの星《ほし》が集《あつ》まった円盤《えんばん》のような部分《ぶぶん》を円盤部《えんばんぶ》（ディスク）といいます。太陽系《たいようけい》があるのは、そのうち**オリオン座《ざ》の腕《うで》**という渦巻腕《うずまきうで》の端《はし》で、天《あま》の川《がわ》銀河《ぎんが》の中心《ちゅうしん》からは約《やく》2万《まん》6000光年離《こうねんはな》れているところです。

わたしたちが夜空《よぞら》に見《み》ている星《ほし》は、ほとんど天《あま》の川《がわ》銀河《ぎんが》のなかの星《ほし》です。地球《ちきゅう》からは、**天《あま》の川《がわ》銀河《ぎんが》の円盤部《えんばんぶ》を横《よこ》から見《み》る**ことになるため、川《かわ》のように見《み》えるのです。

また地球《ちきゅう》は、太陽《たいよう》の周《まわ》りを回《まわ》っているため、季節《きせつ》によって天《あま》の川《がわ》の見《み》え方《かた》が違《ちが》ってきます。北半球《きたはんきゅう》でも南半球《みなみはんきゅう》でも、夏《なつ》になると地《ち》球《きゅう》の夜側《よるがわ》は天《あま》の川《がわ》銀河《ぎんが》の中心《ちゅうしん》を向《む》き、たくさんの星《ほし》が明《あか》るく輝《かがや》いて見《み》えます。反対《はんたい》に、冬《ふゆ》の夜側《よるがわ》は天《あま》の川《がわ》銀河《ぎんが》の端《はし》を向《む》くので、天《あま》の川《がわ》は淡《あわ》く見《み》えるのです。

動《うご》く天《あま》の川銀河《がわぎんが》

➡太陽系《たいようけい》は天《あま》の川銀河《がわぎんが》を公転《こうてん》していますが、その速《はや》さは、中心《ちゅうしん》からの距離《きょり》によらずほぼ一定《いってい》です。このことから、重力《じゅうりょく》ははたらくけれど光《ひかり》は出《だ》さない「ダークマター」（178ページ）の存在《そんざい》がわかります。

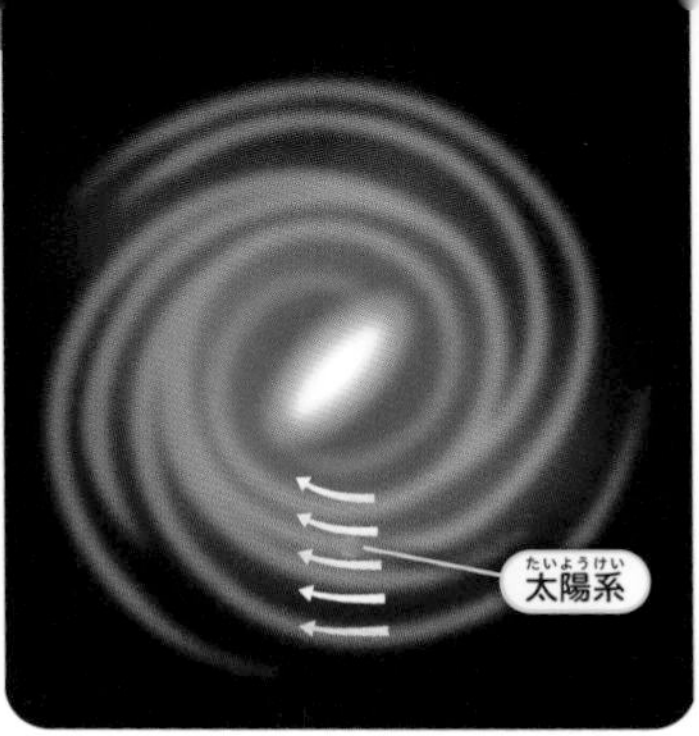

天《あま》の川《がわ》をどら焼《や》きにたとえると……

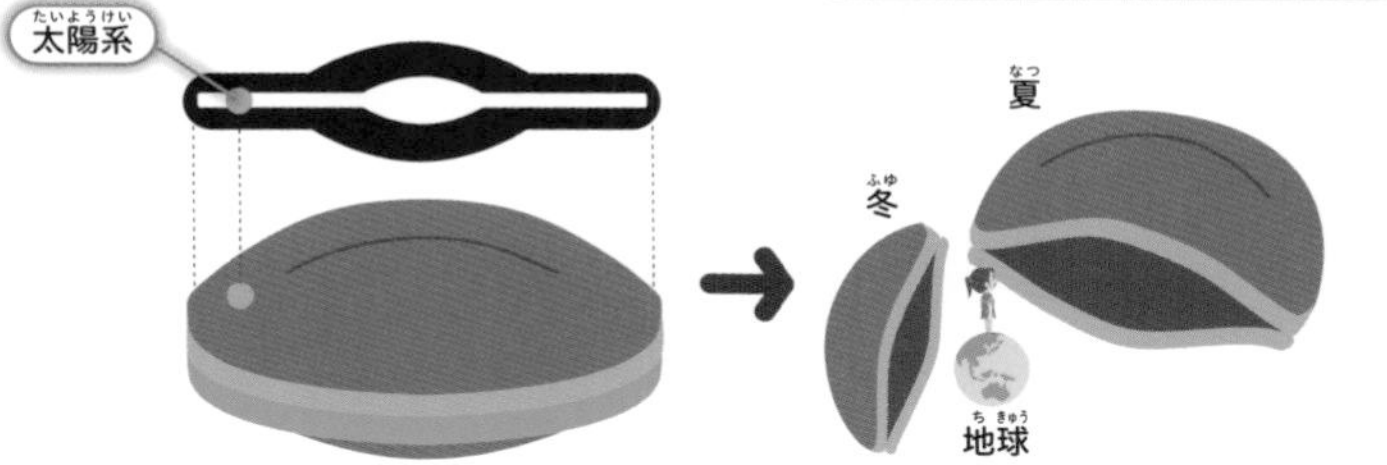

⬆天《あま》の川銀河《がわぎんが》をどら焼《や》きにたとえると、わたしたちは、どら焼《や》きの端《はし》っこの「あんこ」のなかにいます。どら焼《や》きをナイフで切《き》った切《き》り口《くち》が、わたしたちが見《み》ている天《あま》の川《がわ》です。星《ほし》がたくさん見《み》えるのが夏《なつ》の天《あま》の川《がわ》、少《すく》ないのは冬《ふゆ》の天《あま》の川《がわ》です。

⬅アルマ望遠鏡《ぼうえんきょう》の真上《まうえ》で明《あか》るく輝《かがや》く天《あま》の川銀河《がわぎんが》。

©ESO/José Francisco Salgado(josefrancisco.org)

宇宙《うちゅう》の豆知識《まめちしき》

地球《ちきゅう》が太陽《たいよう》の周《まわ》りを回《まわ》っているように、太陽系《たいようけい》も天《あま》の川銀河《がわぎんが》を公転《こうてん》しています。天《あま》の川銀河《がわぎんが》の中心《ちゅうしん》から2万《まん》6000光年離《こうねんはな》れたところにある太陽系《たいようけい》の移動《いどう》速度《そくど》は1秒間《びょうかん》で220㎞。太陽系《たいようけい》は約《やく》2億年《おくねん》かけて、天《あま》の川銀河《がわぎんが》を1周《しゅう》します。

46

地球《ちきゅう》をぐるぐる回《まわ》る月《つき》はどうやって生《う》まれたの？

月《つき》がどうやって誕生《たんじょう》したのかについては、高速《こうそく》で回転《かいてん》している地球《ちきゅう》から、遠心力《えんしんりょく》によってその一部《いちぶ》がちぎれて月《つき》になったという**親子説《おやこせつ》**、太陽系《たいようけい》が生《う》まれたときに塵《ちり》が集《あつ》まって地球《ちきゅう》と月《つき》が同時《どうじ》にできたという**兄弟説《きょうだいせつ》**、地球《ちきゅう》の近《ちか》くを通《とお》りかかった小惑星《しょうわくせい》が地球《ちきゅう》の重力《じゅうりょく》にとらえられたという**捕獲説《ほかくせつ》**などがあります。なかでも、もっとも有力《ゆうりょく》だと考《かんが》えられているのが**ジャイアント・インパクト（巨《きょ》大衝突《だいしょうとつ》）説《せつ》**です。

この説《せつ》は、45億年前《おくねんまえ》、できかけの原始地球《げんしちきゅう》に、「テイア」と呼《よ》ばれる**火星《かせい》くらいの原始《げんし》惑星《わくせい》が衝突《しょうとつ》**。衝突《しょうとつ》によって原始惑星《げんしわくせい》は粉々《こなごな》になり、地球《ちきゅう》のマントルの一部《いちぶ》も高温《こうおん》になって宇宙空間《うちゅうくうかん》に飛《と》び散《ち》り、その一部《いちぶ》が地球《ちきゅう》を円盤《えんばん》のように取《と》り巻《ま》き、衝突《しょうとつ》・合体《がったい》して月《つき》になったというものです。

NASA《ナサ》のアポロ計画《けいかく》（月《つき》の有人探査《ゆうじんたんさ》）で採取《さいしゅ》された月《つき》の岩石《がんせき》を調《しら》べたところ、月《つき》の岩石《がんせき》は地球《ちきゅう》のマントル物質《ぶっしつ》に似《に》ていることや、かつて月《つき》の表面《ひょうめん》は**マグマオーシャン**に覆《おお》われていたことがわかりました。ジャイアント・インパクト説《せつ》は、それをうまく説明《せつめい》できる説《せつ》として注目《ちゅうもく》されています。

ジャイアント・インパクトの想像図《そうぞうず》。およそ45億年前《おくねんまえ》、できかけの原始地球《げんしちきゅう》に火星《かせい》と同《おな》じくらいの大《おお》きさの原始《げんし》惑星《わくせい》が衝突《しょうとつ》しました。この衝撃《しょうげき》で飛《と》び散《ち》った破片《はへん》が集《あつ》まって月《つき》ができたと考《かんが》えられています。

©NASA/JPL-Caltech/T.Pyle(SSC)

⬆左《ひだり》は月《つき》の南極《なんきょく》、右《みぎ》は月《つき》の北極《ほっきょく》を上《うえ》から見《み》た写真《しゃしん》。どちらにも見《み》える水色《みずいろ》の部分《ぶぶん》には水《みず》の氷《こおり》があります。月《つき》の表面《ひょうめん》は、灰色《はいいろ》が濃《こ》い場所《ばしょ》ほど温度《おんど》が低《ひく》く、月《つき》の氷《こおり》の多《おお》くは太陽《たいよう》の光《ひかり》が届《とど》かない場所《ばしょ》（永久影《えいきゅうかげ》）にあります。

©NASA

宇宙《うちゅう》の豆《まめ》知識《ちしき》

月《つき》の北極《ほっきょく》や南極《なんきょく》の周辺《しゅうへん》にあるクレーターの内部《ないぶ》には、１年《ねん》を通《つう》じて太陽《たいよう》の光《ひかり》がまったく当《あ》たらない極低温《きょくていおん》の「永久影《えいきゅうかげ》」という場所《ばしょ》があります。永久影《えいきゅうかげ》には、水《みず》の氷《こおり》があるかもしれないと考《かんが》えられていて、探査《たんさ》が予定《よてい》されています。

47

月《つき》はどうしていつも同《おな》じ側《がわ》を地球《ちきゅう》に向《む》けているの？

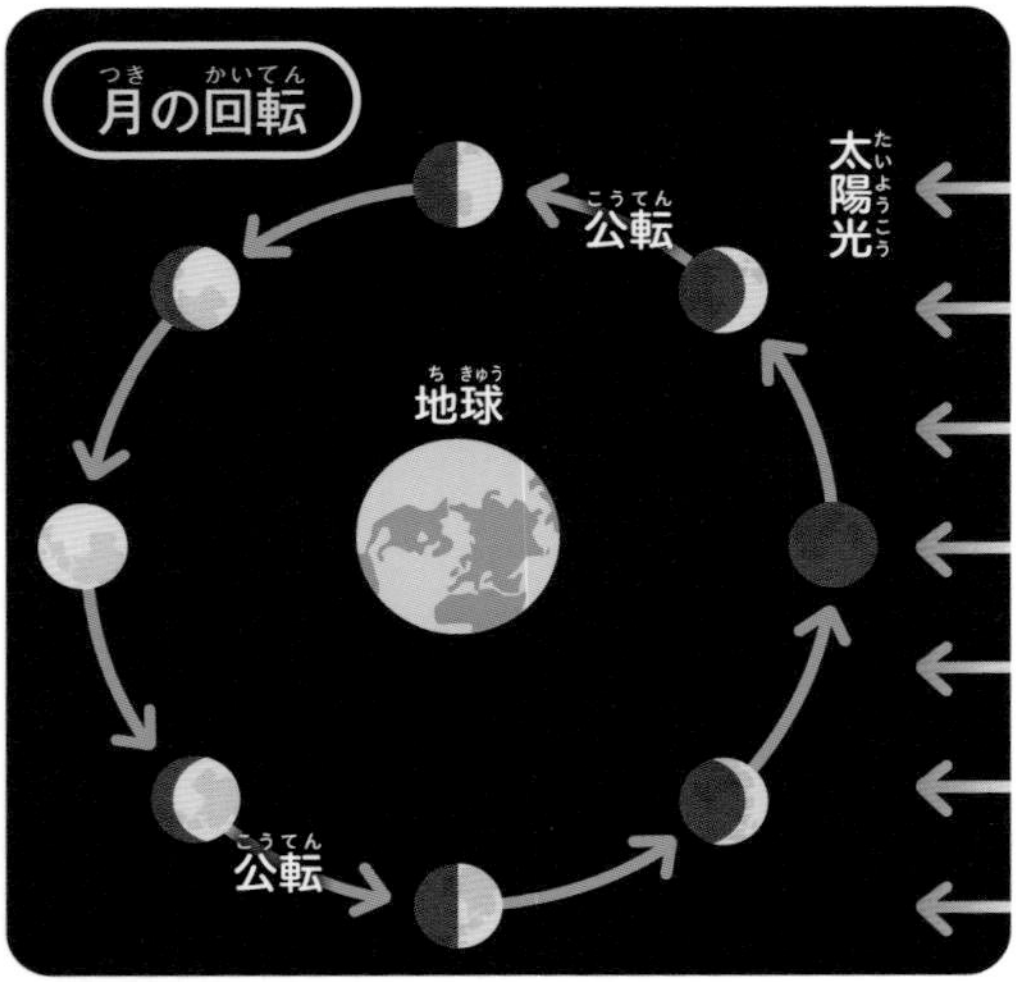

⬆月《つき》は地球《ちきゅう》の周《まわ》りを27.3日《にち》で1周《しゅう》（公転《こうてん》）しています。同時《どうじ》に月《つき》は、自分自身《じぶんじしん》も同《おな》じ27.3日《にち》で回転《かいてん》（自転《じてん》）します。そのため、月《つき》はいつも表側《おもてがわ》を地球《ちきゅう》に見《み》せていて、裏側《うらがわ》を見《み》せてくれません。

月《つき》は、いつも「おもちをついているうさぎ」が見《み》えるといわれる面《めん》を地球《ちきゅう》に向《む》けています。実際《じっさい》は、月《つき》の自転軸《じてんじく》が傾《かたむ》いていることなどによって、地球《ちきゅう》からは**月《つき》の表面《ひょうめん》の59%**を見《み》ることができます。

月《つき》は地球《ちきゅう》の周《まわ》りを回《まわ》っています。これを月《つき》の公転《こうてん》といいます。月《つき》は約《やく》27・3日《にち》かけて地《ち》球《きゅう》の周《まわ》りを1周《しゅう》していますが、その間《あいだ》に1回《かい》自転《じてん》もしています。**自転《じてん》と公転《こうてん》の周期《しゅうき》がどちらも約《やく》27・3日《にち》**なので、地球《ちきゅう》からはいつも月《つき》の同《おな》じ面《めん》が見《み》えるのです。

どうしてこんなことが起《お》こるのかという

月《つき》の表側《おもてがわ》

⬆暗《くら》いところが「海《うみ》」と呼《よ》ばれる平坦《へいたん》な場所《ばしょ》で、日本《にほん》では「おもちをついているうさぎ」に見《み》えるといわれています。

月《つき》の裏側《うらがわ》

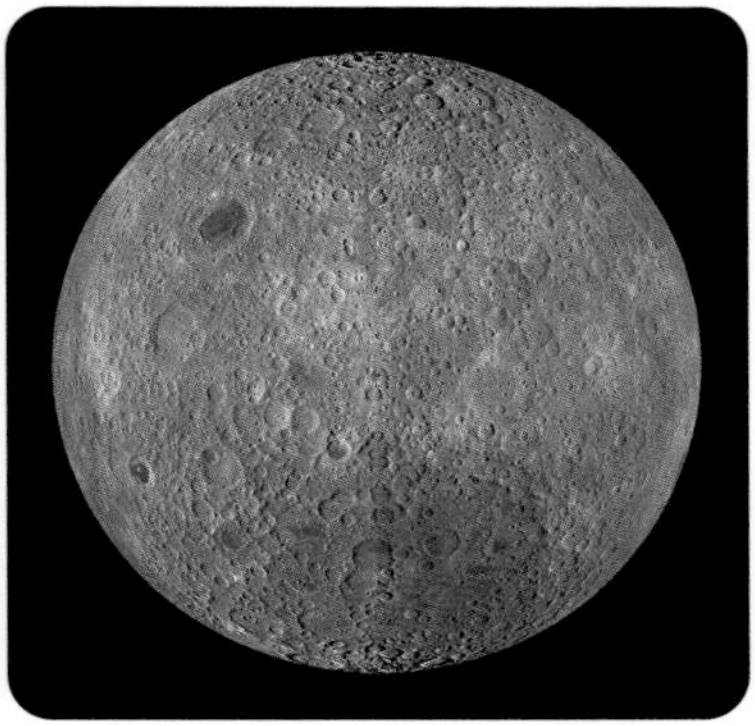

⬆ごつごつした感《かん》じで、表《おもて》にたくさんある海《うみ》がほとんどありません。高低差《こうていさ》が表側《おもてがわ》より激《はげ》しいこともわかっています。

©NASA

と、地球《ちきゅう》と月《つき》がお互《たが》いに力《ちから》を及《およ》ぼしあっている重力《じゅうりょく》の影響《えいきょう》によるものです。

この力《ちから》は、海《うみ》で潮《しお》の満《み》ち引《ひ》きを起《お》こす力《ちから》と同《おな》じなので、**潮汐力**《ちょうせきりょく》と呼《よ》ばれています。

地球《ちきゅう》の重力《じゅうりょく》が月《つき》にはたらくと、月《つき》はほんの少《すこ》し地球《ちきゅう》の方向《ほうこう》に引《ひ》き伸《の》ばされます。月《つき》が地《ち》球《きゅう》の周《まわ》りを回《まわ》っている間《あいだ》に、長《なが》く引《ひ》き伸《の》ばされた方向《ほうこう》が地球《ちきゅう》の中心《ちゅうしん》からずれると、地球《ちきゅう》の重力《じゅうりょく》が元《もと》の向《む》きに戻《もど》すようにはたらきます。

そうすると、月《つき》が、地球《ちきゅう》を回《まわ》る周期《しゅうき》よりも速《はや》く自転《じてん》している場合《ばあい》、月《つき》の自転《じてん》するスピードがほんの少《すこ》し遅《おそ》くなります。もしも、月《つき》が公《こう》転《てん》周期《しゅうき》よりも遅《おそ》く自転《じてん》していた場合《ばあい》には、自《じ》転《てん》のスピードは速《はや》くなります。そして最後《さいご》には、公転《こうてん》と自転《じてん》が同《おな》じ周期《しゅうき》（速度《そくど》）になるのです。

このような関係《かんけい》は、木星《もくせい》や土星《どせい》とその衛星《えいせい》の間《あいだ》でも見《み》られます。

宇宙《うちゅう》の豆《まめ》知《ち》識《しき》

月《つき》は1年《ねん》に平均《へいきん》で約《やく》4㎝地球《ちきゅう》から遠《とお》ざかっています。潮汐力《ちょうせきりょく》で地球《ちきゅう》の海水《かいすい》が引《ひ》っ張《ぱ》られると、海水《かいすい》と海底《かいてい》に摩擦《まさつ》が起《お》きて地球《ちきゅう》が自転《じてん》する速度《そくど》が遅《おそ》くなります。その結果《けっか》、月《つき》は地球《ちきゅう》からより遠《とお》くを公転《こうてん》するしくみです。

48

神秘的《しんぴてき》な月食《げっしょく》や日食《にっしょく》はどうして起《お》こるの？

日《にっ》食《しょく》は、**太陽《たいよう》―月《つき》―地球《ちきゅう》が一直線《いっちょくせん》**に並《なら》んだとき、**月《つき》が太陽《たいよう》の全部《ぜんぶ》か一部《いちぶ》を覆《おお》い隠《かく》す**現象《げんしょう》で、太陽《たいよう》と月《つき》が同《おな》じ方向《ほうこう》にある**新月《しんげつ》**のときに起《お》こります。

月食《げっしょく》は、**太陽《たいよう》―地球《ちきゅう》―月《つき》が一直線《いっちょくせん》**に並《なら》んだとき、**月《つき》が地球《ちきゅう》の影《かげ》のなかに入《はい》る**ため、月《つき》が暗《くら》くなったり欠《か》けたように見《み》える現象《げんしょう》です。地球《ちきゅう》をはさんで太陽《たいよう》と月《つき》が反対側《はんたいがわ》にある、**満《まん》月《げつ》**のときに起《お》こります。

月《つき》が地球《ちきゅう》を回《まわ》る軌道面《きどうめん》は、地球《ちきゅう》が太陽《たいよう》を回《まわ》る軌道面《きどうめん》と同《おな》じではなく少《すこ》し傾《かたむ》いているので、新月《しんげつ》や満月《まんげつ》のたびに日食《にっしょく》や月食《げっしょく》が起《お》こるわけではありません。

太陽《たいよう》の直径《ちょっけい》は約《やく》１４０万《まん》kmで、月《つき》の直径《ちょっけい》は約《やく》３５００kmです。太陽《たいよう》は月《つき》よりずっと大《おお》きいのに、なぜ日食《にっしょく》のとき月《つき》に隠《かく》れてしまうのでしょう。それは、**太陽《たいよう》は月《つき》の約《やく》４００倍《ばい》の大《おお》きさ**ですが、**地球《ちきゅう》との距離《きょり》が太陽《たいよう》は月《つき》の約《やく》４００倍《ばい》も遠《とお》い**ため、見《み》かけ上同《じょうおな》じくらいの大《おお》きさになるからです。また、月《つき》が地球《ちきゅう》を回《まわ》る軌道《きどう》は楕円《だえん》なので、日食《にっしょく》のとき、月《つき》が地球《ちきゅう》の近《ちか》くにあると太陽《たいよう》をすべて隠《かく》す皆既食《かいきしょく》、地《ち》球《きゅう》から遠《とお》くにあると月《つき》の周《まわ》りから太陽《たいよう》の光《ひかり》が環《わ》のように見《み》える金環食《きんかんしょく》になります。

太陽《たいよう》と地球《ちきゅう》・月《つき》の関係《かんけい》

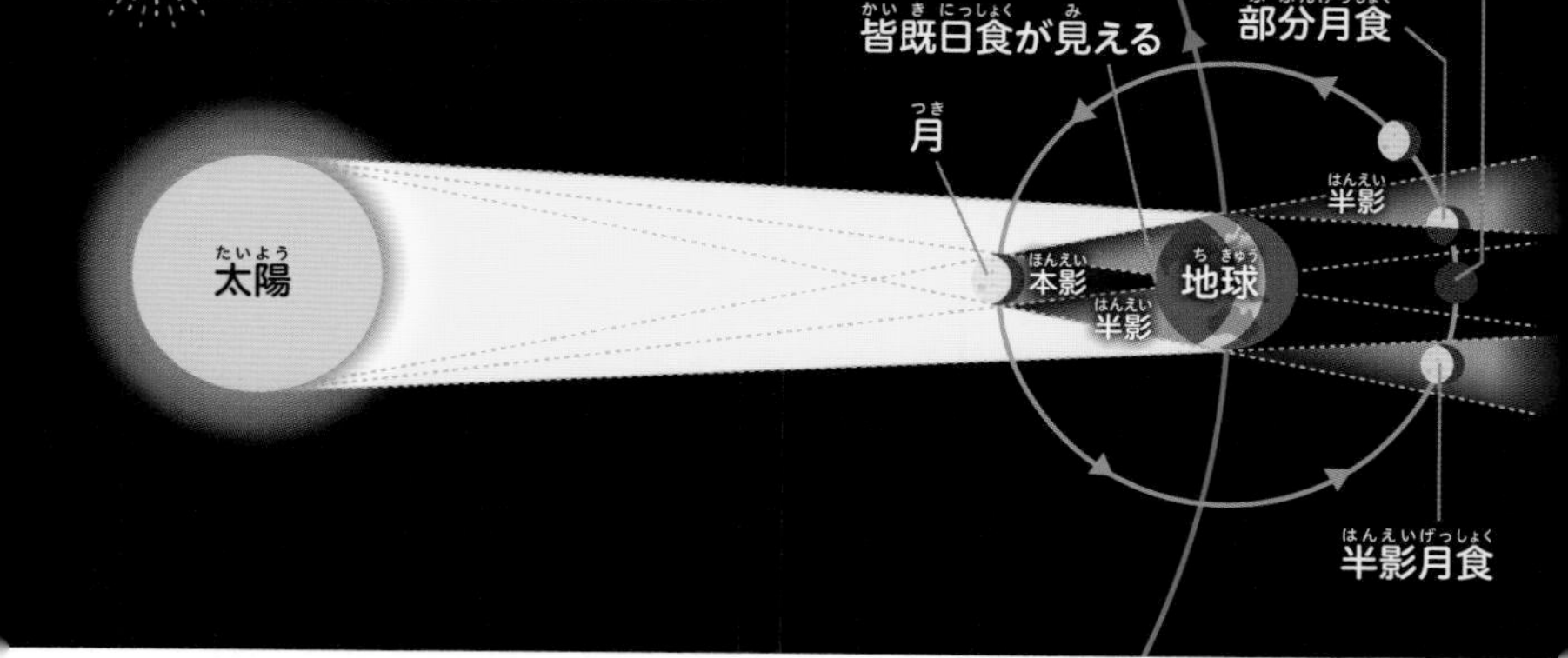

⬆地球《ちきゅう》と太陽《たいよう》との間《あいだ》に月《つき》が入《はい》って、太陽《たいよう》の一部《いちぶ》が欠《か》けたり見《み》えなくなる現象《げんしょう》が日食《にっしょく》です。月《つき》が、太陽《たいよう》が照《て》らしてできる地球《ちきゅう》の影《かげ》に入《はい》って、欠《か》けたり暗《くら》くなる現象《げんしょう》を月食《げっしょく》といいます。日食《にっしょく》や月食《げっしょく》のしくみをわかりやすくするため、このイラストでは、全体《ぜんたい》を照《て》らしているはずの太陽光《たいようこう》を月《つき》と地球《ちきゅう》に当《あ》たっている部分《ぶぶん》だけ描《えが》いています。

⬆2023年《ねん》4月《がつ》20日《か》、オーストラリアで観測《かんそく》された皆既日食《かいきにっしょく》。

⬆2018年《ねん》1月《がつ》31日《にち》22時《じ》30分《ぷん》、日本《にほん》で観測《かんそく》された皆既月食《かいきげっしょく》。

宇《う》宙《ちゅう》の豆《まめ》知《ち》識《しき》

昼間《ひるま》でも空《そら》に月《つき》が白《しろ》く見《み》えることがあります。月《つき》は、地球《ちきゅう》の近《ちか》くにあるため太《たい》陽光《ようこう》を反射《はんしゃ》する光《ひかり》が強《つよ》く、昼間《ひるま》でも見《み》えることがあるのです。夜《よる》見《み》ると黄色《きいろ》い月《つき》が昼間《ひるま》には白《しろ》いのは、空《そら》の青色《あおいろ》に月《つき》の黄色《きいろ》が混《ま》じってしまうためです。

コラム

教《おし》えて 山岡先生《やまおかせんせい》！

もっと知《し》りたい 宇《う》宙《ちゅう》のロマン No.3

夜空《よぞら》に輝《かがや》く星《ほし》たち どうして昼間《ひるま》は消《き》えちゃうの？

「夜《よる》にはたくさんの星《ほし》が見《み》えるのに、昼間《ひるま》はどうして見《み》えないのだろう？」「昼間《ひるま》、星《ほし》はどこにいっているのかな？」と、不思議《ふしぎ》に思《おも》う方《かた》もいることでしょう。結論《けつろん》からいうと、昼間《ひるま》でも空《そら》には星《ほし》があります。

昼間《ひるま》に星《ほし》を見《み》ることができないのは、空《そら》の明《あか》るさのほうが星《ほし》の明《あか》るさよりも明《あか》るいからです。それでも、よく晴《は》れた日《ひ》ならば、金星《きんせい》、木星《もくせい》、火星《かせい》などの惑星《わくせい》や1等星《とうせい》のようなとても明《あか》るい星《ほし》は、昼間《ひるま》でも望遠鏡《ぼうえんきょう》を使《つか》えば観察《かんさつ》できます。また、金星《きんせい》が一番明《いちばんあか》るく見《み》えるときなどは肉眼《にくがん》でも見《み》ることができます。ただし、昼間《ひるま》は、どこにその星《ほし》があるのか見《み》つけるのが難《むずか》しい場合《ばあい》が多《おお》くあります。また、金星《きんせい》はいつも太陽《たいよう》の近《ちか》くに見《み》えていますが、間違《まちが》えて太陽《たいよう》を見《み》ないように注意《ちゅうい》が必要《ひつよう》です。

昼間《ひるま》によく見《み》える天《てん》体《たい》といえば月《つき》です。月《つき》は地球《ちきゅう》の近《ちか》くにあって、太陽《たいよう》の光《ひかり》を反射《はんしゃ》して明《あか》るく輝《かがや》くので青空《あおぞら》でも白《しろ》く見《み》えるのです。ただし、月《つき》が太陽《たいよう》と同《おな》じような方向《ほうこう》にある新月《しんげつ》のときと、月《つき》が太陽《たいよう》のちょうど反対側《はんたいがわ》にあって、日没《にちぼつ》の頃《ころ》に東《ひがし》の空《そら》からのぼり日《ひ》の出《で》の頃《ころ》に西《にし》の空《そら》に沈《しず》む満月《まんげつ》のときは、昼間《ひるま》、月《つき》を見《み》ることはできません。

←昼間《ひるま》の空《そら》で撮影《さつえい》した金星《きんせい》（2023年《ねん》7月《がつ》22日《にち》）。もっとも明《あか》るく見《み》える時期《じき》には肉眼《にくがん》でも確認《かくにん》できます。

© 国立天文台

Part4

宇《う》宙《ちゅう》を見《み》ること
調《しら》べること

人間《にんげん》は、いつ頃《ごろ》から星《ほし》の観測《かんそく》を始《はじ》めたのでしょう。
その後《ご》、望遠鏡《ぼうえんきょう》を使《つか》った、
より正確《せいかく》な天体観測《てんたいかんそく》をするようになり、
今《いま》では宇宙《うちゅう》から観測《かんそく》する
宇宙望遠鏡《うちゅうぼうえんきょう》も活躍《かつやく》しています。
ここでは、天体観測《てんたいかんそく》の歴史《れきし》や
さまざまな方法《ほうほう》を紹介《しょうかい》します。

49

天体《てんたい》観測《かんそく》と記録《きろく》は古代《こだい》メソポタミア文明《ぶんめい》から？

もっとも古《ふる》くから太陽《たいよう》や月《つき》、星《ほし》、惑星《わくせい》の動《うご》きを観測《かんそく》し、記録《きろく》する天体観測《てんたいかんそく》が行《おこな》われていたのは**古代《こだい》メソポタミア**でした。

紀元前《きげんぜん》3000年頃《ねんごろ》になると、メソポタミア文明《ぶんめい》が栄《さか》えたチグリス・ユーフラテス川《がわ》の流域《りゅういき》には都市国家《としこっか》が生《う》まれました。このメソポタミア地方《ちほう》に住《す》んでいた**シュメール人《じん》**は、星《ほし》、太陽《たいよう》、月《つき》、惑星《わくせい》といった4つの天体《てんたい》の動《うご》きが、気候《きこう》や収穫《しゅうかく》、戦争《せんそう》といった地上《ちじょう》のさまざまな出来事《できごと》を引《ひ》き起《お》こしていると考《かんが》え、都市国家《としこっか》につくられた神殿《しんでん》では、神官《しんかん》たちが天《てん》体《たい》の動《うご》きによって国家《こっか》や王《おう》の運命《うんめい》を占《うらな》っていました。これが**占星術《せんせいじゅつ》の始《はじ》まり**だと考《かんが》えられています。

紀元前《きげんぜん》6世紀頃《せいきごろ》につくられた**ムルアピン**という粘土板《ねんどばん》には、メソポタミア地方《ちほう》で見《み》られた天体現象《てんたいげんしょう》や66の星座《せいざ》などの記録《きろく》が楔形文字《くさびがたもじ》で刻《きざ》まれています。

この時代《じだい》の人《ひと》たちは、日食《にっしょく》や月食《げっしょく》が、どれくらいの周期《しゅうき》で繰《く》り返《かえ》されるのかも知《し》っていました。

こうしたメソポタミアの天体《てんたい》に関《かん》する知識《ちしき》や星座《せいざ》の名前《なまえ》などは、やがて**古代《こだい》ギリシア**に受《う》け継《つ》がれていきました。

⬆紀元前《きげんぜん》2世紀頃《せいきごろ》のメソポタミア文明《ぶんめい》の楔形《くさびがた》文字《もじ》が刻《きざ》まれた粘土板《ねんどばん》。占星術《せんせいじゅつ》などで使《つか》われていたとみられ、粘土板《ねんどばん》には黄道《こうどう》12星座《せいざ》のひとつ、おとめ座《ざ》が表《あらわ》されているといいます。

⬅紀元前《きげんぜん》12世紀頃《せいきごろ》のクドゥルと呼《よ》ばれるメソポタミアの土地《とち》の境界石《きょうかいせき》と呼《よ》ばれる石碑《せきひ》。上部《じょうぶ》には、月《つき》、金星《きんせい》、太陽《たいよう》をはじめさまざまな神《かみ》を示《しめ》すシンボルや星座《せいざ》を思《おも》わせる生《い》きものなどが刻《きざ》まれています。

➡4000年以上前《ねんいじょうまえ》、メソポタミア地方《ちほう》（現在《げんざい》のイラク付近《ふきん》）に住《す》んでいたシュメール人《じん》は、現在《げんざい》にも残《のこ》る星座《せいざ》の原型《げんけい》をつくったとされています。

宇宙《うちゅう》の豆知識《まめちしき》

古代《こだい》ギリシアのアリストテレスやプトレマイオスは「地球《ちきゅう》が宇宙《うちゅう》の中心《ちゅうしん》にあって、太陽《たいよう》や月《つき》、星《ほし》が地球《ちきゅう》の周《まわ》りを回《まわ》っている」という天動説《てんどうせつ》を唱《とな》えました。天動説《てんどうせつ》は、当時《とうじ》のキリスト教会《きょうかい》に支持《しじ》され、ヨーロッパなどに広《ひろ》まりました。

Part 4
宇宙《うちゅう》を見《み》ること
調《しら》べること

50

空《そら》に星《ほし》はいっぱいあるけど星《せい》座《ざ》はいくつあるの？

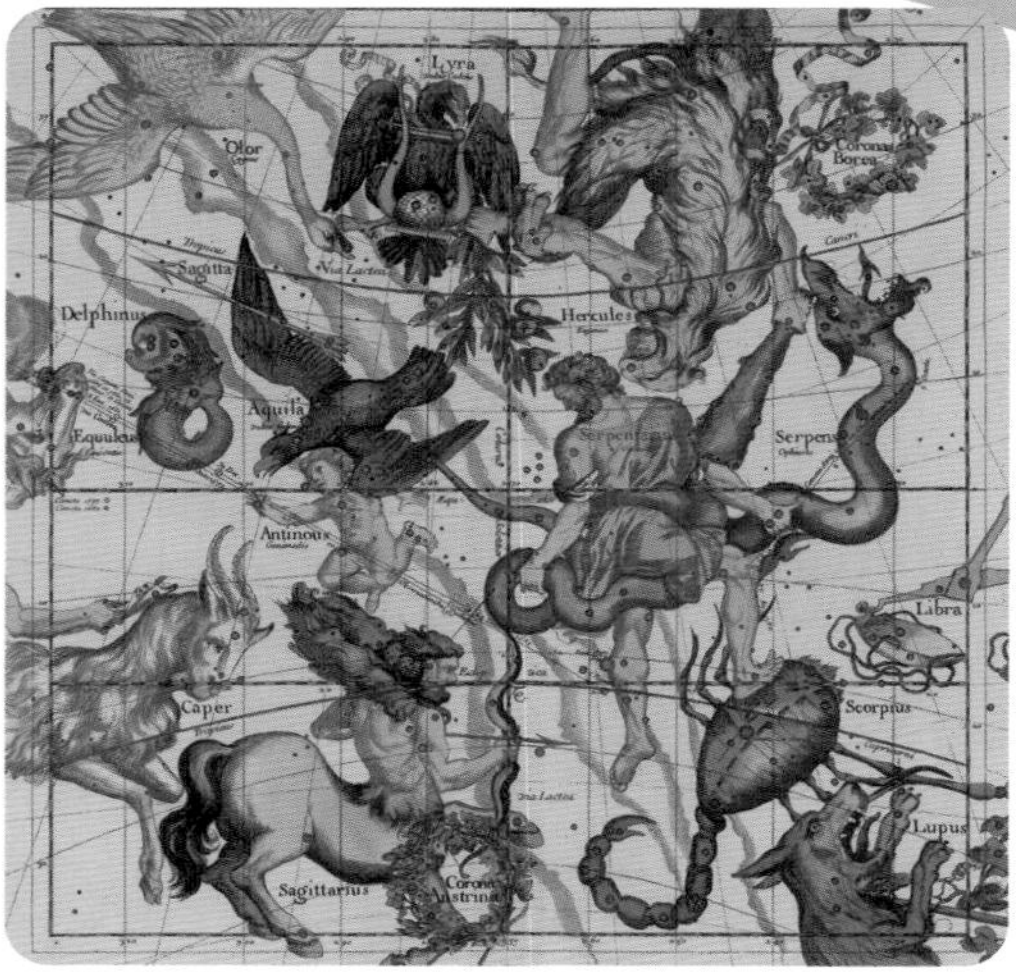

⬆17世紀後半《せいきこうはん》、フランスの天文学者《てんもんがくしゃ》パルディが描《えが》いた「天球図《てんきゅうず》」。6枚組《まいぐみ》の星図《せいず》の5枚目《まいめ》に当《あ》たるこの図《ず》には、右上《みぎうえ》のヘルクレス座《ざ》をはじめ、さそり座《ざ》、いて座《ざ》、わし座《ざ》、こと座《ざ》などが描《えが》かれています。

20世紀《せいき》初《はじ》めに国際天文学連合《こくさいてんもんがくれんごう》（ＩＡＵ）が星座《せいざ》の数《かず》を決《き》めるまでは、星座《せいざ》の数《かず》のほか、星座《せいざ》の名前《なまえ》、星座《せいざ》と星座《せいざ》の境目《さかいめ》が、時代《じだい》や人《ひと》によって違《ちが》っていて世界共通《せかいきょうつう》のルールがありませんでした。

古代《こだい》メソポタミアのシュメール人《じん》が考《かんが》え出《だ》した星座《せいざ》は、古代《こだい》ギリシアへと伝《つた》わっていきます。2世紀《せいき》、エジプトのアレクサンドリアで活躍《かつやく》していたギリシア人天文学者《じんてんもんがくしゃ》のプトレマイオスは、著書《ちょしょ》の『アルマゲスト』で、ギリシア神話《しんわ》にちなんだ**48の星座《せいざ》**を書《か》き記《しる》しています。この48星座《せいざ》が、現在《げんざい》の星座《せいざ》のもとに

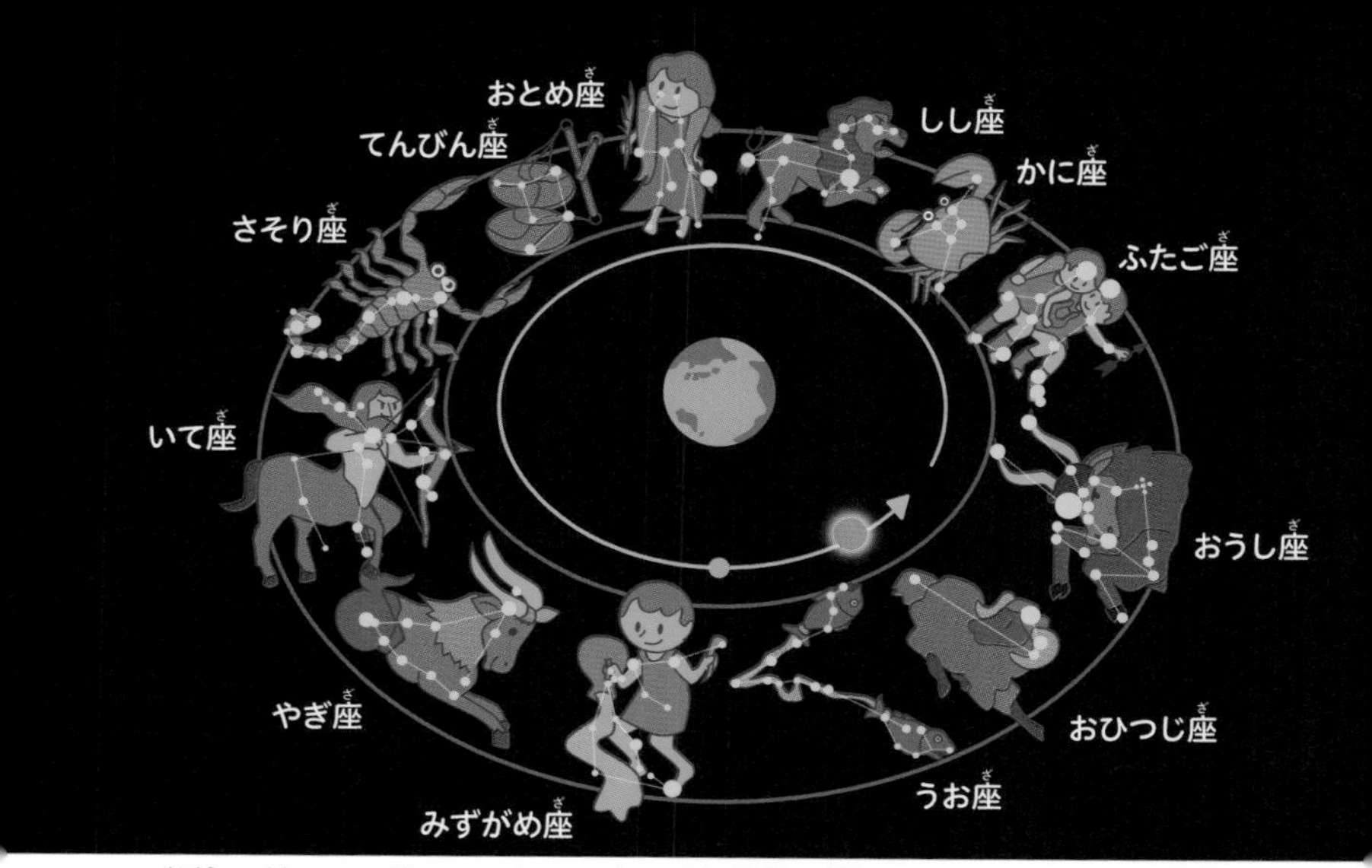

⬆太陽《たいよう》が1年《ねん》かかって通《とお》るように見《み》える、見《み》かけ上《じょう》の道筋《みちすじ》を黄道《こうどう》と呼《よ》び、この黄道《こうどう》を30度《ど》ずつ区切《くぎ》って12等分《とうぶん》したものが、占星術《せんせいじゅつ》などで使《つか》われる黄道十二宮《こうどうじゅうにきゅう》となります。さらに星座《せいざ》を対応《たいおう》させることで、よく見《み》かける黄道十二星座《こうどうじゅうにせいざ》となるのです。

なったもので、その後《ご》、ヨーロッパやイスラム世界《せかい》を中心《ちゅうしん》に広《ひろ》まっていきました。

やがて、ヨーロッパの国々《くにぐに》が大西洋《たいせいよう》やインド洋《よう》へ出《で》ていく**大航海時代《だいこうかいじだい》**がやってきます。すると、南半球《みなみはんきゅう》に出《で》ていった船乗《ふなの》りや天文学者《てんもんがくしゃ》によって、南半球《みなみはんきゅう》でしか見《み》られない星座《せいざ》が報告《ほうこく》され、新《あたら》しい星座《せいざ》がどんどんつくられていきました。一時《いちじ》は、**120もの星座《せいざ》**がひしめく時代《じだい》があったほどです。

星座《せいざ》の数《かず》が増《ふ》えると、星座《せいざ》と星座《せいざ》の境目《さかいめ》が複雑《ふくざつ》になって、わかりにくくなりました。また、望遠鏡《ぼうえんきょう》が発達《はったつ》して、それまで見《み》えなかった天体《てんたい》が見《み》つかるようになると、天体《てんたい》の名前《なまえ》を決《き》めたり位置《いち》を表《あらわ》したりするために、きちんとした星座《せいざ》の名前《なまえ》と境目《さかいめ》を決《き》める必要《ひつよう》が出《で》てきました。こうして1928年《ねん》、国際天文学連合《こくさいてんもんがくれんごう》の会議《かいぎ》で、現在《げんざい》の**88星座《せいざ》とその領域《りょういき》が決《き》められた**のです。

宇《う》宙《ちゅう》の豆《まめ》知《ち》識《しき》

星占《ほしうらな》いでは黄道十二星座《こうどうじゅうにせいざ》と似《に》た「黄道十二宮《こうどうじゅうにきゅう》」が使《つか》われます。これは黄道《こうどう》を均等《きんとう》に12に分《わ》けたものですが、十二星座《じゅうにせいざ》は、黄道《こうどう》に沿《そ》って並《なら》んでいる12の星座《せいざ》。星座《せいざ》の大《おお》きさはそれぞれ違《ちが》うので、黄道十二宮《こうどうじゅうにきゅう》とは一致《いっち》しません。

Part4 宇宙《うちゅう》を見《み》ること 調《しら》べること

51 天動説《てんどうせつ》から地動説《ちどうせつ》へ コペルニクスの発想《はっそう》の転換《てんかん》

「地《ち》球《きゅう》は宇宙《うちゅう》の中心《ちゅうしん》にあって、太陽《たいよう》やその他《た》の天体《てんたい》は地球《ちきゅう》の周《まわ》りを回《まわ》っている」という考《かんが》えを**天動説《てんどうせつ》**といいます。

中世《ちゅうせい》のヨーロッパでは、古代《こだい》ギリシアのプトレマイオスやアリストテレスが唱《とな》えた天動説《てんどうせつ》が、当時《とうじ》のキリスト教会《きょうかい》に支持《しじ》され、これが正《ただ》しいと考《かんが》えられていました。

中世《ちゅうせい》のポーランドの天文学者《てんもんがくしゃ》**コペルニクス**は、天体観測《てんたいかんそく》を続《つづ》けるうちに、いくつかの天体《てんたい》の動《うご》きが天動説《てんどうせつ》では説明《せつめい》が難《むずか》しいことに気《き》づきます。コペルニクスは、太陽《たいよう》の周《まわ》りを、地球《ちきゅう》を含《ふく》めた惑星《わくせい》が回《まわ》っていて、地球《ちきゅう》の周《まわ》りを月《つき》が回《まわ》っているとすれば、天体《てんたい》の動《うご》きを説《せつ》明《めい》できると考《かんが》え、**太陽中心説《たいようちゅうしんせつ》（地動説《ちどうせつ》）**を唱《とな》えました。

ところが、神学者《しんがくしゃ》でもあったコペルニクスは、この考《かんが》えがキリスト教会《きょうかい》に大《おお》きな影響《えいきょう》を及《およ》ぼすと考《かんが》えて公表《こうひょう》しませんでした。

コペルニクスは、死《し》の間際《まぎわ》の1543年《ねん》、数学者《すうがくしゃ》レティクスに勧《すす》められて、地動説《ちどうせつ》を書《か》き記《しる》した**『天球《てんきゅう》の回転《かいてん》について』**という著作《ちょさく》を出版《しゅっぱん》しました。コペルニクスの考《かんが》えは、のちの天文学《てんもんがく》や科学《かがく》に大《おお》きな影響《えいきょう》を与《あた》え、地動説《ちどうせつ》が常識《じょうしき》になっていったのです。

⬆コペルニクスの地動説《ちどうせつ》に従《したが》って描《えが》かれた宇宙像《うちゅうぞう》。これは17世紀《せいき》の天文学者《てんもんがくしゃ》アンドレアス・セラリウスによる星図《せいず》『ハルモニア・マクロコスミカ』（1660年初版《ねんしょはん》）に掲載《けいさい》されたものです。

ニコラス・コペルニクス

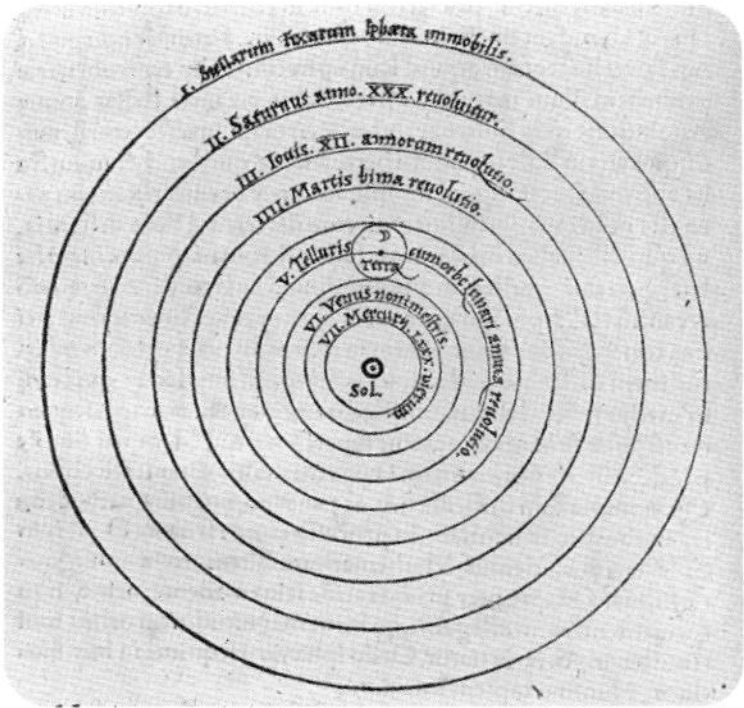

➡16世紀《せいき》の天文学者《てんもんがくしゃ》、ニコラス・コペルニクスはそれまで1000年《ねん》以《い》上信《じょうしん》じられていた天動説《てんどうせつ》を疑《うたが》い、自分自身《じぶんじしん》で惑星《わくせい》を観測《かんそく》したりその軌道《きどう》を計算《けいさん》したりして地動説《ちどうせつ》を考《かんが》え出《だ》しました。右《みぎ》はコペルニクスの『天球《てんきゅう》の回転《かいてん》について』に掲載《けいさい》された図《ず》です。

宇宙《うちゅう》の豆知識《まめちしき》

ものごとの見方《みかた》がひっくり返《かえ》ることを「コペルニクス的転回《てきてんかい》」といいます。これは、18～19世紀《せいき》に活躍《かつやく》した哲学者《てつがくしゃ》カントが、コペルニクスによって宇宙《うちゅう》の見方《みかた》が天動説《てんどうせつ》から地動説《ちどうせつ》へガラッと変《か》わったことにたとえた表現《ひょうげん》です。

52

ガリレオ・ガリレイに始《はじ》まった天体望遠鏡《てんたいぼうえんきょう》による観測《かんそく》と発展《はってん》

1609年《ねん》、イタリアの科学者《かがくしゃ》**ガリレオ・ガリレイ**は、凸《とつ》レンズと凹《おう》レンズを組《く》み合《あ》わせた望遠鏡《ぼうえんきょう》を自分《じぶん》でつくって天体《てんたい》観測《かんそく》を行《おこな》いました。ガリレオは月《つき》、木星《もくせい》、土《ど》星《せい》、天《あま》の川《がわ》などを観測《かんそく》し、その記録《きろく》を翌年《よくとし》に**『星界《せいかい》の報告《ほうこく》』**という本《ほん》にして出版《しゅっぱん》しました。これ以後《いご》、天文学《てんもんがく》では天体望遠鏡《てんたいぼうえんきょう》を使《つか》った観《かん》測《そく》が主流《しゅりゅう》になりました。

およそ50年後《ねんご》、イギリスの科学者《かがくしゃ》**アイザック・ニュートン**は、凹面鏡《おうめんきょう》を使《つか》って光《ひかり》を集《あつ》める光学望遠鏡《こうがくぼうえんきょう》を開発《かいはつ》しました。この望遠鏡《ぼうえんきょう》は**ニュートン式反射望遠鏡《しきはんしゃぼうえんきょう》**と呼《よ》ばれ、色《いろ》ズレがなく、はっきりとした画像《がぞう》が見《み》られることが特徴《とくちょう》です。

18〜19世紀《せいき》に活躍《かつやく》した音楽家《おんがくか》で天文学者《てんもんがくしゃ》の**ウィリアム・ハーシェル**は、反射望遠鏡《はんしゃぼうえんきょう》の製《せい》作《さく》に取《と》り組《く》み、その望遠鏡《ぼうえんきょう》で天体観測《てんたいかんそく》を行《おこな》いました。ハーシェルは、天《あま》の川銀河《がわぎんが》を描《えが》いた宇宙図《うちゅうず》の作成《さくせい》や、天王星《てんのうせい》の発見《はっけん》などの功績《こうせき》で王室天文学者《おうしつてんもんがくしゃ》となり、1789年《ねん》、口径《こうけい》126㎝、長《なが》さ12mという当時《とうじ》、世界最大《せかいさいだい》の反射望遠鏡《はんしゃぼうえんきょう》をつくりました。

こうして天体望遠鏡《てんたいぼうえんきょう》の製作技術《せいさくぎじゅつ》とともに天《てん》文学《もんがく》は発展《はってん》していったのです。

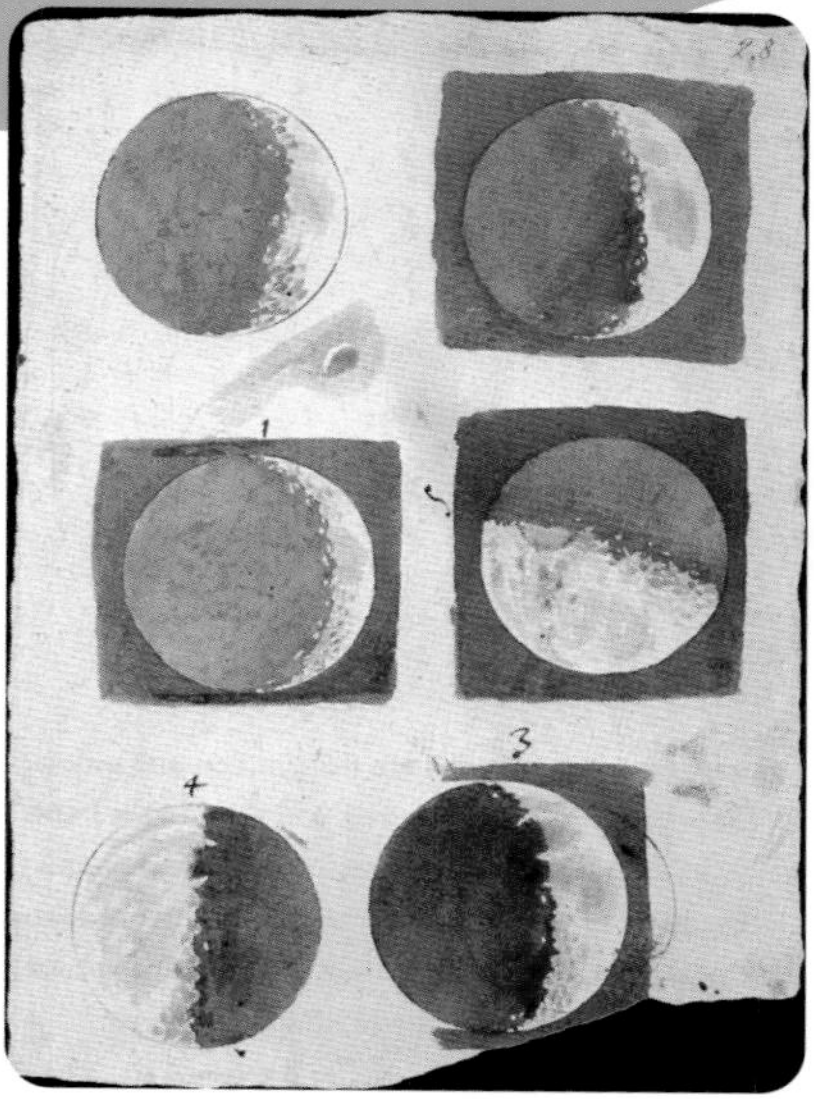

⬆1616年にガリレオが描《えが》いた、月《つき》の満《み》ち欠《か》けの観測図《かんそくず》。

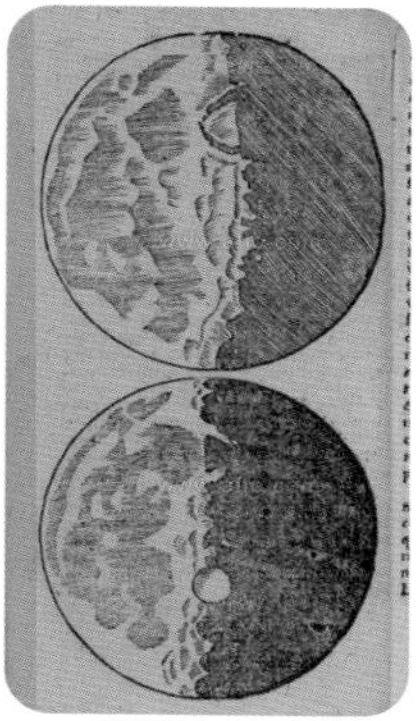

ガリレオ・ガリレイ

⬅ガリレオが望遠鏡《ぼうえんきょう》で観察《かんさつ》した月《つき》を描《えが》いたスケッチ。クレーターまで描《えが》かれています。

⬆ガリレオが自作《じさく》した天体望遠鏡《てんたいぼうえんきょう》（レプリカ）。フィレンツェ（イタリア）の博物館《はくぶつかん》が現存《げんぞん》する唯一《ゆいいつ》の実物《じつぶつ》を所蔵《しょぞう》しています。左《ひだり》は倍率《ばいりつ》14倍《ばい》、右《みぎ》は20倍《ばい》の望遠鏡《ぼうえんきょう》。

月《つき》に山《やま》や谷《たに》があるのを
発見《はっけん》したのは
ガリレオだよ！

➡左《ひだり》はアイザック・ニュートンが製作《せいさく》した最初《さいしょ》の反射望遠鏡《はんしゃぼうえんきょう》のレプリカ。右《みぎ》は1789年《ねん》にウィリアム・ハーシェルがつくった40フィート反射望遠鏡《はんしゃぼうえんきょう》（版画《はんが》）。

宇宙《うちゅう》の豆《まめ》知識《ちしき》

ハーシェルは1781年《ねん》、自分《じぶん》でつくった反射望遠鏡《はんしゃぼうえんきょう》で新《あたら》しい惑星《わくせい》（天王星《てんのうせい》）を発見《はっけん》しました。彼《かれ》は、発見《はっけん》した惑星《わくせい》を当時《とうじ》のイギリス国王《こくおう》ジョージ3世《せい》にちなんで「ジョージの星《ほし》」と名《な》づけましたが、世界《せかい》には広《ひろ》まりませんでした。

Part4 宇宙《うちゅう》を見《み》ること 調《しら》べること

53

遠《とお》い銀河《ぎんが》ほど本当《ほんとう》の色《いろ》より赤《あか》く見《み》えるってどういうこと?

1929年《ねん》、アメリカのウィルソン山天《さんてん》文台《もんだい》に勤《つと》める**エドウィン・ハッブル**は、2・5m望遠鏡《ぼうえんきょう》でさまざまな銀河《ぎんが》を観測《かんそく》し、ほぼすべての銀河《ぎんが》がわたしたちから遠《とお》ざかっていて、遠《とお》ざかるスピードが遠《とお》くの銀河《ぎんが》ほど速《はや》いと考《かんが》えました。

では、彼《かれ》はどうして、銀河《ぎんが》が遠《とお》ざかっていると考《かんが》えたのでしょう。

道路《どうろ》に立《た》って救急車《きゅうきゅうしゃ》のサイレンを聞《き》いていると、救急車《きゅうきゅうしゃ》が近《ちか》づいてくるときは音《おと》がだんだん高《たか》くなって、遠《とお》ざかるときは音《おと》がだんだん低《ひく》くなっていきます。音《おと》などの波《なみ》は、音《おと》を出《だ》しているものが近《ちか》づいてくるときには波長《はちょう》が短《みじか》く(音《おと》が高《たか》く)なり、遠《とお》ざかるときには波長《はちょう》が長《なが》く(音《おと》が低《ひく》く)なります。これを**ドップラー効果《こうか》**といいます。

光《ひかり》は波《なみ》としての性質《せいしつ》をもっているので、光《ひかり》を出《だ》している天体《てんたい》がわたしたちから遠《とお》ざかると、光《ひかり》の波長《はちょう》が長《なが》くなって、それと同時《どうじ》に元《もと》の色《いろ》よりも赤《あか》くなります。この現象《げんしょう》を**赤方偏《せきほうへん》移《い》**といいます。ハッブルは、遠《とお》い銀河《ぎんが》ほど赤《せき》方偏移《ほうへんい》が大《おお》きいことを知《し》って、これが「**宇宙《うちゅう》が膨張《ぼうちょう》している(広《ひろ》がっている)**」ことを示《しめ》していると考《かんが》えたのです。

⬆ハッブル・ウルトラ・ディープ・フィールド（HUDF）の中心部《ちゅうしんぶ》にあたるエクストリーム・ディープ・フィールド（XDF：究極《きゅうきょく》の深宇宙《しんうちゅう》）と呼《よ》ばれる領域《りょういき》。およそ132億年前《おくねんまえ》に誕生《たんじょう》したと考《かんが》えられる銀河《ぎんが》を含《ふく》め、5500個《こ》もの銀河《ぎんが》の姿《すがた》がとらえられています。

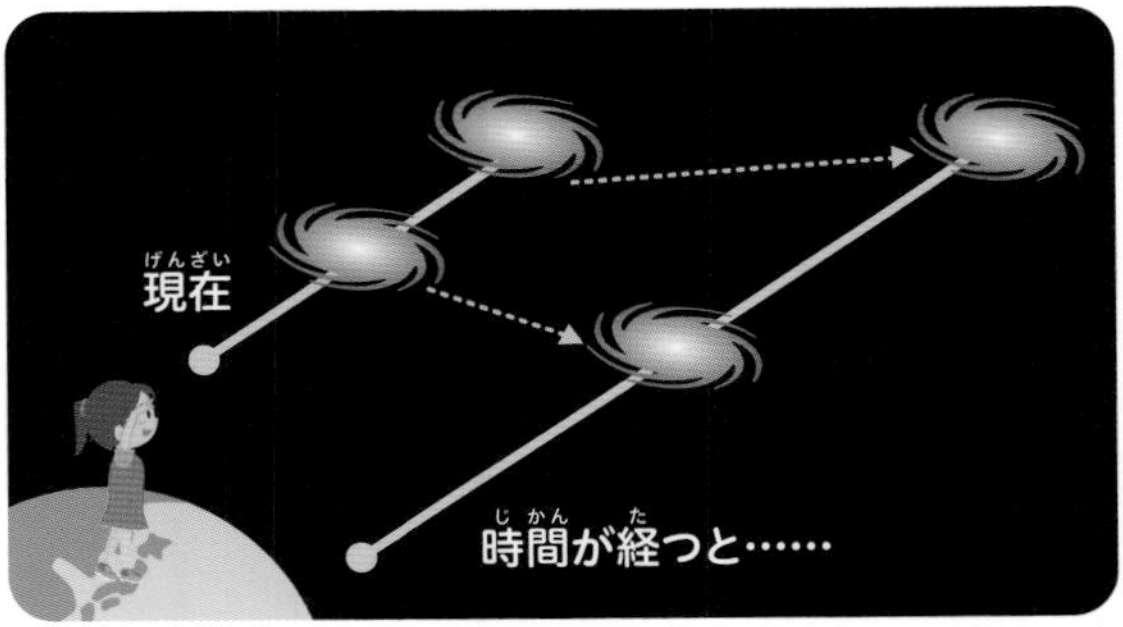

⬆宇宙《うちゅう》の膨張《ぼうちょう》によって、より遠《とお》くにある紫色《むらさきいろ》の銀河《ぎんが》ほど地球《ちきゅう》からより遠《とお》くになります。これを「ハッブル-ルメートルの法則《ほうそく》」と呼《よ》びます。

⬅銀河《ぎんが》が発《はっ》する光《ひかり》を波線《はせん》で表《あらわ》したとき、風船《ふうせん》が膨《ふく》らむにつれて、波線《はせん》は伸《の》びていきます。

宇宙《うちゅう》の豆《まめ》知《ち》識《しき》

銀河《ぎんが》の赤方偏移《せきほうへんい》は、じつはドップラー効果《こうか》によるものではなく、空間《くうかん》が膨張《ぼうちょう》することによって起《お》こります。光《ひかり》が銀河《ぎんが》を出発《しゅっぱつ》したときの宇宙《うちゅう》の大《おお》きさと、それを観測《かんそく》する現在《げんざい》の宇宙《うちゅう》の大《おお》きさの違《ちが》いが、光《ひかり》の波長《はちょう》の伸《の》びの原因《げんいん》です。

54

遠《とお》くの天体《てんたい》は明《あか》るく見《み》えたり形《かたち》が歪《ゆが》んだり分身《ぶんしん》したりする？

20世紀《せいき》初《はじ》め、ドイツの物理学者《ぶつりがくしゃ》**アインシュタイン**は**一般相対性理論《いっぱんそうたいせいりろん》**という法則《ほうそく》によって、「重《おも》さがある物体《ぶったい》の周《まわ》りでは、その物体《ぶったい》がもつ重力《じゅうりょく》によって時間《じかん》や空間《くうかん》が歪《ゆが》んでいる」と考《かんが》えました。

宇宙空間《うちゅうくうかん》では、遠《とお》くからやってくる天体《てんたい》の光《ひかり》が、手前《てまえ》にある非常《ひじょう》に強《つよ》い重力《じゅうりょく》をもつ星《ほし》や銀河団《ぎんがだん》の近《ちか》くを通《とお》るとき、空間《くうかん》の歪《ゆが》みによって元《もと》の天体《てんたい》の光《ひかり》が拡大《かくだい》されて何百倍《なんびゃくばい》も明《あか》るく見《み》えたり、形《かたち》が歪《ゆが》んで見《み》えたり、いくつかに分《わ》かれて見《み》えたりします。

このように、天体《てんたい》の重力《じゅうりょく》によって、天体《てんたい》の光《ひかり》がレンズのように屈折《くっせつ》する現象《げんしょう》を**重力《じゅうりょく》レンズ効果《こうか》**といいます。

1979年《ねん》、**おおぐま座《ざ》にあるふたつのクエーサー（双子《ふたご》のクエーサー）**という天体《てんたい》が、じつは巨大銀河《きょだいぎんが》の重力《じゅうりょく》レンズ効果《こうか》でふたつに分身《ぶんしん》して見《み》えている、同《おな》じひとつのクエーサーであることがわかりました。

これが初《はじ》めて発見《はっけん》された重力《じゅうりょく》レンズを示《しめ》す例《れい》となり、それ以降《いこう》、たくさんの重力《じゅうりょく》レンズの例《れい》が見《み》つかっています。重力《じゅうりょく》レンズは、とても遠《とお》いところにある天体《てんたい》を観測《かんそく》するのに役《やく》立《だ》っています。

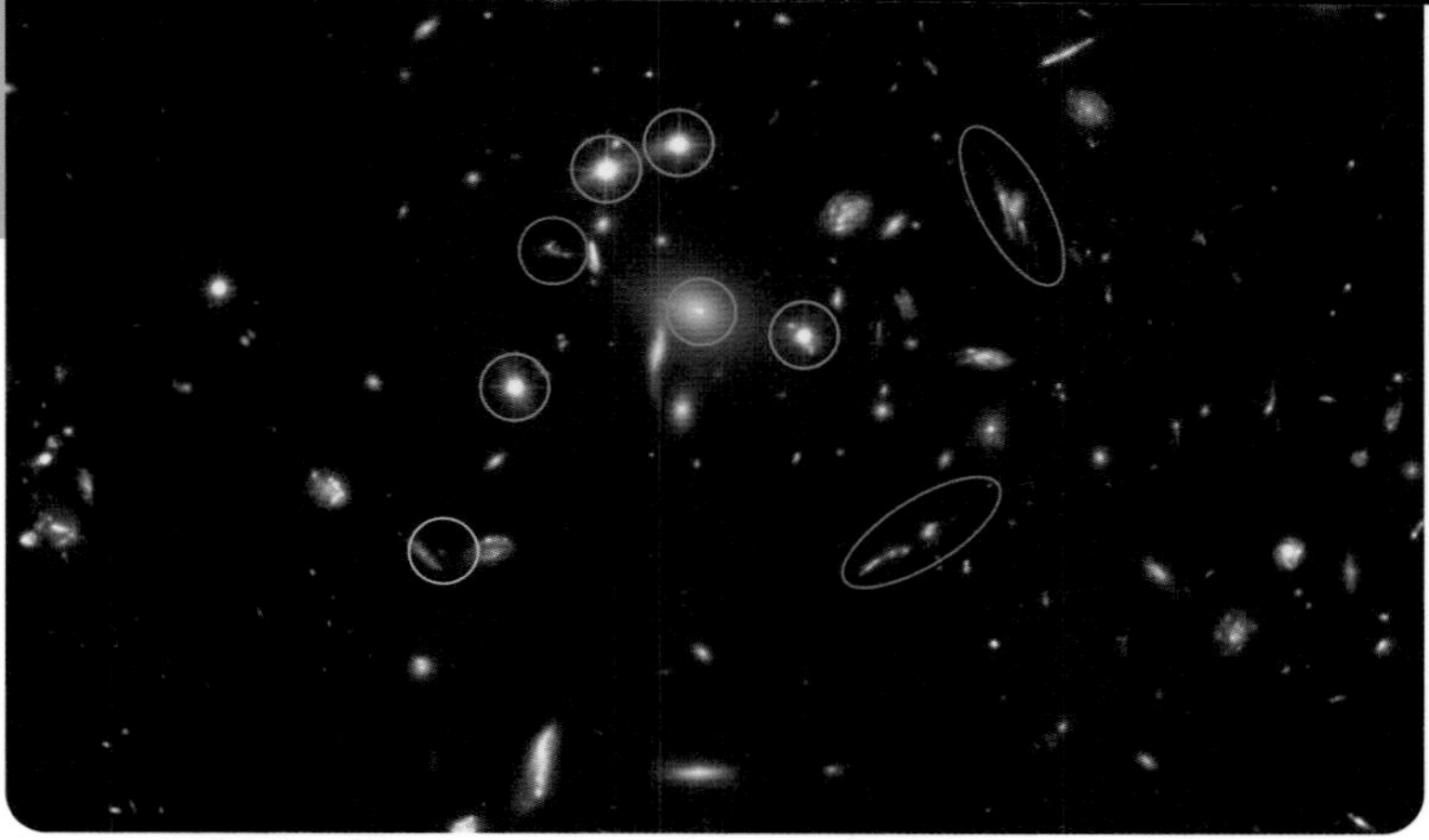

⬆ハッブル宇宙望遠鏡《うちゅうぼうえんきょう》が撮影《さつえい》したSDSS J1004+4112という銀河団《ぎんがだん》で記録《きろく》された3つのめずらしい現象《げんしょう》です。青色《あおいろ》の丸《まる》は重力《じゅうりょく》レンズ効果《こうか》で複数《ふくすう》の像《ぞう》となったクエーサーを指《さ》しています。赤色《あかいろ》の丸《まる》は120億光《おくこう》年先《ねんさき》の銀河《ぎんが》で、ビッグバンから「たった」18億年《おくねん》しかたっていない天体《てんたい》です。黄色《きいろ》の丸《まる》は、1年前撮影《ねんまえさつえい》された画像《がぞう》と比較《ひかく》して発見《はっけん》された超新星《ちょうしんせい》を指《さ》します。

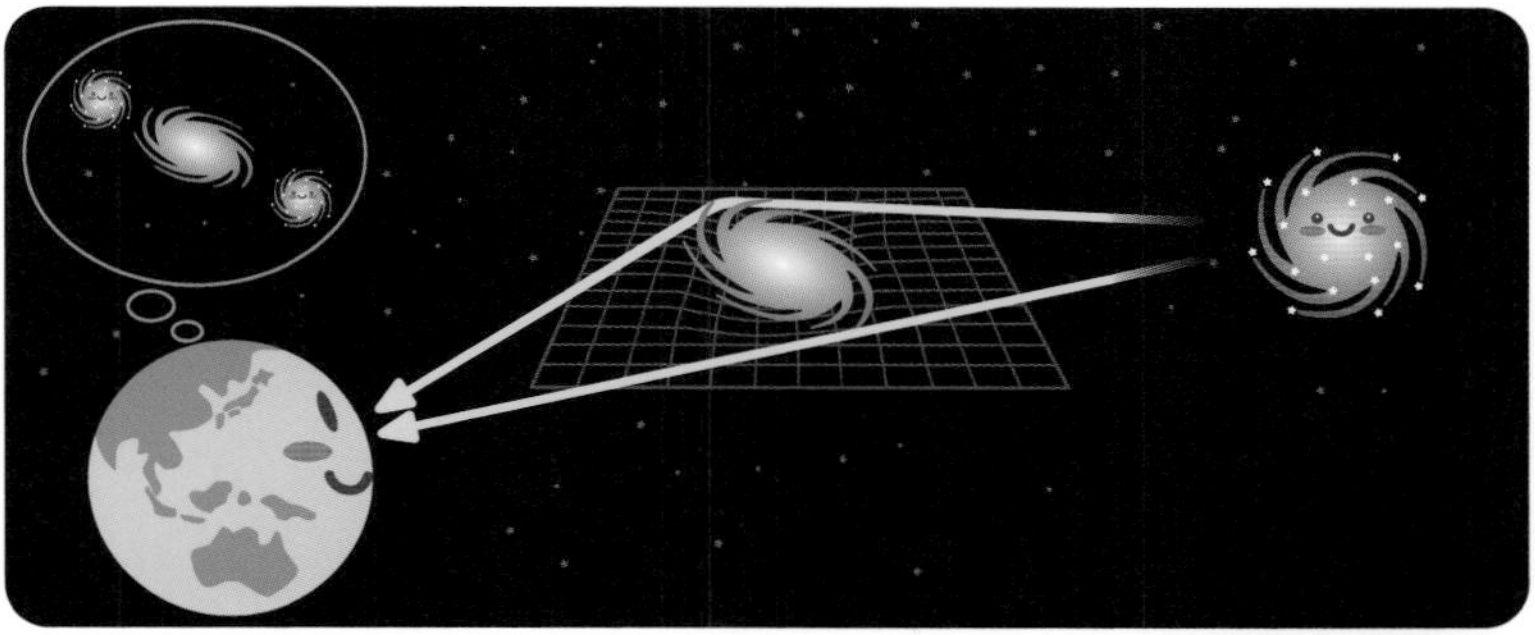

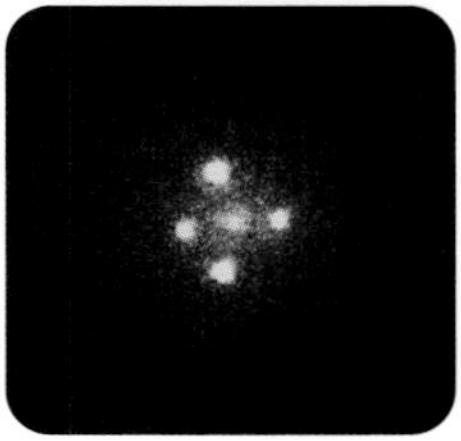

⬆➡上《うえ》は手前《てまえ》にある銀河《ぎんが》の重力《じゅうりょく》によって、遠《とお》くからの天体《てんたい》の光《ひかり》が曲《ま》げられて起《お》こる現象《げんしょう》「重力《じゅうりょく》レンズ効果《こうか》」を示《しめ》したイラストです。右《みぎ》は「アインシュタインの十字架《じゅうじか》」と呼《よ》ばれる重力《じゅうりょく》レンズ効果《こうか》の例《れい》。画《が》面《めん》の中心《ちゅうしん》には楕円銀河《だえんぎんが》のLEDA 69457があり、この銀河《ぎんが》の重力《じゅうりょく》レンズ効果《こうか》でQSO 2237+0305というクエーサーが4つの方向《ほうこう》に見《み》えています。ハッブル宇宙望遠鏡《うちゅうぼうえんきょう》が撮影《さつえい》。

宇宙《うちゅう》の豆《まめ》知《ち》識《しき》

アインシュタインは、時間《じかん》や空間《くうかん》はいつどこでも変《か》わらないものではなく、伸《の》びたり縮《ちぢ》んだりすると考《かんが》えました。一般相対性理論《いっぱんそうたいせいりろん》によれば、重力《じゅうりょく》が大《おお》きければ大《おお》きいほど空間《くうかん》のゆがみは大《おお》きくなって、時間《じかん》はゆっくりと進《すす》みます。

55

宇宙空間《うちゅうくうかん》から宇宙《うちゅう》を見《み》る！
宇宙望遠鏡《うちゅうぼうえんきょう》のすごい目《め》

星《ほし》などの天体《てんたい》からは、目《め》に見《み》える光《ひかり》（可視光《かしこう》）以外《いがい》にも、いろいろな**電磁波《でんじは》**が出《で》ていて、電磁波《でんじは》を観測《かんそく》することがその天体《てんたい》の正体《しょうたい》を知《し》る手《て》がかりになります。

ところが、地上《ちじょう》から宇宙《うちゅう》を観測《かんそく》すると、地球《ちきゅう》の大気《たいき》（空気《くうき》）がX線《エックスせん》や紫外線《しがいせん》、赤外線《せきがいせん》といった電磁波《でんじは》を吸収《きゅうしゅう》してしまいます。また、大気《たいき》がゆらゆらと動《うご》くことで、観測《かんそく》した像《ぞう》がぼやけてしまうこともあります。そこで現在《げんざい》では、宇宙空間《うちゅうくうかん》に観測装置《かんそくそうち》がついた**宇宙望遠鏡《うちゅうぼうえんきょう》**を打《う》ち上《あ》げて、大気《たいき》にじゃまされない天体《てんたい》観測《かんそく》が行《おこな》われています。

もっとも有名《ゆうめい》なのが、1990年《ねん》にNASA《ナサ》が打《う》ち上《あ》げた**ハッブル宇宙望遠鏡《うちゅうぼうえんきょう》**（HST）です。ハッブル宇宙望遠鏡《うちゅうぼうえんきょう》は、太陽系《たいようけい》の天体《てんたい》、天《あま》の川銀河《がわぎんが》にある天体《てんたい》、宇宙《うちゅう》が生《う》まれて間《ま》もない頃《ころ》の古《ふる》い銀河《ぎんが》などの観測《かんそく》を行《おこな》い、大《おお》きな成果《せいか》をあげてきました。

2021年末《ねんまつ》には、ハッブル宇宙望遠鏡《うちゅうぼうえんきょう》の後継機《こうけいき》ともいうべき**ジェームズ・ウェッブ宇宙望遠鏡《うちゅうぼうえんきょう》**（JWST）が打《う》ち上《あ》げられています。こちらは赤外線《せきがいせん》という電磁波《でんじは》で観測《かんそく》するため、ハッブル宇宙望遠鏡《うちゅうぼうえんきょう》とは違《ちが》った天体《てんたい》の姿《すがた》をとらえています。

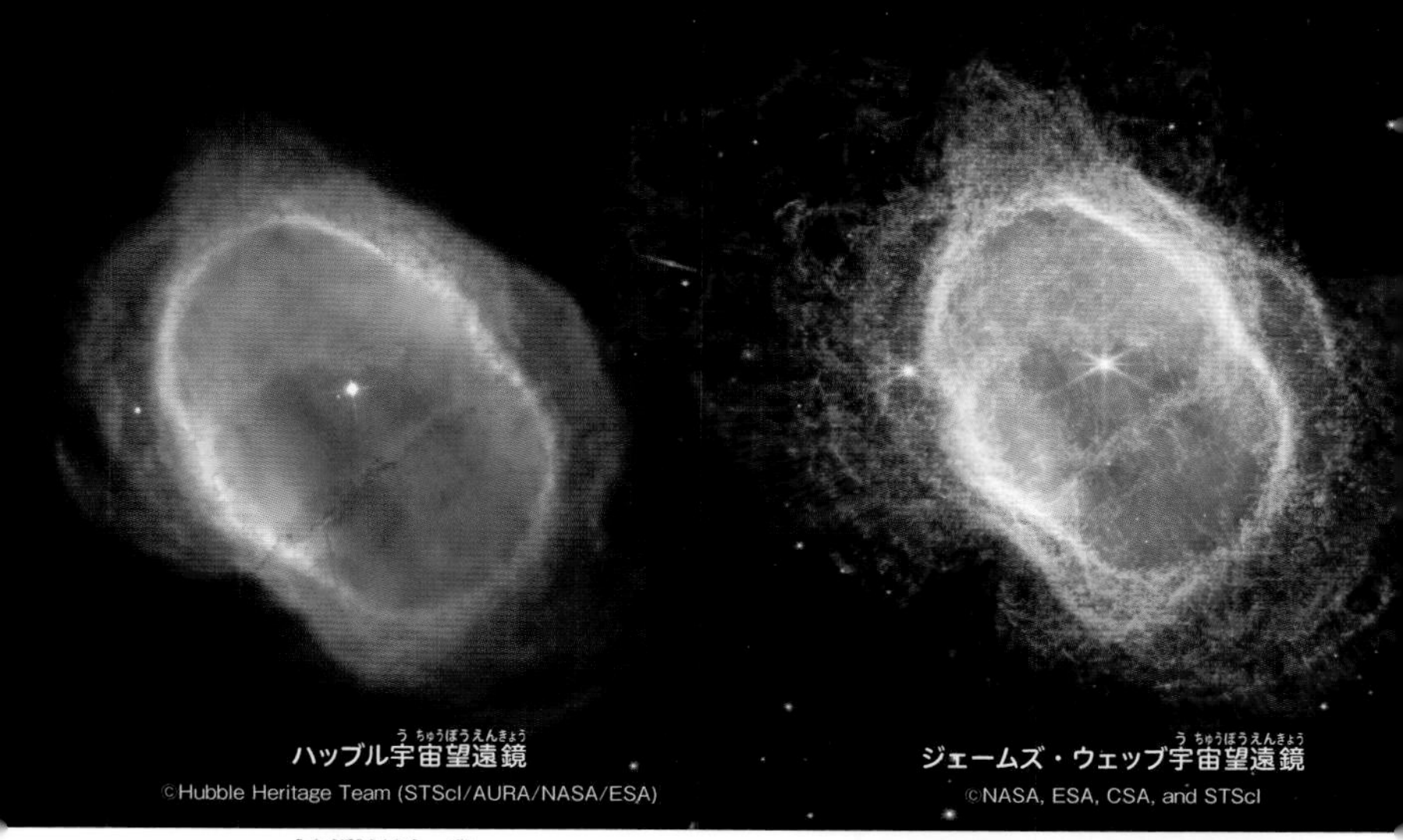

⬆ハッブル宇宙望遠鏡《うちゅうぼうえんきょう》（左《ひだり》）とジェームズ・ウェッブ宇宙望遠鏡《うちゅうぼうえんきょう》の近赤外線《きんせきがいせん》カメラ（NIRCam・右《みぎ》）がそれぞれ撮影《さつえい》した南《みなみ》のリング星雲《せいうん》 NGC 3132。右《みぎ》のほうがより細《こま》かい構造《こうぞう》を映《うつ》し出《だ》しています。

⬆1993年《ねん》12月《がつ》、ハッブル宇宙望遠鏡《うちゅうぼうえんきょう》の最初《さいしょ》のサービスミッション。スペースシャトル・エンデバー号《ごう》に引《ひ》き寄《よ》せられ、2名《めい》の宇宙飛行士《うちゅうひこうし》によって主鏡《しゅきょう》を補正《ほせい》するため特殊《とくしゅ》なレンズが取《と》り付《つ》けられました。©NASA

⬆ジェームズ・ウェッブ宇宙望遠鏡《うちゅうぼうえんきょう》のイメージ図《ず》。

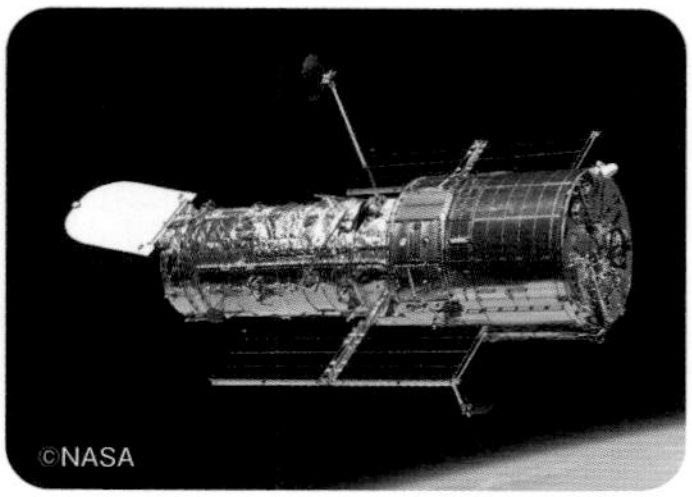

⬆2009年《ねん》5月《がつ》、スペースシャトル・アトランティス号《ごう》の STS-125 クルーが撮影《さつえい》したハッブル宇宙望遠鏡《うちゅうぼうえんきょう》。

宇宙《うちゅう》の豆知識《まめちしき》

1990年《ねん》に打《う》ち上《あ》げられたハッブル宇宙望遠鏡《うちゅうぼうえんきょう》は、1993年《ねん》から2009年《ねん》にかけて5度《ど》の修理《しゅうり》ミッションを経験《けいけん》しています。スペースシャトルを使《つか》って、宇《う》宙飛行士《ちゅうひこうし》が直接《ちょくせつ》、新《あたら》しい観測機器《かんそくきき》の取《と》り付《つ》けなどを行《おこな》ったのです。

56

国《こく》際《さい》宇《う》宙《ちゅう》ステーションはどうやってつくられたの？

国《こく》際《さい》宇宙《うちゅう》ステーション（ISS《アイエスエス》）は、アメリカ、日本《にほん》、カナダ、ヨーロッパの11カ国《こく》、ロシアが協力《きょうりょく》して**地上《ちじょう》から約《やく》400km上空《じょうくう》**に建設《けんせつ》した、人間《にんげん》が長期間《ちょうきかん》にわたって住《す》むことのできる施設《しせつ》です。

1984年《ねん》、当時《とうじ》のアメリカのレーガン大《だい》統領《とうりょう》が、国際協力《こくさいきょうりょく》で宇宙《うちゅう》ステーション「フリーダム」をつくることを発表《はっぴょう》しました。NASA《ナサ》（アメリカ）がもつ宇宙船《うちゅうせん》・**スペースシャトル**では2週間《しゅうかん》くらいしか宇宙《うちゅう》にいられないため、長期間宇宙《ちょうきかんうちゅう》にいて実験《じっけん》などができる施設《しせつ》が必要《ひつよう》だったからです。1993年《ねん》、アメリカはロシアといっしょに宇宙《うちゅう》ステーションを建設《けんせつ》することを発表《はっぴょう》し、「国際《こくさい》宇宙《うちゅう》ステーション計画《けいかく》」がスタートしました。

そして1998年《ねん》、ロシアが開発《かいはつ》した最初《さいしょ》のモジュールと呼《よ》ばれるパーツ**「ザーリャ」**が打《う》ち上《あ》げられISS《アイエスエス》の建設《けんせつ》を開始《かいし》。40数回《すうかい》に分《わ》けてパーツを打《う》ち上《あ》げては合体《がったい》させていき、2011年《ねん》、スペースシャトルの引退《いんたい》フライトでISS《アイエスエス》はいよいよ完成《かんせい》。ISS《アイエスエス》では、現在《げんざい》も無重力《むじゅうりょく》を利用《りよう》した実験《じっけん》などが行《おこな》われています。また、日本《にほん》はISS最大《アイエスエスさいだい》の**実験棟《じっけんとう》「きぼう」**を運用《うんよう》しています。

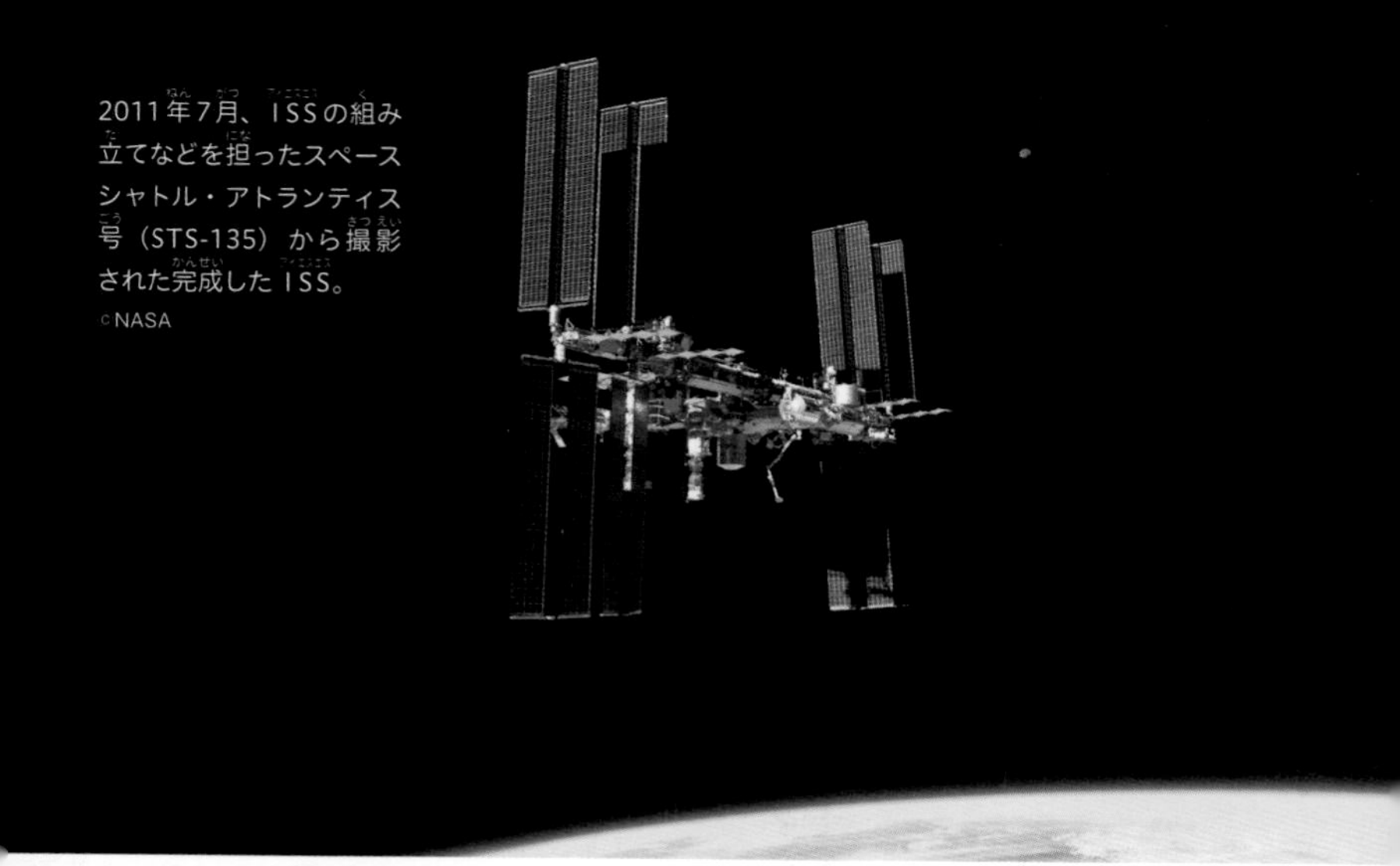

2011年《ねん》7月《がつ》、ISSの組《く》み立《た》てなどを担《にな》ったスペースシャトル・アトランティス号《ごう》（STS-135）から撮影《さつえい》された完成《かんせい》したISS。

©NASA

⬆1998年《ねん》11月《がつ》、カザフスタンにあるロシアのバイコヌール宇宙基地《うちゅうきち》から打《う》ち上《あ》げられたISS《アイエスエス》最初《さいしょ》のモジュール、ザーリャ。アメリカが資《し》金《きん》を提供《ていきょう》し、製造《せいぞう》はロシアが担《にな》いました。写真《しゃしん》はスペースシャトル・エンデバー号《ごう》（STS-88）が撮影《さつえい》。

©NASA

⬆結合《けつごう》モジュール「ハーモニー」に下向《したむ》きについているのが日本《にほん》の補給機《ほきゅうき》「こうのとり9号機《ごうき》」（HTV9）。手前《てまえ》に伸《の》びているのがESAの実験棟《じっけんとう》「コロンバス」。右《みぎ》にはスペースXのクルードラゴンがドッキング中《ちゅう》。

©NASA

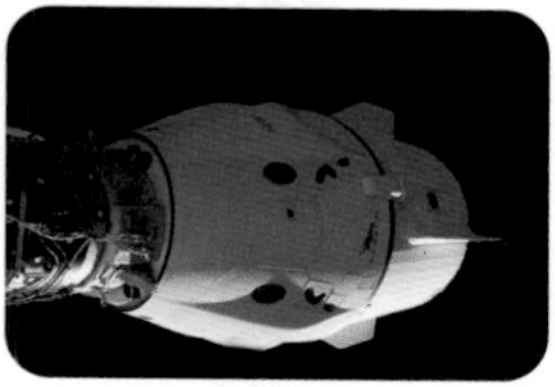

⬅ISS《アイエスエス》の結合《けつごう》モジュール「ハーモニー」のポートにドッキングした、スペースXのクルードラゴン宇《う》宙船《ちゅうせん》「フリーダム」。

©NASA

宇宙《うちゅう》の豆《まめ》知《ち》識《しき》

ISS《アイエスエス》は1秒間《びょうかん》に約《やく》8kmという、とても速《はや》いスピードで地球《ちきゅう》を回《まわ》っています。時《じ》速《そく》にすると約《やく》2万《まん》8000km。地球《ちきゅう》1周《しゅう》は約《やく》4万《まん》kmなので、ISS《アイエスエス》は約《やく》1時間半《じかんはん》で地球《ちきゅう》を1周《しゅう》します。1日《にち》（24時間《じかん》）で地球《ちきゅう》を16周《しゅう》する計算《けいさん》です。

57

アメリカが中心《ちゅうしん》に進《すす》める月《つき》探査《たんさ》「アルテミス計画《けいかく》」って？

かつてアメリカは、1969〜1972年《ねん》にかけて、**アポロ計画《けいかく》**で6回《かい》にわたり12人《にん》の宇宙飛行士《うちゅうひこうし》を月《つき》に送《おく》り込《こ》みました。**アルテミス計画《けいかく》**とは、そのアメリカが中心《ちゅうしん》となって進《すす》めている、人間《にんげん》を月《つき》に送《おく》ろうという新《あたら》しい計画《けいかく》です。

アルテミス計画《けいかく》では、まず**スペース・ローンチ・システム**（SLS）というロケットを使《つか》って、人《ひと》が乗《の》っていない月着陸船《つきちゃくりくせん》を打《う》ち上《あ》げ月《つき》を回《まわ》る軌道《きどう》に乗《の》せておきます。次《つぎ》に、4人《にん》の宇宙飛行士《うちゅうひこうし》が乗《の》った**オリオン**（オライオン）宇宙船《うちゅうせん》を打《う》ち上《あ》げ、月着陸船《つきちゃくりくせん》とドッキングさせます。ふたりの宇宙飛行士《うちゅうひこうし》が着陸船《ちゃくりくせん》に乗《の》り移《うつ》って、月面《げつめん》に着陸《ちゃくりく》するという計画《けいかく》です。着陸地点《ちゃくりくちてん》は、水《みず》の氷《こおり》があると考《かんが》えられている月《つき》の南極近《なんきょくちか》くです。

また、月《つき》を回《まわ》る軌道上《きどうじょう》に**月軌道《つききどう》プラットフォームゲートウェイ**という宇宙《うちゅう》ステーションをつくって、月面《げつめん》に人間《にんげん》や居住《きょじゅう》スペースをつくるための物資《ぶっし》を運《はこ》ぶ拠点《きょてん》とします。日本《にほん》人宇宙飛行士《じんうちゅうひこうし》も、月面《げつめん》に降《お》り立《た》つ可能性《かのうせい》があります。また、月《つき》に長期滞在《ちょうきたいざい》ができるようになったあと、**人間《にんげん》を月《つき》から火星《かせい》へ送《おく》る**ことも計画《けいかく》されています。

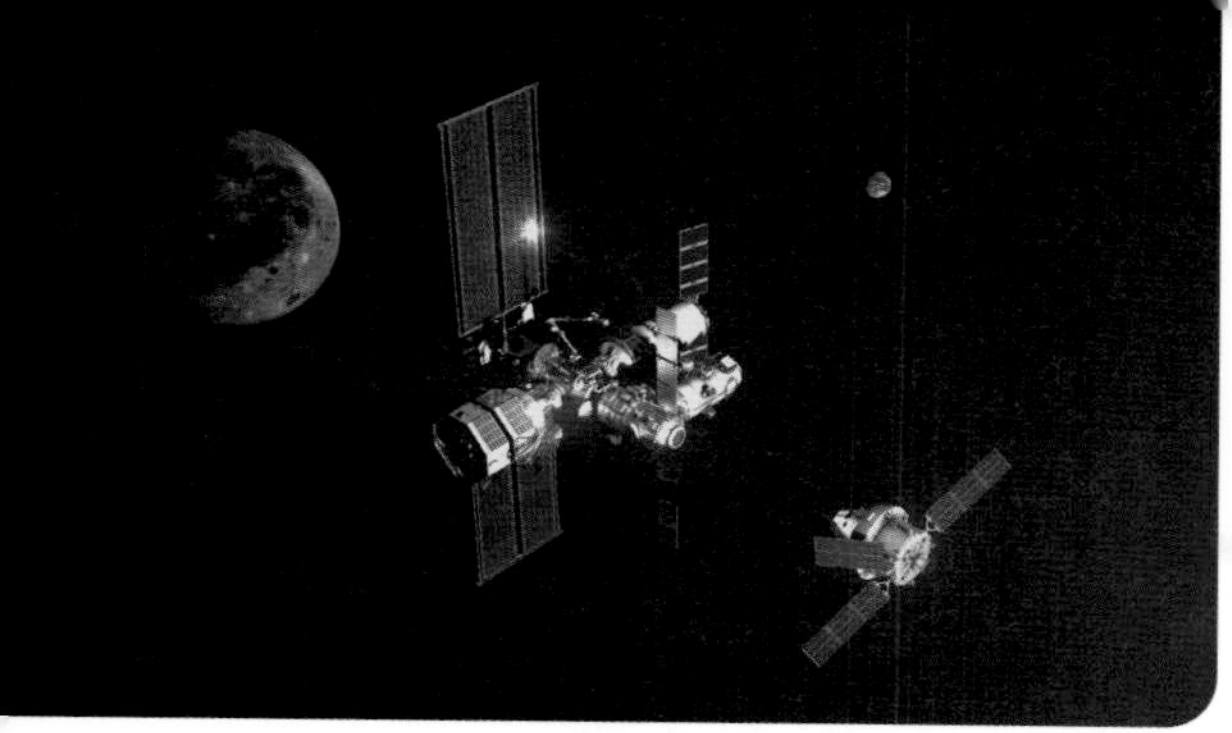

⬅アルテミス計画《けいかく》で使用《しよう》される宇宙船《うちゅうせん》オリオンと、ゲートウェイ（月周回有人拠点《つきしゅうかいゆうじんきょてん》）のイメージ図《ず》。画面左《がめんひだり》には月《つき》が、中央《ちゅうおう》奥《おく》には地球《ちきゅう》も見《み》えます。

©NASA/Alberto Bertolin

⬆1969年《ねん》7月《がつ》20日《か》、月面《げつめん》での船外活動中《せんがいかつどうちゅう》にアメリカ国旗《こっき》のそばに立《た》つアポロ11号《ごう》のパイロット、バス・オルドリン宇宙飛行士《うちゅうひこうし》。

©NASA

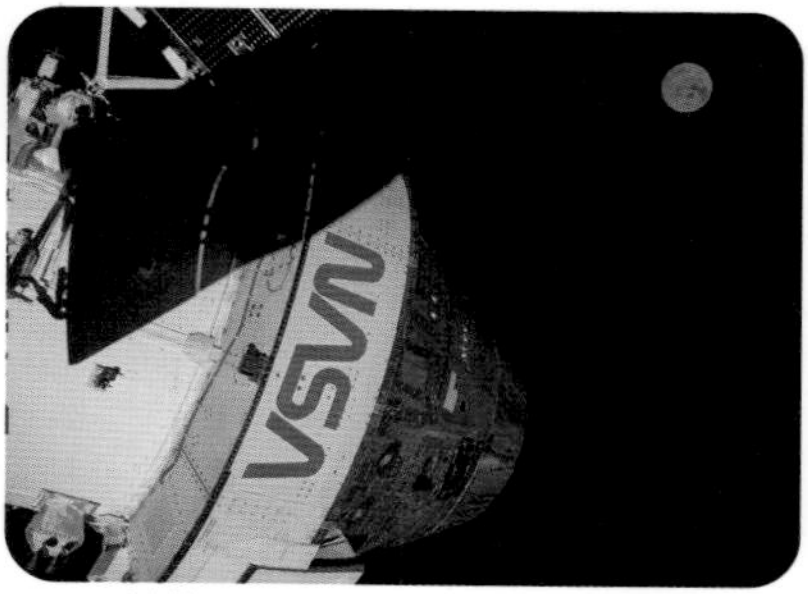

⬆25.5日間《にちかん》にわたって行《おこな》われたアルテミスⅠミッションの19日目《にちめ》、2022年《ねん》12月《がつ》4日《か》に太陽電池《たいようでんち》パネル先端《せんたん》に取《と》り付《つ》けられたカメラで撮影《さつえい》された月《つき》とオリオン宇宙船《うちゅうせん》。

©NASA

➡1989年《ねん》にNASA《ナサ》が作成《さくせい》した、12名《めい》の滞在《たいざい》を可能《かのう》にするという、直径《ちょっけい》16mもの球形《きゅうけい》の居住区《きょじゅうく》を含《ふく》んだ月面基地《げつめんきち》のイメージ図《ず》。司令《しれい》センターやエアロック、野菜《やさい》の水耕栽培《すいこうさいばい》などのようすも細《こま》かく描《えが》かれています。

©NASA

宇《う》宙《ちゅう》の豆《まめ》知《ち》識《しき》

アルテミスはギリシア神話《しんわ》に出《で》てくる月《つき》の女神《めがみ》、アポロ（アポロン）は太陽《たいよう》の神《かみ》で双子《ふたご》です。アルテミス計画《けいかく》では、女性宇宙飛行士《じょせいうちゅうひこうし》が月面《げつめん》に降《お》り立《た》つことも予定《よてい》されているので、月《つき》の女神《めがみ》の名前《なまえ》がつけられたといわれています。

58

たくさんの探査機《たんさき》を送《おく》り込《こ》む！人類《じんるい》はなぜ火星《かせい》を目指《めざ》すの？

火《か》星《せい》の周《まわ》りを回《まわ》る探査機《たんさき》を送《おく》ったり、火《か》星《せい》の表面《ひょうめん》に探査車《たんさしゃ》や観測機器《かんそくきき》を着陸《ちゃくりく》させたりして、今《いま》も火星《かせい》の探査《たんさ》は盛《さか》んに行《おこな》われています。このように人類《じんるい》が火星《かせい》を目指《めざ》す理由《りゆう》は、大《おお》きく3つ考《かんが》えられます。

まず、**火星《かせい》に生命《せいめい》がいるのかどうか**を知《し》りたいということです。今《いま》のところ、生命《せいめい》が存《そん》在《ざい》することがわかっている天体《てんたい》は、わたしたちの地球《ちきゅう》だけです。今《いま》はとても寒《さむ》い火星《かせい》ですが、大昔《おおむかし》はずっと温《あたた》かく、表面《ひょうめん》には水《みず》があったと考《かんが》えられています。だとすれば、生命《せいめい》が誕生《たんじょう》していたかもしれません。その痕跡《こんせき》や今《いま》でもいるかもしれない生命《せいめい》を見《み》つけたいというのが第一《だいいち》の目的《もくてき》です。

第二《だいに》に、**科学《かがく》や技術《ぎじゅつ》の発展《はってん》につなげたい**ということです。これまでの宇宙開発《うちゅうかいはつ》で生《う》まれた多《おお》くの技術《ぎじゅつ》は、わたしたちの生活《せいかつ》で利用《りよう》されています。これから火星探査《かせいたんさ》のために開発《かいはつ》される技術《ぎじゅつ》が、将来《しょうらい》のわたしたち地球人《ちきゅうじん》に役《やく》立《だ》つという考《かんが》えです。

最後《さいご》は、**火星《かせい》に人間《にんげん》が住《す》めるか**どうか、確《たし》かめてみたいということです。このまま地球《ちきゅう》の環境《かんきょう》が悪《わる》くなっていったら、火星《かせい》に住《す》もうと考《かんが》える人《ひと》たちがいるのです。

⬆火星《かせい》で活動《かつどう》する宇宙飛行士《うちゅうひこうし》と人間《にんげん》の居住区《きょじゅうく》を描《えが》いた想像図《そうぞうず》。NASA《ナサ》の火星《かせい》探査機《たんさき》「マーズ2020」プロジェクトのために描《えが》かれたものです。

⬅1990年《ねん》に描《えが》かれた、人類初《じんるいはつ》の有人火星探査《ゆうじんかせいたんさ》の想像図《そうぞうず》。ふたつの衛星《えいせい》も描《えが》かれています。

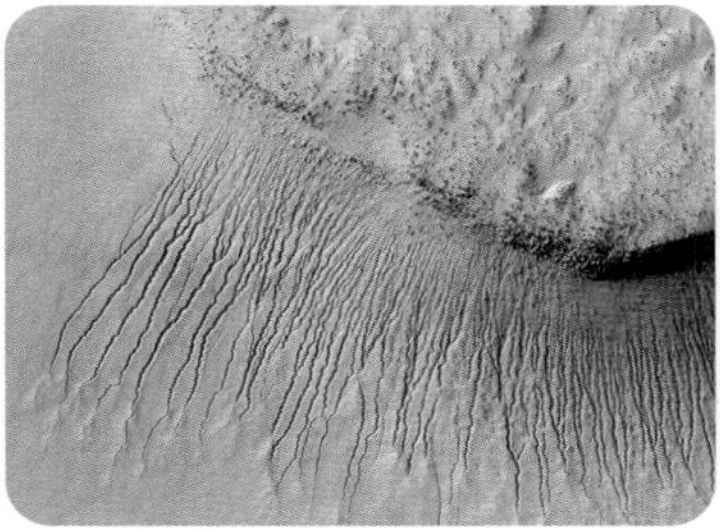

⬆2011年《ねん》1月《がつ》にNASA《ナサ》のMRO（マーズ・リコネサンス・オービター）が撮影《さつえい》した火星最大《かせいさいだい》のクレーター「ヘラス盆地《ぼんち》」の一部《いちぶ》。斜面《しゃめん》に水《みず》が流《なが》れてできた筋状《すじじょう》の地形《ちけい》（ガリー）が見《み》えます。

⬆NASA《ナサ》の火星探査車《かせいたんさしゃ》「キュリオシティ」の自撮《じど》り写真《しゃしん》。シャープ山《さん》の下斜面《したしゃめん》にある「ダルース」で撮影《さつえい》。探査車《たんさしゃ》の向《む》こう側《がわ》にはゲールクレーターの北北東《ほくほくとう》の壁《かべ》と縁《ふち》があるはずですが、大気中《たいきちゅう》の塵《ちり》によって視界《しかい》が遮《さえぎ》られています。

宇宙《うちゅう》の豆《まめ》知《ち》識《しき》

日本《にほん》のJAXA《ジャクサ》が計画《けいかく》しているのが「火星衛星探査計画《かせいえいせいたんさけいかく》（MMX）」です。火《か》星《せい》の衛星《えいせい》フォボスに探査機《たんさき》を着陸《ちゃくりく》させ、表面《ひょうめん》の物質《ぶっしつ》を持《も》ち帰《かえ》る計画《けいかく》で、火星《かせい》の衛星《えいせい》がどこからきたのかなどを調《しら》べます。打《う》ち上《あ》げは2024年度《ねんど》の予定《よてい》。

59 エレベーターに乗《の》って宇宙《うちゅう》にいける日《ひ》がくる？

ロケットに乗《の》らなくても、宇宙飛行士《うちゅうひこうし》じゃなくても宇宙《うちゅう》にいけたら……。それを実現《じつげん》するのが**宇宙《うちゅう》エレベーター**です。

宇宙《うちゅう》エレベーターをつくるには、まず**静止《せいし》衛星《えいせい》**という人工衛星《じんこうえいせい》を打《う》ち上《あ》げます。静止衛星《せいしえいせい》は、地球《ちきゅう》の赤道《せきどう》の上《うえ》、高《たか》さ約《やく》3万《まん》6000kmを回《まわ》る人工衛星《じんこうえいせい》です。この高《たか》さでは、人工衛星《じんこうえいせい》が地球《ちきゅう》を回《まわ》る速度《そくど》と、地球《ちきゅう》が自転《じてん》する速度《そくど》が同《おな》じになって、地上《ちじょう》から見《み》ると**人工衛星《じんこうえいせい》が止《と》まっているように見《み》える**ので静止衛星《せいしえいせい》と呼《よ》ばれます。

その静止衛星《せいしえいせい》から、地上《ちじょう》に向《む》けてケーブルを垂《た》らします。これだけではケーブルは自分《じぶん》の重《おも》さで地球《ちきゅう》へ落《お》ちてくるので、つり合《あ》いがとれるように反対《はんたい》の宇宙側《うちゅうがわ》にも同《おな》じケーブルを伸《の》ばします。これを繰《く》り返《かえ》せば、ロープはやがて地表《ちひょう》に届《とど》きます。このケーブルに宇宙《うちゅう》と地球《ちきゅう》を行《い》き来《き》できる機械《きかい》を取《と》り付《つ》けて、人《ひと》や物《もの》を運《はこ》べるようにすれば宇宙《うちゅう》エレベーターの完成《かんせい》となります。理論的《りろんてき》には可能《かのう》です。

また、**アース・ポート**と呼《よ》ばれるエレベーターの発着場《はっちゃくじょう》は赤道上《せきどうじょう》につくります。この施設《しせつ》は、移動《いどう》できるように、海《うみ》の上《うえ》につくることが考《かんが》えられています。

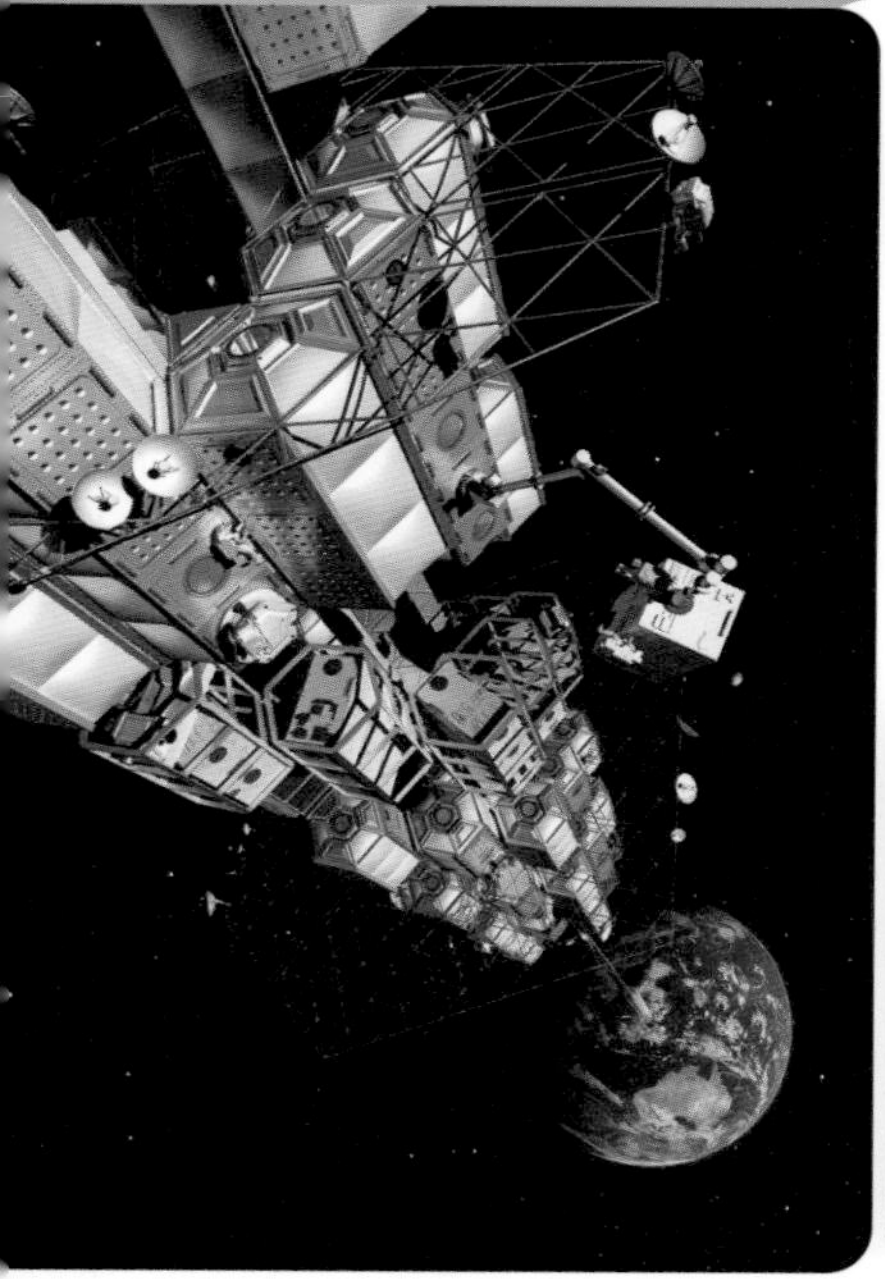

⬅宇宙空間《うちゅうくうかん》に建造《けんぞう》される「静止軌道《せいしきどう》ステーション」の想像図《そうぞうず》。現在《げんざい》の国際宇宙《こくさいうちゅう》ステーションのようにユニットごとに分《わ》けられた建物《たてもの》がイメージされています。

© 大林組

⬇地球《ちきゅう》から宇宙《うちゅう》へと伸《の》びる「宇宙《うちゅう》（軌道《きどう》）エレベーター」の想像図《そうぞうず》。

© 大林組

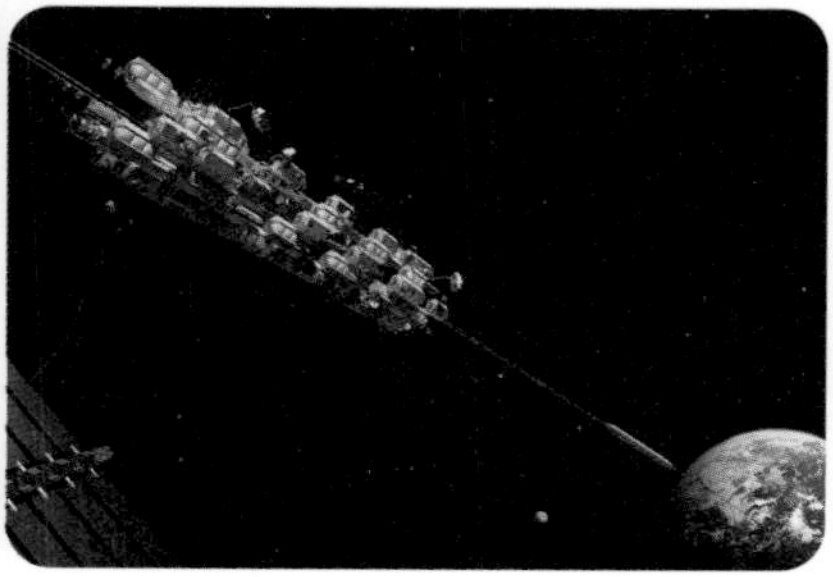

⬅地球上《ちきゅうじょう》に設置《せっち》される乗《の》り口《ぐち》である「アース・ポート」のイメージ図《ず》。熱帯低気圧《ねったいていきあつ》などの影響《えいきょう》が少《すく》ない赤道直下《せきどうちょっか》の海《うみ》が有力《ゆうりょく》な候補地《こうほち》です。

© 大林組

宇宙《うちゅう》の豆知識《まめちしき》

宇宙《うちゅう》エレベーターをつくるのには、約《やく》10万《まん》kmという長《なが》いケーブルが必要《ひつよう》です。ふつうのケーブルでは切《き》れてしまいますが、注目《ちゅうもく》は、軽《かる》くて強《つよ》いカーボンナノチューブという材料《ざいりょう》です。実現《じつげん》に向《む》けた開発《かいはつ》が進《すす》められています。

60

世界《せかい》最大級《さいだいきゅう》の望遠鏡《ぼうえんきょう》 ハワイの「すばる望遠鏡《ぼうえんきょう》」の実力《じつりょく》

すばる望遠鏡《ぼうえんきょう》は、**ハワイ島《とう》・マウナケア山頂《さんちょう》**につくられた国立天文台《こくりつてんもんだい》ハワイ観測所《かんそくじょ》が運用《うんよう》する望遠鏡《ぼうえんきょう》です。標高《ひょうこう》4200mのマウナケア山頂《さんちょう》は、地上《ちじょう》の天気《てんき》に影響《えいきょう》されにくく、空気《くうき》が乾燥《かんそう》していて、天体観測《てんたいかんそく》にはとても適《てき》しています。そのため頂上付近《ちょうじょうふきん》には、日本《にほん》のすばる望遠鏡《ぼうえんきょう》をはじめ、世界各国《せかいかっこく》の望遠鏡《ぼうえんきょう》がズラリと並《なら》んでいます。

最初《さいしょ》に星《ほし》の光《ひかり》を受《う》ける主鏡《しゅきょう》は、口径《こうけい》（鏡《かがみ》の直径《ちょっけい》）が8・2mのULEガラス（超低熱膨張《ちょうていねつぼうちょう》ガラス）製《せい》のなめらかな一枚鏡《いちまいかがみ》で、**世界最大級《せかいさいだいきゅう》**です。

すばる望遠鏡《ぼうえんきょう》が観測《かんそく》しているのは、天体《てんたい》から届《とど》く電磁波《でんじは》のうち、**目《め》に見《み》える光《ひかり》（可視光《かしこう》）と一部《いちぶ》の赤外線《せきがいせん》**です。1998年末《ねんまつ》に初《はじ》めて望遠鏡《ぼうえんきょう》に星《ほし》の光《ひかり》を入《い》れてから現在《げんざい》まで、遠《とお》くにある銀河《ぎんが》や、星《ほし》が生《う》まれている場所《ばしょ》などの観測《かんそく》を行《おこな》い、大《おお》きな成果《せいか》をあげてきました。それがさらに、2022年《ねん》からは、すばる望遠鏡《ぼうえんきょう》の機能《きのう》を大幅《おおはば》に強化《きょうか》する計画《けいかく》**「すばる2」**がスタートしています。星《ほし》から届《とど》く光《ひかり》や赤外線《せきがいせん》をさらにくわしく分析《ぶんせき》できる装置《そうち》が、2020年代中頃《ねんだいなかごろ》から後半《こうはん》にかけて搭載《とうさい》される予定《よてい》です。

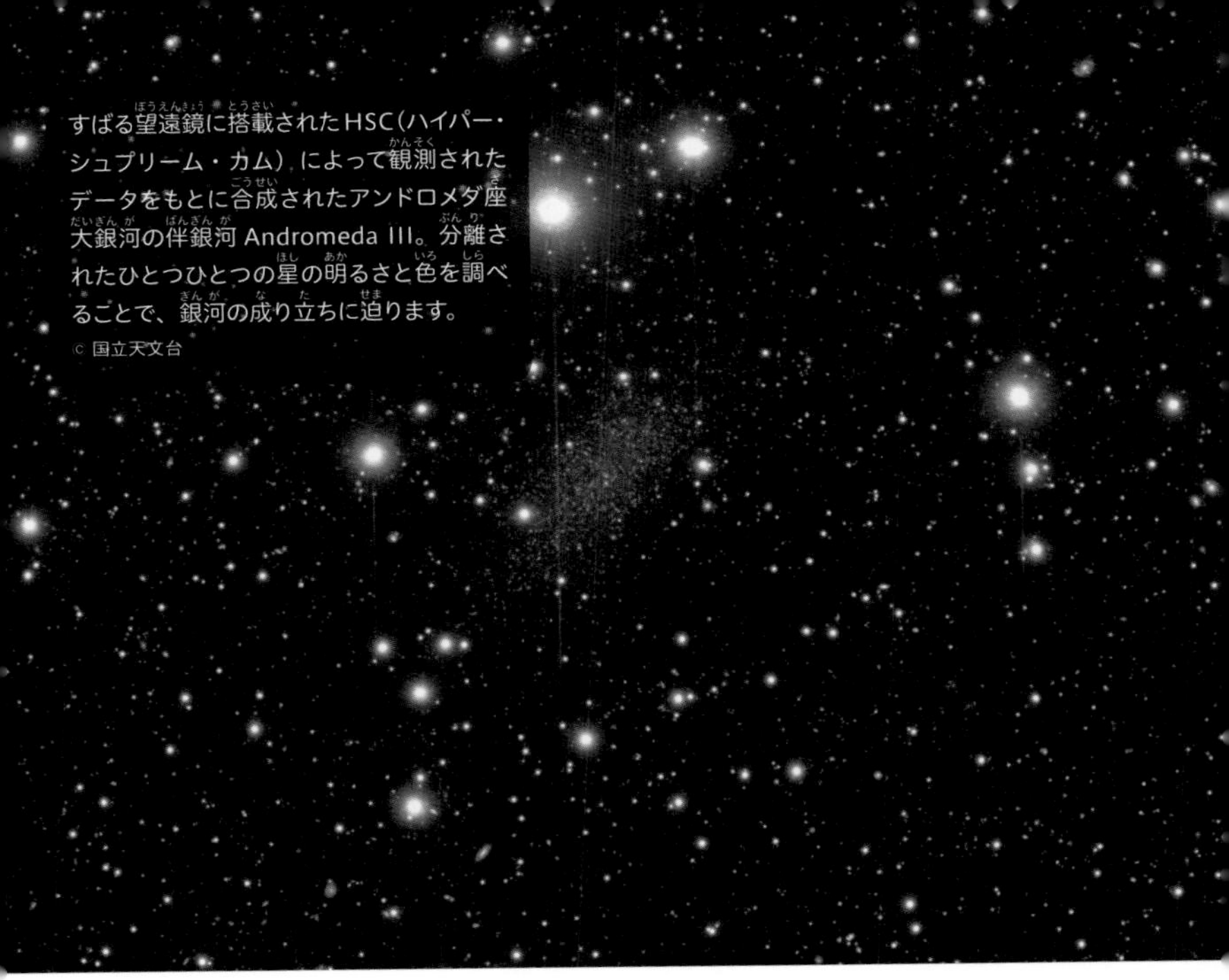

すばる望遠鏡《ぼうえんきょう》に搭載《とうさい》されたHSC（ハイパー・シュプリーム・カム）によって観測《かんそく》されたデータをもとに合成《ごうせい》されたアンドロメダ座《ざ》大銀河《だいぎんが》の伴銀河《ばんぎんが》 Andromeda III。分離《ぶんり》されたひとつひとつの星《ほし》の明《あか》るさと色《いろ》を調《しら》べることで、銀河《ぎんが》の成《な》り立《た》ちに迫《せま》ります。

© 国立天文台

⬆すばる望遠鏡《ぼうえんきょう》（右《みぎ》）とドーム内《ない》に設置《せっち》されたレーザー（左《ひだり》）。望遠鏡《ぼうえんきょう》の横《よこ》に設置《せっち》されたレーザーヘッドで生成《せいせい》されたレーザーを直径《ちょっけい》30㎝まで拡大《かくだい》し、観測天体《かんそくてんたい》の方向《ほうこう》へ射出《しゃしゅつ》しています。

© 国立天文台

➡すばる望遠鏡《ぼうえんきょう》に搭載《とうさい》されている超広視《ちょうこうし》野主焦点《やしゅしょうてん》カメラ Hyper Suprime-Cam（HSC、ハイパー・シュプリーム・カム）。

© 国立天文台

宇宙《うちゅう》の豆《まめ》知識《ちしき》

京都大学岡山天文台《きょうとだいがくおかやまてんもんだい》の「せいめい望遠鏡《ぼうえんきょう》」は、18枚《まい》の鏡《かがみ》でできた口径《こうけい》3.8mの主鏡《しゅきょう》をもつ日本最大《にほんさいだい》の天体望遠鏡《てんたいぼうえんきょう》です。「せいめい」という名前《なまえ》は、天体《てんたい》観測《かんそく》を行《おこな》った平安時代《へいあんじだい》の陰陽師《おんみょうじ》・安倍晴明《あべのせいめい》と生命探査《せいめいたんさ》にちなんでいます。

61 アルマ望遠鏡《ぼうえんきょう》はなぜチリの砂漠《さばく》にあるの？

←チリ、アタカマ砂《さ》漠《ばく》に広《ひろ》がるアルマ望遠鏡《ぼうえんきょう》。広《ひろ》い高原《こうげん》に66台《だい》のアンテナ群《ぐん》を設置《せっち》することで、ひとつの巨大《きょだい》な望遠鏡《ぼうえんきょう》として機能《きのう》させています。

©S.Otarola/ESO

←アタカマ大型《おおがた》ミリ波《は》サブミリ波《は》干渉《かんしょう》計《けい》（ALMA）。ひとつのアンテナの高《たか》さは約《やく》12mにもなります。

©ESO/A.Ghizzi Panizza

アルマ望遠鏡《ぼうえんきょう》は、南米《なんべい》**チリの標高《ひょうこう》5000mにあるアタカマ砂漠《さばく》**に建設《けんせつ》された**電波望遠鏡《でんぱぼうえんきょう》**です。電波望遠鏡《でんぱぼうえんきょう》とは、宇宙《うちゅう》から飛《と》んでくる天体《てんたい》からの電波《でんぱ》をパラボラアンテナで集《あつ》めて観測《かんそく》する望遠鏡《ぼうえんきょう》です。

夜空《よぞら》に輝《かがや》く星《ほし》（恒星《こうせい》）は、高温《こうおん》で輝《かがや》いているため目《め》に見《み》える光《ひかり》（可視光《かしこう》）を放《はな》っています。ところが、宇宙空間《うちゅうくうかん》のガスや塵《ちり》はとても温度《おんど》が低《ひく》いため、可視光《かしこう》ではなく電波《でんぱ》を放《はな》っています。アルマ望遠鏡《ぼうえんきょう》が観測《かんそく》しているのは、**ガスや塵《ちり》から出《で》るミリ波《は》・サブミリ波《は》**という電波《でんぱ》です。

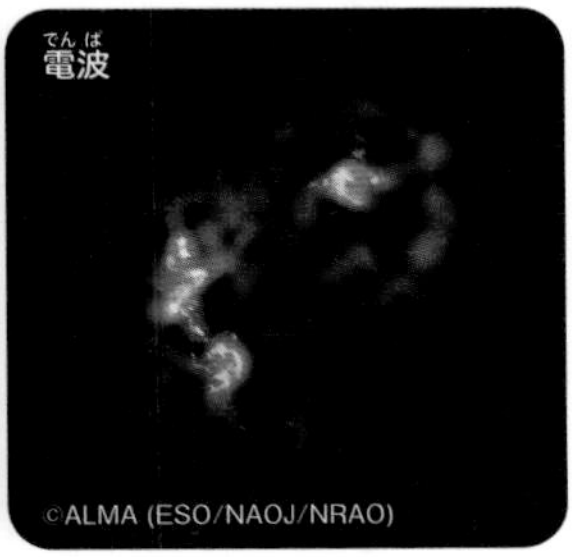

⬅右《みぎ》はアルマ望遠鏡《ぼうえんきょう》が電波《でんぱ》で撮影《さつえい》した触角銀河《しょっかくぎんが》、左《ひだり》はアルマの電波画像《でんぱがぞう》とハッブル宇宙望遠鏡《うちゅうぼうえんきょう》が可視光《かしこう》で同《おな》じ銀河《ぎんが》を撮影《さつえい》した画像《がぞう》を重《かさ》ねたもの。ふたつの画像《がぞう》を重《かさ》ねることで、可視光《かしこう》だけでは見《み》えなかった宇宙《うちゅう》の姿《すがた》が見《み》えてきます。

ガスや塵《ちり》は星《ほし》の材料《ざいりょう》なので、その分布《ぶんぷ》や動《うご》き、性質《せいしつ》などを調《しら》べることで、星《ほし》が集《あつ》まってできた銀河《ぎんが》がどのように生《う》まれ、成長《せいちょう》してきたのかを探《さぐ》ることができるのです。

望遠鏡《ぼうえんきょう》は、レンズの直径《ちょっけい》（口径《こうけい》）が大《おお》きいほど弱《よわ》い光《ひかり》や電波《でんぱ》をとらえ、細《こま》かく見《み》ることができます。そのためアルマ望遠鏡《ぼうえんきょう》は、**66台《だい》のアンテナ**の力《ちから》をつなぎ合《あ》わせて、まるでひとつの巨大《きょだい》な望遠鏡《ぼうえんきょう》のように機能《きのう》させて観測《かんそく》しています。ではなぜアルマ望遠鏡《ぼうえんきょう》は、チリの砂漠《さばく》につくられたのでしょうか。

アルマ望遠鏡《ぼうえんきょう》が観測《かんそく》するミリ波《は》・サブミリ波《は》は、大気《たいき》に含《ふく》まれる水蒸気《すいじょうき》に吸収《きゅうしゅう》されてしまうため、設置《せっち》するには**空気《くうき》が薄《うす》く乾燥《かんそう》した場所《ばしょ》**が適《てき》していました。また、たくさんのアンテナを設置《せっち》するためには、**広《ひろ》くて平《たい》らな土地《とち》**が必要《ひつよう》でした。これらの条件《じょうけん》から選《えら》ばれたのが、アタカマ砂漠《さばく》だったのです。

宇宙《うちゅう》の豆知識《まめちしき》

ngVLA（次世代大型電波干渉計《じせだいおおがたでんぱかんしょうけい》）計画《けいかく》は、北《きた》アメリカに263台《だい》のパラボラアンテナを分散《ぶんさん》して設置《せっち》し、最大約《さいだいやく》9000㎞の口径《こうけい》をもつ巨大《きょだい》な電波望遠鏡《でんぱぼうえんきょう》をつくろうというプロジェクトです。2020年代後半《ねんだいこうはん》から建設開始《けんせつかいし》の予定《よてい》です。

レントゲンに使《つか》うX線《エックスせん》を出《だ》す天体《てんたい》を観測《かんそく》すると何《なに》がわかる?

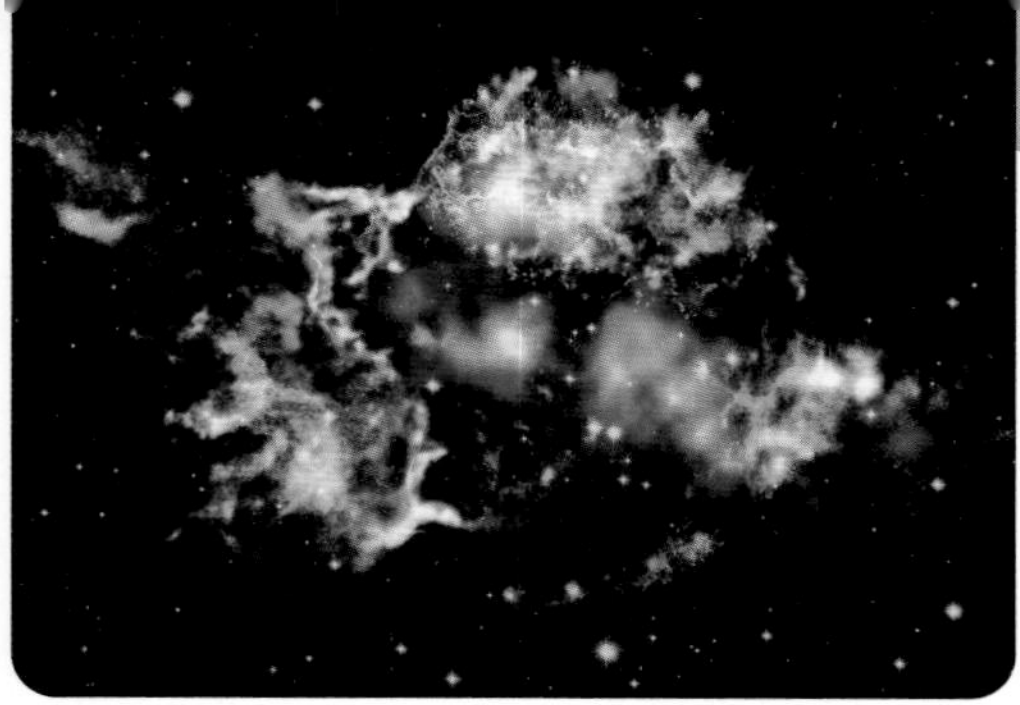

⬆ X《エックス》線観測衛星《せんかんそくえいせい》のチャンドラがとらえた、超新星残骸《ちょうしんせいざんがい》カシオペヤ座《ざ》A。画像《がぞう》につけられた色《いろ》は鉄《てつ》（オレンジ）、酸素《さんそ》（紫《むらさき》）、マグネシウムと比較《ひかく》したケイ素《そ》の量《りょう》（緑《みどり》）を示《しめ》しています。

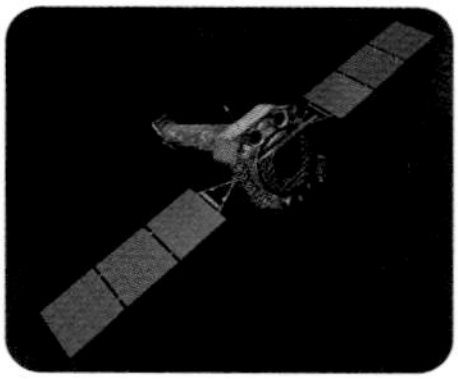

➡ NASA《ナサ》によるX《エックス》線観測衛星《せんかんそくえいせい》チャンドラ。銀河《ぎんが》の中心《ちゅうしん》にある超巨大《ちょうきょだい》ブラックホールなどを観測《かんそく》しています。

宇《う》宙《ちゅう》には目《め》に見《み》える光《ひかり》（可視光《かしこう》）や電波《でんぱ》を放《はな》つ天体《てんたい》ばかりでなく、なかには**X線《エックスせん》**を放《はな》っている天体《てんたい》もあります。

宇宙《うちゅう》でX線《エックスせん》を出《だ》しているのは、**とても温度《おんど》が高《たか》い天体《てんたい》**です。太陽《たいよう》の表面《ひょうめん》の温度《おんど》は約《やく》6000℃で、おもに可視光《かしこう》を放《はな》っていますが、X線《エックスせん》を放《はな》っている天体《てんたい》の温度《おんど》は、100万《まん》℃から1億《おく》℃以上《いじょう》に達《たっ》します。太陽《たいよう》も温度《おんど》が100万《まん》℃以上《いじょう》になるコロナからは、X線《エックスせん》を放《はな》っています（太陽《たいよう》コロナ）。

X線《エックスせん》は電磁波《でんじは》の一種《いっしゅ》で、高《たか》いエネルギーをもち、物質《ぶっしつ》を通《とお》り抜《ぬ》ける力《ちから》をもっているの

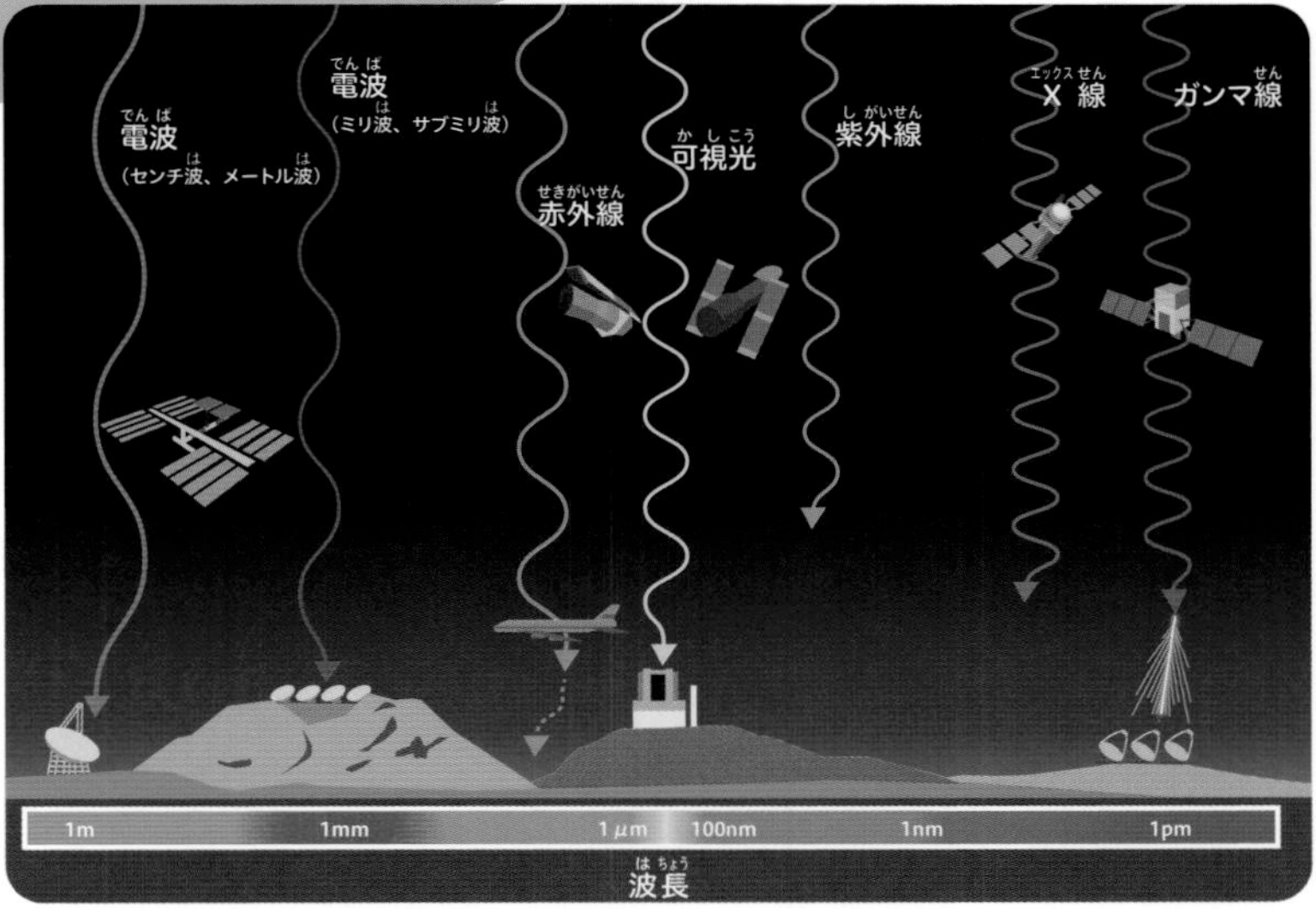

⬆宇宙《うちゅう》から届《とど》くさまざまな電磁波《でんじは》と観測《かんそく》する装置《そうち》のイメージ。左端《ひだりはし》の電波《でんぱ》の波長《はちょう》は約《やく》1m。右《みぎ》へいくほど波長《はちょう》は短《みじか》くなって、右端《みぎはし》のガンマ線《せん》は1pm（1兆分《ちょうぶん》の1m）となります。

で病院《びょういん》の**レントゲン検査《けんさ》**にも使《つか》われています。宇宙《うちゅう》からくるX線《エックスせん》は、地球《ちきゅう》の大気《たいき》（空気《くうき》）に吸収《きゅうしゅう》されてしまい、地上《ちじょう》で観測《かんそく》することができません。そこで、人工衛星《じんこうえいせい》にX線《エックスせん》観測装置《かんそくそうち》を載《の》せて宇宙《うちゅう》で観測《かんそく》します。

強《つよ》いX線《エックスせん》を放《はな》っている天体《てんたい》をX線天体《エックスせんてんたい》といいます。おもなX線天体《エックスせんてんたい》には、**ブラックホール**や**中性子星《ちゅうせいしせい》**という強《つよ》い重力《じゅうりょく》をもつ天体《てんたい》、巨大《きょだい》な星《ほし》が一生《いっしょう》を終《お》える爆発《ばくはつ》をしたあとの**超新星残骸《ちょうしんせいざんがい》**、遠《とお》い宇宙《うちゅう》で明《あか》るく輝《かがや》く**クエーサー**、明《あか》るい核《かく》をもつ**セイファート銀河《ぎんが》**などがあります。

X線《エックスせん》で銀河《ぎんが》の集団《しゅうだん》である銀河団《ぎんがだん》を観測《かんそく》すると、数千万《すうせんまん》℃の高温《こうおん》のガスが銀河《ぎんが》を取《と》り巻《ま》いていることがわかりました。このように、X線《エックスせん》で宇宙《うちゅう》を観測《かんそく》すると、可視光《かしこう》による観測《かんそく》ではわからない、激《はげ》しく活動《かつどう》する宇宙《うちゅう》の姿《すがた》を知《し》ることができます。

宇宙《うちゅう》の豆《まめ》知《ち》識《しき》

電磁波《でんじは》は周波数《しゅうはすう》（1秒間《びょうかん》に繰《く》り返《かえ》される波《なみ》の数《かず》）の低《ひく》い（波長《はちょう》が長《なが》い）ものから電波《でんぱ》、光《ひかり》（赤外線《せきがいせん》～可視光《かしこう》～紫外線《しがいせん》）、放射線《ほうしゃせん》（X線《エックスせん》、ガンマ線《せん》）に分《わ》けられます。周波数《しゅうはすう》の高《たか》い電磁波《でんじは》ほど高《たか》いエネルギーをもっています。

63

光《ひかり》や電波《でんぱ》以外《いがい》にもまだまだある！ 最新《さいしん》の天体観測方法《てんたいかんそくほうほう》って？

電《でん》波《ぱ》や光《ひかり》、電磁波《でんじは》の観測以外《かんそくいがい》にも、宇宙《うちゅう》を観測《かんそく》するのに利用《りよう》されているものがあります。そのひとつが**重力波**《じゅうりょくは》です。

重《おも》さをもった物体《ぶったい》が運動《うんどう》すると、運動《うんどう》によって生《う》まれた時空《じくう》の歪《ゆが》みが、宇宙全体《うちゅうぜんたい》に波《なみ》として伝《つた》わっていきます。これが重力波《じゅうりょくは》です。この重力波《じゅうりょくは》はとても弱《よわ》いので、観測《かんそく》できるような重力波《じゅうりょくは》が生《う》まれるには、ブラックホールや中性子星《ちゅうせいしせい》といったとても重《おも》たい天体《てんたい》が激《はげ》しく運動《うんどう》する必要《ひつよう》があります。

2016年《ねん》、**アメリカの重力波望遠鏡**《じゅうりょくはぼうえんきょう》**LI**《ライ》**GO**《ゴ》が世界《せかい》で初《はじ》めて、13億年前《おくねんまえ》に起《お》きた、連《れん》星《せい》のブラックホールの合体《がったい》によって発生《はっせい》した重力波《じゅうりょくは》を観測《かんそく》しました。重力《じゅうりょく》の観測《かんそく》によって宇宙《うちゅう》の始《はじ》まりの頃《ころ》のようすもわかるのではないかと期待《きたい》されています。

もうひとつは**ニュートリノ**です。これは宇《う》宙《ちゅう》から飛《と》んでくる素粒子《そりゅうし》で、とても小《ちい》さくて軽《かる》く物質《ぶっしつ》をすり抜《ぬ》けてしまいます。日本《にほん》の**スーパーカミオカンデ**は、とらえにくいニュートリノを水《みず》の電子《でんし》や原子核《げんしかく》と衝突《しょうとつ》させて、その光《ひかり》を観測《かんそく》する装置《そうち》です。ニュートリノの観測《かんそく》で、宇宙《うちゅう》の進化《しんか》や超新星爆発《ちょうしんせいばくはつ》の謎《なぞ》を解《と》くことが期待《きたい》されています。

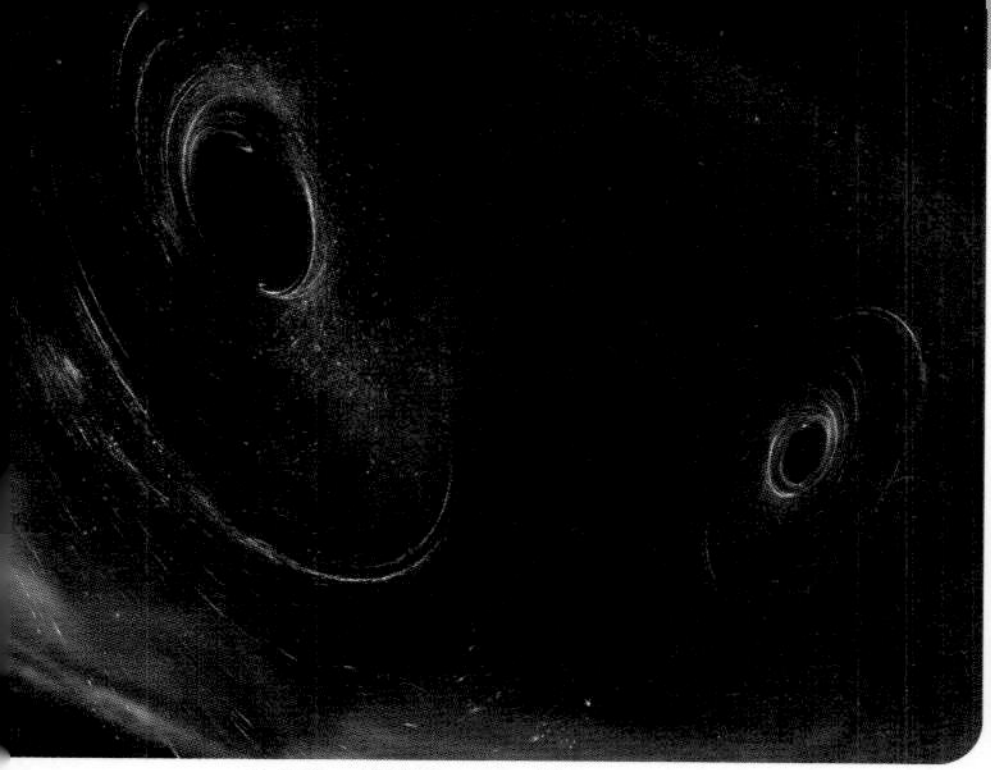

⬆ LIGO《ライゴ》が検出《けんしゅつ》した、同《おな》じようなふたつのブラックホールが合体《がったい》しているようすを描《えが》いたイメージ図《ず》。

⬇アメリカにあるLIGO《ライゴ》レーザー干渉計重力《かんしょうけいじゅうりょく》波《は》検出《けんしゅつ》器《き》の航空写真《こうくうしゃしん》。1辺《ぺん》が4kmにもなる巨《きょ》大《だい》なレーザー干渉計《かんしょうけい》です。

⬆2006年《ねん》にスーパーカミオカンデが完全再建《かんぜんさいけん》された際《さい》に撮影《さつえい》された内部《ないぶ》の写真《しゃしん》。光電子増倍管《ひかりでんしぞうばいかん》という機材《きざい》の取《と》り付《つ》けがほぼ終了《しゅうりょう》しているようすがとらえられています。

宇《う》宙《ちゅう》の豆《まめ》知《ち》識《しき》

ふたつの恒星《こうせい》が重力《じゅうりょく》で引《ひ》きつけあって、お互《たが》いの周《まわ》りを回《まわ》っているものを連《れん》星《せい》といいます。双子星《ふたごぼし》ともいいます。太陽系《たいようけい》の恒星《こうせい》は太陽《たいよう》ひとつですが、宇《う》宙《ちゅう》の恒星《こうせい》の多《おお》くは、いくつかの星《ほし》がいっしょに生《う》まれた連星《れんせい》になっています。

宇宙望遠鏡《うちゅうぼうえんきょう》が見《み》た もっと遠《とお》くの美《うつく》しい宇宙《うちゅう》

1990年《ねん》に打《う》ち上《あ》げられて今《いま》も現役《げんえき》を続《つづ》けるハッブル宇宙望遠鏡《うちゅうぼうえんきょう》と、2021年《ねん》に打《う》ち上《あ》げられたジェームズ・ウェッブ宇宙望遠鏡《うちゅうぼうえんきょう》は、宇宙《うちゅう》で遠《とお》くの宇宙《うちゅう》を見《み》ています。ふたつの宇宙望遠鏡《うちゅうぼうえんきょう》が撮影《さつえい》した華《はな》やかな世界《せかい》のいくつかを紹介《しょうかい》します！

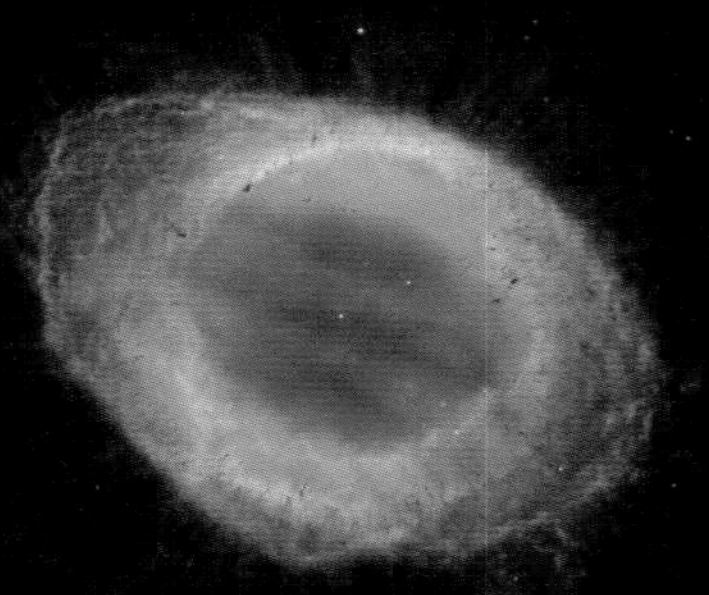

リング星雲《せいうん》

地球《ちきゅう》から約《やく》2600光年先《こうねんさき》、こと座《ざ》にある惑星《わくせい》状星雲《しょうせいうん》のM57（NGC 6720）です。小型《こがた》の望遠鏡《ぼうえんきょう》でも観測《かんそく》できる明《あか》るさがあります。ハッブル宇宙望遠鏡《うちゅうぼうえんきょう》が撮影《さつえい》。

バタフライ星雲《せいうん》

チョウのような形《かたち》からバタフライ星雲《せいうん》と呼《よ》ばれる惑星状星《わくせいしょうせい》雲《うん》NGC 6302です。さそり座《ざ》方向《ほうこう》、地球《ちきゅう》から約《やく》3800光年《こうねん》にあって、ハネの長《なが》さは約《やく》3光年《こうねん》もあります。ハッブル宇《う》宙望遠鏡《ちゅうぼうえんきょう》が撮影《さつえい》。

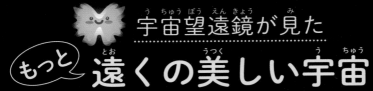

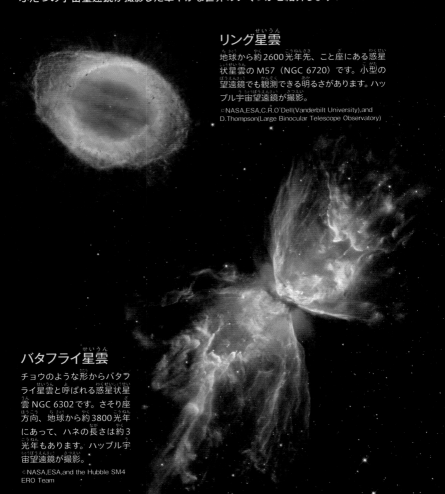

創造《そうぞう》の柱《はしら》

地球《ちきゅう》からへび座《ざ》の方向《ほうこう》、約《やく》6500光年先《こうねんさき》にある「わし星雲《せいうん》」とも呼《よ》ばれるM16の中心部《ちゅうしんぶ》にある柱《はしら》のような形《かたち》をした暗黒星雲《あんこくせいうん》です。ここはガスの集《あつ》まりで、星《ほし》が今《いま》まさに生《う》まれています。ジェームズ・ウェッブ宇宙望遠鏡《うちゅうぼうえんきょう》が撮影《さつえい》。

宇宙《うちゅう》の崖《かけ》

地球《ちきゅう》からりゅうこつ座方向《ざほうこう》に約《やく》7600光年離《こうねんはな》れたエータ・カリーナ星雲《せいうん》の北西《はくせい》の端《はし》にある、星形成《ほしけいせい》領域《りょういき》（散開星団《さんかいせいだん》）NGC 3324の一部《いちぶ》をジェームズ・ウェッブ宇宙望遠鏡《うちゅうぼうえんきょう》が撮影《さつえい》。崖《がけ》のような形《かたち》から「宇《う》宙《ちゅう》の崖《がけ》」とも呼《よ》ばれますが、実際《じっさい》にはガスでできた巨大《きょだい》な空洞《くうどう》です。若《わか》い星《ほし》がたくさん輝《かがや》いています。

タランチュラ星雲《せいうん》

かじき座《ざ》方向《ほうこう》、地球《ちきゅう》から約《やく》17万光年先《まんこうねんさき》にある活発《かっぱつ》な星形成領域《ほしけいせいりょういき》のタランチュラ星雲《せいうん》（NGC 2070）の一部《いちぶ》をハッブル宇《う》宙望遠鏡《ちゅうぼうえんきょう》が撮影《さつえい》したもの。画面右下《がめんみぎした》の青《あお》白《じろ》い明《あか》るい場所《ばしょ》は、R136という直径《ちょっけい》が約《やく》35光年《こうねん》ある星団《せいだん》です。

子《こ》持《も》ち銀河《ぎんが》

りょうけん座《ざ》の方向《ほうこう》、地球《ちきゅう》から約《やく》3200万光年先《まんこうねんさき》にある渦巻銀《うずまきぎん》河《が》のM51。小《ちい》さな銀河《ぎんが》（右《みぎ》）がいっしょにいるため、子《こ》持《も》ち銀《ぎん》河《が》とも呼《よ》ばれています。ピンクや赤《あか》みがかっているところでは、星《ほし》が次々《つぎつぎ》と生《う》まれています。撮影《さつえい》はハッブル宇宙望遠鏡《うちゅうぼうえんきょう》。

ステファンの5つ子《ご》

ペガスス座《ざ》にある5つの銀河《ぎんが》が集《あつ》まった銀河群《ぎんがぐん》をジェームズ・ウェッブ宇宙望遠鏡《うちゅうぼうえんきょう》が撮影《さつえい》。右上《みぎうえ》がNGC 7319、左《ひだり》がNGC 7320、一番下《いちばんした》がNGC 7317（右《みぎ》）、真《ま》ん中付近《なかふきん》ではNGC 7318A（下《した》）とNGC 7318B（上《うえ》）が衝突《しょうとつ》しています。NGC 7320は地球《ちきゅう》から約《やく》4000万光年《まんこうねん》、ほかは約《やく》3億光年《おくこうねん》も遠《とお》くにあります。

渦巻銀河《うずまきぎんが》のペア

おとめ座銀河団《ざぎんがだん》に属《ぞく》する、地球《ちきゅう》から約《やく》5500万光年先《まんこうねんさき》にあるペアの渦巻《うずまき》銀河《ぎんが》です。下《した》のNGC 4302は真横《まよこ》から、上《うえ》のNGC 4298は斜《なな》めからの姿《すがた》をハッブル宇宙望遠鏡《うちゅうぼうえんきょう》がとらえました。NGC 4302の黒色部分《こくしょくぶぶん》は塵《ちり》が集《あつ》まっているところ、青色《あおいろ》っぽく見《み》えるところは巨大《きょだい》な星形成領域《ほしけいせいりょういき》と考《かんが》えられています。

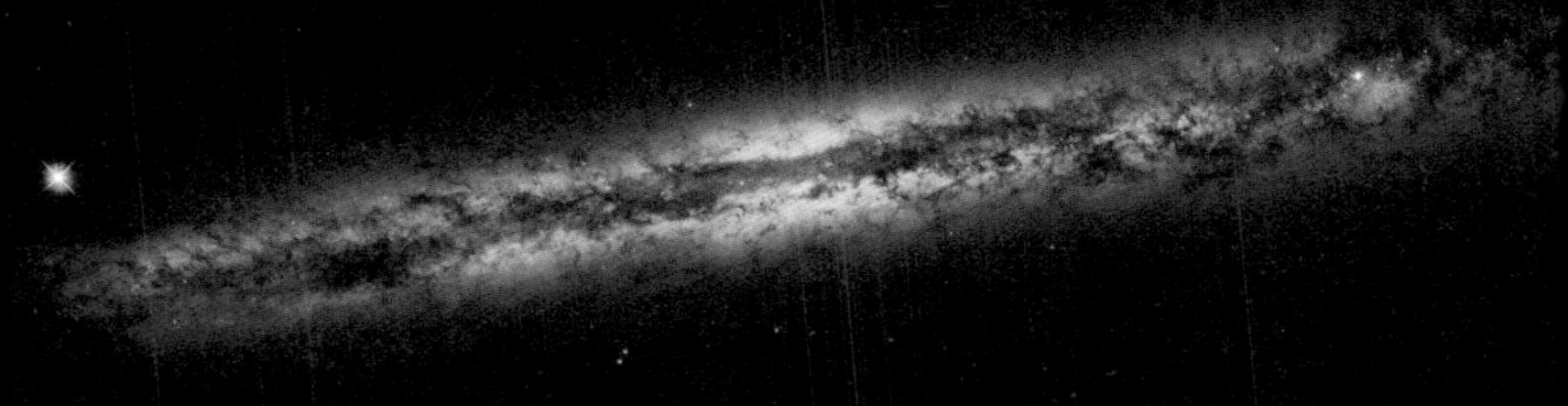

LEDA 2046648とその周辺《しゅうへん》

画面《がめん》で一番大《いちばんおお》きな銀河《ぎんが》は、ヘルクレス座《ざ》の方向《ほうこう》、約《やく》10億光年先《おくこうねんさき》にある渦巻銀河《うずまきぎんが》 LEDA 2046648です。そのすぐ下《した》は SDSSCGB 45689.6という銀河《ぎんが》で、どちらも明《あか》るく輝《かがや》いている中心部分《ちゅうしんぶぶん》や渦《うず》巻腕《まきうで》では星《ほし》が誕生《たんじょう》しています。撮影《さつえい》はジェームズ・ウェッブ宇宙望遠鏡《うちゅうぼうえんきょう》。

パンドラ銀河団《ぎんかだん》

ちょうこくしつ座《ざ》の方向《ほうこう》、約《やく》35億《おく》光年先《こうねんさき》にある銀河団《ぎんがだん》 Abell 2744をジェームズ・ウェッブ宇宙望遠鏡《うちゅうぼうえんきょう》が撮影《さつえい》。ギリシア神話《しんわ》の「パンドラの箱《はこ》」にちなんでパンドラ銀河団《ぎんがだん》とも呼《よ》ばれています。小《ちい》さな赤《あか》い点《てん》として見《み》える天体《てんたい》は、巨大《きょだい》ブラックホールの可能性《かのうせい》があるようです。

Part 5

系《けい》外《がい》惑《わく》星《せい》と地《ち》球《きゅう》外《がい》生《せい》命《めい》の世《せ》界《かい》

宇《う》宙《ちゅう》には、太陽《たいよう》とは別《べつ》の星《ほし》の周《まわ》りを
回《まわ》っている惑星《わくせい》があります。
ホットジュピターやスーパーアースなど
いくつかの種類《しゅるい》がありますが、なかには、
生命《せいめい》がいるかもしれない惑星《わくせい》もあります。
そんな研究《けんきゅう》の最前線《さいぜんせん》を見《み》てみましょう。

64

系《けい》外《がい》惑《わく》星《せい》って何《なに》？ どうして探《さが》しているの？

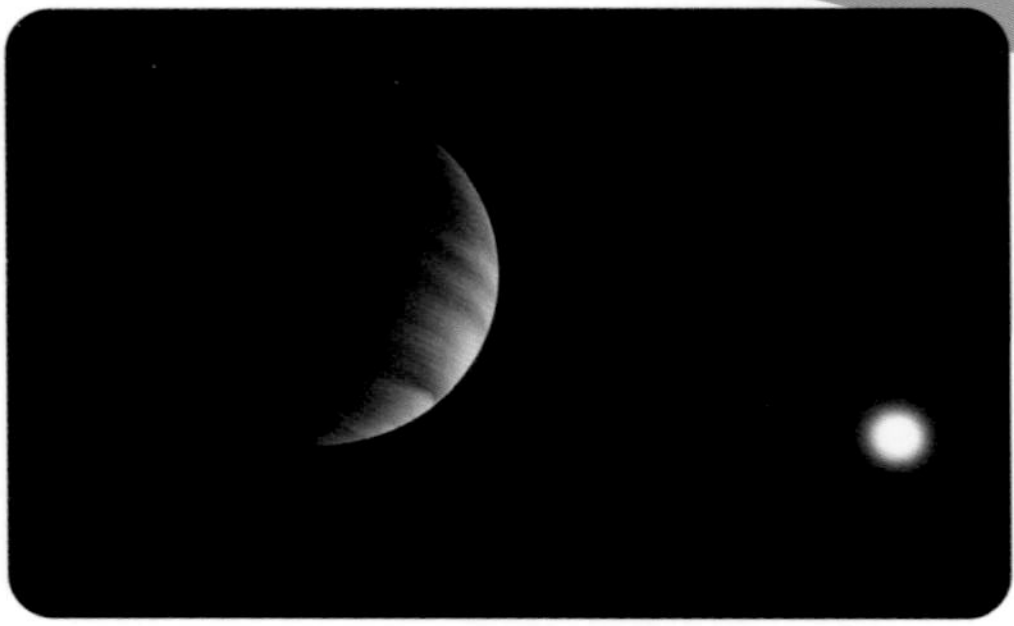

⬆1995年《ねん》に初《はじ》めて見《み》つかった系外惑星《けいがいわくせい》、ペガスス座《ざ》51番星《ばんせい》b（左《ひだり》）の想像図《そうぞうず》。右《みぎ》は主星《しゅせい》のペガスス座《ざ》51番星《ばんせい》。

©ESO/M.Kornmesser/Nick Risinger(skysurvey.org)

太《たい》陽系《ようけい》の外《そと》にあって、太陽《たいよう》とは別《べつ》の恒星《こうせい》の周《まわ》りを回《まわ》っている惑星《わくせい》を**太陽系外**《たいようけいがい》**惑星**《わくせい》**（系外惑星）**《けいがいわくせい》といいます。天文学者《てんもんがくしゃ》は100年以上《ねんいじょう》も前《まえ》から系外惑星《けいがいわくせい》を見《み》つけようと観測《かんそく》を続《つづ》けていましたが、最初《さいしょ》にそれが見《み》つかったのは1995年《ねん》のことです。

初《はじ》めて見《み》つかったのは、ペガスス座《ざ》がつくる四角形《しかくけい》のすぐ近《ちか》くで輝《かがや》くペガスス座《ざ》51番星《ばんせい》を回《まわ》る惑星《わくせい》です。

ペガスス座《ざ》**51番星**《ばんせい》**b**と名《な》づけられたこの惑《わく》星《せい》は、重《おも》さ（質量《しつりょう》）が木星《もくせい》の約半分《やくはんぶん》で、恒星《こうせい》に近《ちか》い軌道《きどう》を4日《か》ほどで回《まわ》っています。木星《もくせい》

⬅光《ひか》り輝《かがや》くケプラー 62を公転《こうてん》する系外惑星《けいがいわくせい》、ケプラー 62fの想像図《そうぞうず》。岩石《がんせき》でできた地球型惑星《ちきゅうがたわくせい》、スーパーアースと考《かんが》えられています。

©NASA Ames/JPL-Caltech/Tim Pyle

➡太陽系《たいようけい》に一番近《いちばんちか》い赤色矮星《せきしょくわいせい》（小《ちい》さくて暗《くら》い恒星《こうせい》）プロキシマ・ケンタウリの周《まわ》りを回《まわ》る惑星表面《わくせいひょうめん》の想像図《そうぞうず》。地球《ちきゅう》からわずか4.25光年《こうねん》に位置《いち》します。奥《おく》の明《あか》るく輝《かがや》いているのがプロキシマ・ケンタウリで、その右上《みぎうえ》には、リギル・ケンタウルスとトリマンの二重星《にじゅうせい》も見《み》えています。

©ESO/M.Kornmesser

➡ハッブル宇宙望遠鏡《うちゅうぼうえんきょう》が撮影《さつえい》したプロキシマ・ケンタウリ。

©ESA/Hubble & NASA

のようにガスでできていて、恒星《こうせい》に近《ちか》いため表面《ひょうめん》はとても高温《こうおん》になっていると考《かんが》えられています。このような惑星《わくせい》は**ホット・ジュピター（熱《あつ》い木星《もくせい》）**と呼《よ》ばれます。

2番目《ばんめ》に見《み》つかった系外惑星《けいがいわくせい》は、彗星《すいせい》のような楕円軌道《だえんきどう》を描《えが》くガス惑星《わくせい》で、**エキセントリック・ジュピター（プラネット）**と呼《よ》ばれます。どちらも太陽系《たいようけい》の惑星《わくせい》とは大《おお》きく違《ちが》った惑星《わくせい》でした。

それ以後《いご》、巨大《きょだい》ガス惑星《わくせい》だけでなく、地球《ちきゅう》よりやや大《おお》きく、地球《ちきゅう》と同《おな》じ岩石惑星《がんせきわくせい》と考《かんが》えられる**スーパーアース**も観測《かんそく》されるようになり、現在《げんざい》知《し》られている系外惑星《けいがいわくせい》の数《かず》は**5000個《こ》**を超《こ》えています。

系外惑星《けいがいわくせい》の注目点《ちゅうもくてん》は、生命《せいめい》がいるかどうかです。**地球外生命《ちきゅうがいせいめい》**を見《み》つけるため、地球《ちきゅう》と同《おな》じように液体《えきたい》の水《みず》が存在《そんざい》すると考《かんが》えられる系外惑星観測《けいがいわくせいかんそく》が続《つづ》けられています。

宇宙《うちゅう》の豆知識《まめちしき》

ペガスス座《ざ》51番星《ばんせい》とその惑星《わくせい》には、2015年《ねん》の命名《めいめい》キャンペーンで、それぞれヘルベティオスとディミディウムという名前《なまえ》がつけられました。系外惑星《けいがいわくせい》の命名《めいめい》キャンペーンは、国際天文学連合《こくさいてんもんがくれんごう》が主導《しゅどう》してときどき実施《じっし》されます。

65

宇宙《うちゅう》には地球《ちきゅう》に似《に》た星《ほし》がたくさん見《み》つかっているの？

系《けい》外惑星《がいわくせい》を見《み》つけるには、いくつかの方法《ほうほう》があります。1995～2010年《ねん》くらいまでは、おもに**視線速度法《しせんそくどほう》（ドップラー法《ほう》）**という方法《ほうほう》が用《もち》いられていました。これは、惑星《わくせい》が主星《しゅせい》（太陽系《たいようけい》でいう太陽《たいよう》のような星《ほし》）の周《まわ》りを回《まわ》ることで起《お》こる、主星《しゅせい》のふらつきを観測《かんそく》する方法《ほうほう》です。

2009年《ねん》、NASA《ナサ》が系外惑星《けいがいわくせい》を探《さが》すことを目的《もくてき》とした**ケプラー宇宙望遠鏡《うちゅうぼうえんきょう》**を打《う》ち上《あ》げると、惑星《わくせい》が主星《しゅせい》の一部《いちぶ》を隠《かく》すことで主星《しゅせい》が少《すこ》し暗《くら》く見《み》える「惑星《わくせい》の食《しょく》」を観測《かんそく》する**トランジット法《ほう》**という方法《ほうほう》が、多《おお》く使《つか》われるようになりました。

ケプラー宇宙望遠鏡《うちゅうぼうえんきょう》は、2018年《ねん》に姿勢《しせい》制御用《せいぎょよう》の燃料《ねんりょう》が切《き》れて役目《やくめ》を終《お》えましたが、地球《ちきゅう》サイズの惑星候補《わくせいこうほ》を1000個《こ》以上《いじょう》発見《はっけん》し、大《おお》きさが地球《ちきゅう》の月《つき》くらい（地球《ちきゅう》の3分《ぶん》の1）の系外惑星《けいがいわくせい》まで見《み》つけています。

2018年《ねん》には、ケプラー宇宙望遠鏡《うちゅうぼうえんきょう》の後継機《こうけいき》**TESS**《テス》が打《う》ち上《あ》げられました。この衛星《えいせい》は、トランジット法《ほう》で地球《ちきゅう》の近《ちか》くにある系外惑星《けいがいわくせい》の観測《かんそく》を行《おこな》い、2020年《ねん》7月《がつ》までの2000個以上《こいじょう》の系外惑星候補《けいがいわくせいこうほ》を発見《はっけん》しています。

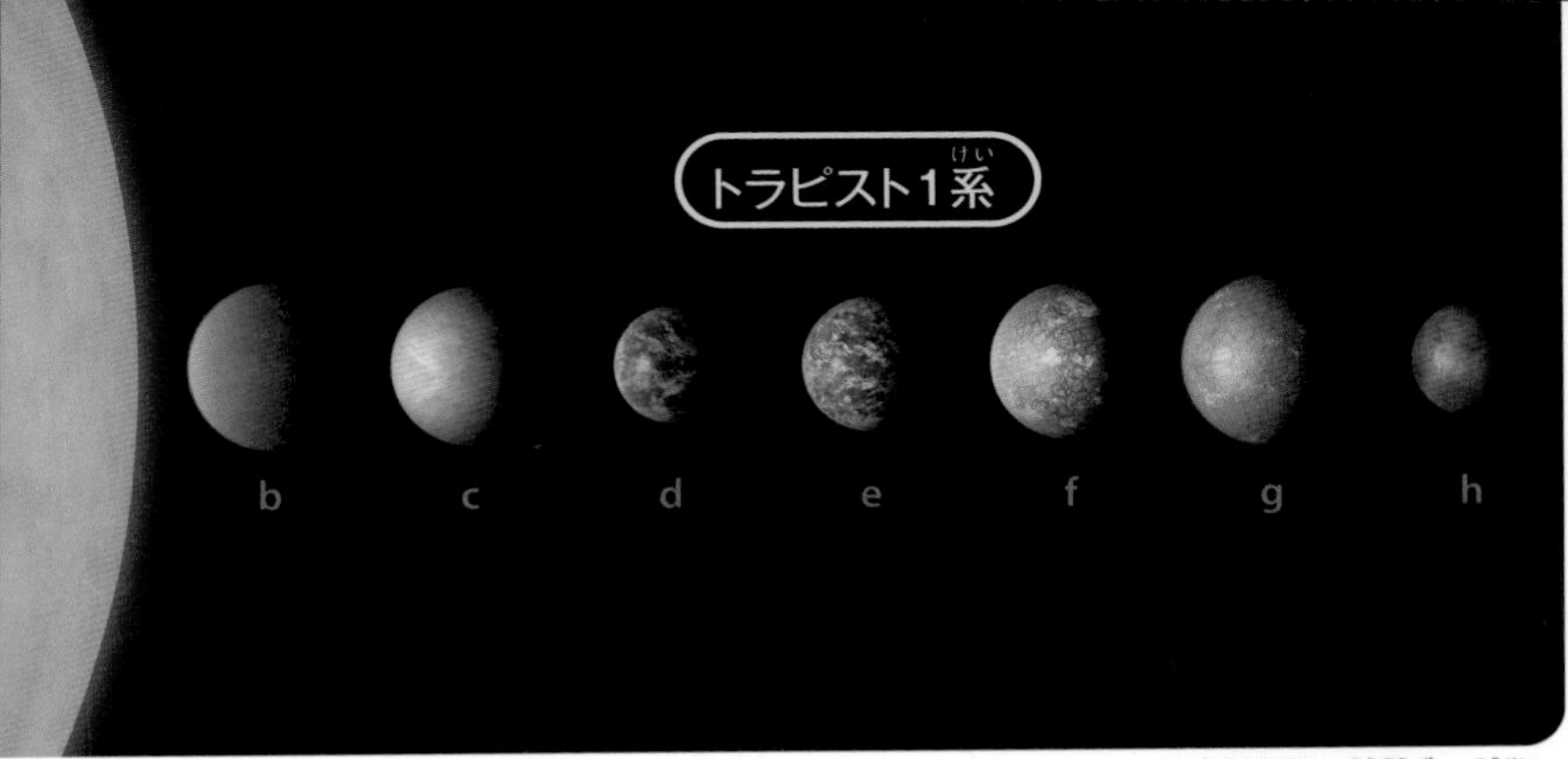

⬆「トラピスト1」という系外惑星系《けいがいわくせいけい》の想像図《そうぞうず》。恒星《こうせい》の周《まわ》りを地球《ちきゅう》に似《に》た7つの惑星《わくせい》が公転《こうてん》しています。

©NASA/JPL-Caltech.

ケプラー宇宙望遠鏡《うちゅうぼうえんきょう》は、
地球《ちきゅう》サイズの
系外惑星候補《けいがいわくせいこうほ》を
1000個以上見《こいしょうみ》つけたよ！

⬆トラピスト1を公転《こうてん》する惑《わく》星《せい》fの表面《ひょうめん》の想像図《そうぞうず》。大《おお》きく、太陽《たいよう》のように輝《かがや》いているのは中心星《ちゅうしんせい》のトラピスト1です。

©NASA/JPL-Caltech/T Pyle(IPAC)

⬅ハッブル宇宙望遠鏡《うちゅうぼうえんきょう》の観測《かんそく》によって、地球《ちきゅう》に似《に》た深《ふか》い青色《あおいろ》の惑星《わくせい》とわかったホット・ジュピター「HD 189733b」の想像図《そうぞうず》。地球《ちきゅう》のように海《うみ》はなく、大気《たいき》の成分《せいぶん》によって青《あお》く見《み》えているガスでできた惑星《わくせい》です。

©NNASA,ESA,M.Kornmesser

宇宙《うちゅう》の豆知識《まめちしき》

すばる望遠鏡《ぼうえんきょう》がドップラー法《ほう》で見《み》つけた系外惑星《けいがいわくせい》ロス508bは、地球《ちきゅう》から約《やく》37光年先《こうねんさき》にあるロス508という恒星《こうせい》の周《まわ》りを回《まわ》っています。重《おも》さが地球《ちきゅう》の数《すう》倍《ばい》のスーパーアースで、液体《えきたい》の水《みず》があるかもしれないと注目《ちゅうもく》されています。

66

生《い》きものが暮《く》らせるハビタブルゾーンって？

惑《わく》星《せい》などの天体《てんたい》に、生命《せいめい》が誕生《たんじょう》するには、その**天体《てんたい》の表面《ひょうめん》に、液体《えきたい》の水《みず》**があることが必要《ひつよう》です。

表面《ひょうめん》に液体《えきたい》の水《みず》が存在《そんざい》できる惑星《わくせい》は、どんなものでしょうか。太陽《たいよう》のような主星《しゅせい》（恒《こう》星《せい》）から距離《きょり》が近《ちか》すぎると、表面《ひょうめん》の温度《おんど》が高《たか》すぎて水《みず》は蒸発《じょうはつ》してしまいます。逆《ぎゃく》に遠《とお》すぎると、表面《ひょうめん》の温度《おんど》が低《ひく》すぎて水《みず》は凍《こお》って氷《こおり》になってしまいます。

主星《しゅせい》からの距離《きょり》がちょうどよく、水《みず》が液体《えきたい》で存在《そんざい》できる惑星《わくせい》の軌道《きどう》の範囲《はんい》を**ハビタブルゾーン（生命居住可能領域《せいめいきょじゅうかのうりょういき》）**といいます。ハビタブルゾーンは、主星《しゅせい》の明《あか》るさによって範《はん》囲《い》が変《か》わります。

主星《しゅせい》が太陽《たいよう》くらいの明《あか》るさの場合《ばあい》、ハビタブルゾーンは、０・９～１・５天文単位《てんもんたんい》くらいとされていて、太陽系《たいようけい》でハビタブルゾーンにある惑星《わくせい》は地球《ちきゅう》だけです。

地球《ちきゅう》から３００光年《こうねん》離《はな》れたところにある**系《けい》外惑星《がいわくせい》ケプラー１６４９ｃ**は、主星《しゅせい》であるケプラー１６４９のハビタブルゾーン内《ない》にあると考《かんが》えられています。大《おお》きさもほとんど地球《ちきゅう》と同《おな》じで「地球《ちきゅう》にもっとも似《に》ている系外惑《けいがいわく》星《せい》」と呼《よ》ばれています。

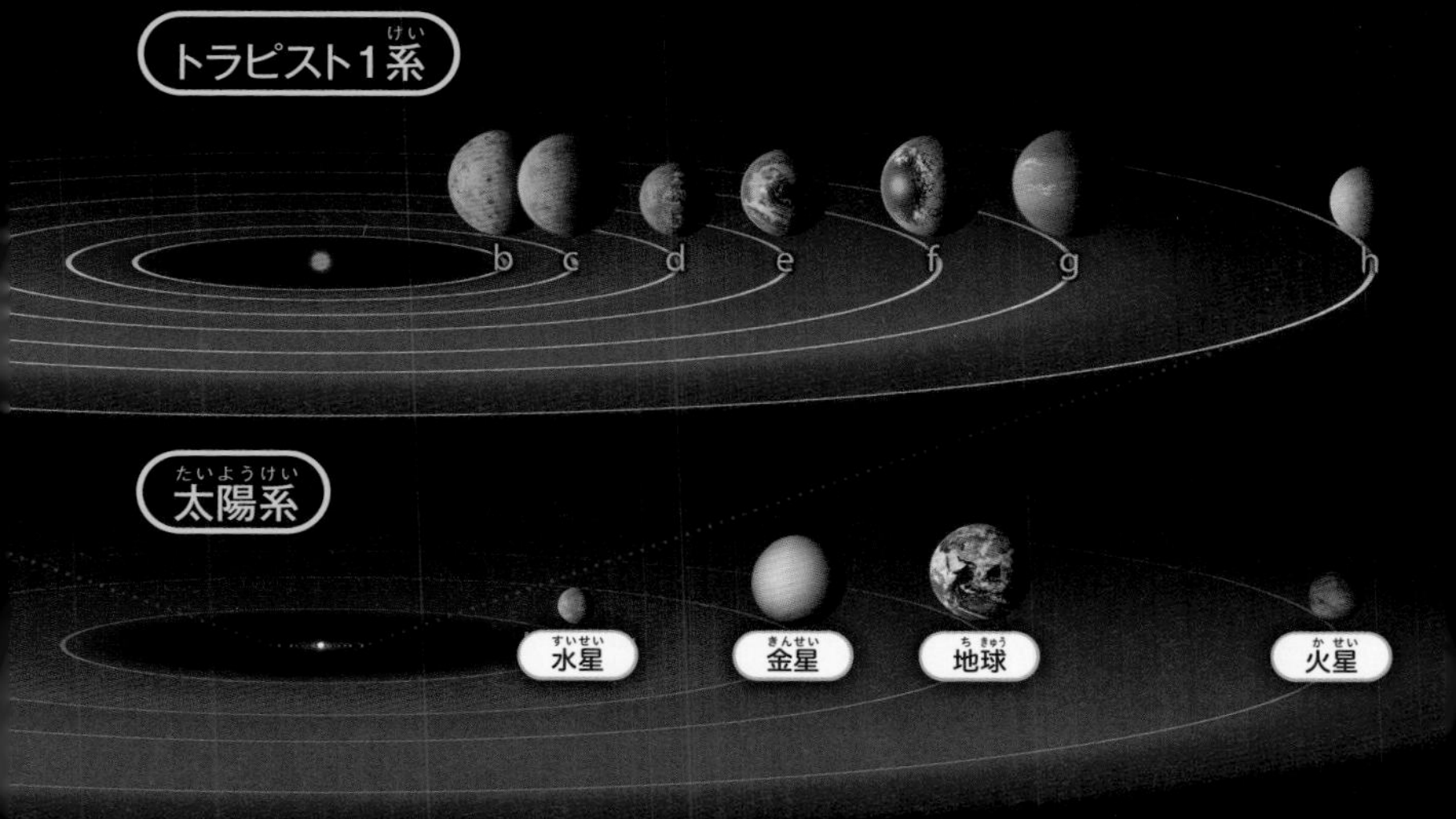

トラピスト1系《けい》と太陽系《たいようけい》のハビタブルゾーンを比《くら》べています。トラピスト1系《けい》は非《ひ》常《じょう》に小《ち》さく、水星《すいせい》の軌道《きどう》よりもずっと小《ち》さいですが、発見《はっけん》されている惑星《わくせい》のうちe、f、gの3つが生物《せいぶつ》の生存《せいぞん》を可能《かのう》にするハビタブルゾーン内《ない》にあります。

©NASA/JPL-Caltech

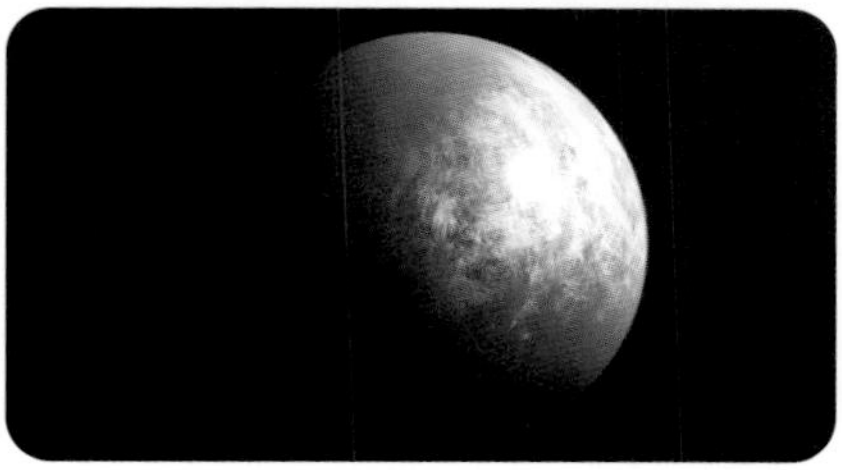

⬅地球《ちきゅう》から100光年先《こうねんさき》、赤色矮星《せきしょくわいせい》「TOI 700」を公転《こうてん》している系外惑星《けいがいわくせい》「TOI 700d」の想像図《そうぞうず》。地球《ちきゅう》の約《やく》1.2倍《ばい》の大《おお》きさで、主星《しゅせい》を回《まわ》る軌道《きどう》はハビタブルゾーンにあります。もしも、適度《てきど》な大気《たいき》があれば、その表面《ひょうめん》には液体《えきたい》の水《みず》が存在《そんざい》している可能性《かのうせい》があります。

©NASA's Goddard Space Flight Center

➡ハビタブルゾーンを公転《こうてん》する惑星《わくせい》ケプラー 1649cの想像図《そうぞうず》。大《おお》きさも温度《おんど》も地球《ちきゅう》に近《ちか》く、液体《えきたい》の水《みず》が存在《そんざい》するかもしれません。

©NASA/Ames Research Center/Daniel Rutter

宇《う》宙《ちゅう》の豆《まめ》知《ち》識《しき》

宇宙《うちゅう》に生命《せいめい》がいるか探査《たんさ》が続《つづ》いていますが、地球《ちきゅう》には、わかっているだけで約《やく》175万種《まんしゅ》の生物《せいぶつ》がいます。一番多《いちばんおお》いのが昆虫《こんちゅう》で約《やく》95万種《まんしゅ》。まだ知《し》られていない生物《せいぶつ》を含《ふく》めると、地球《ちきゅう》には500万《まん》〜 3000万種《まんしゅ》いるといわれています。

67

生《せい》命《めい》がいるかもしれない もっとも近《ちか》い系《けい》外《がい》惑《わく》星《せい》は？

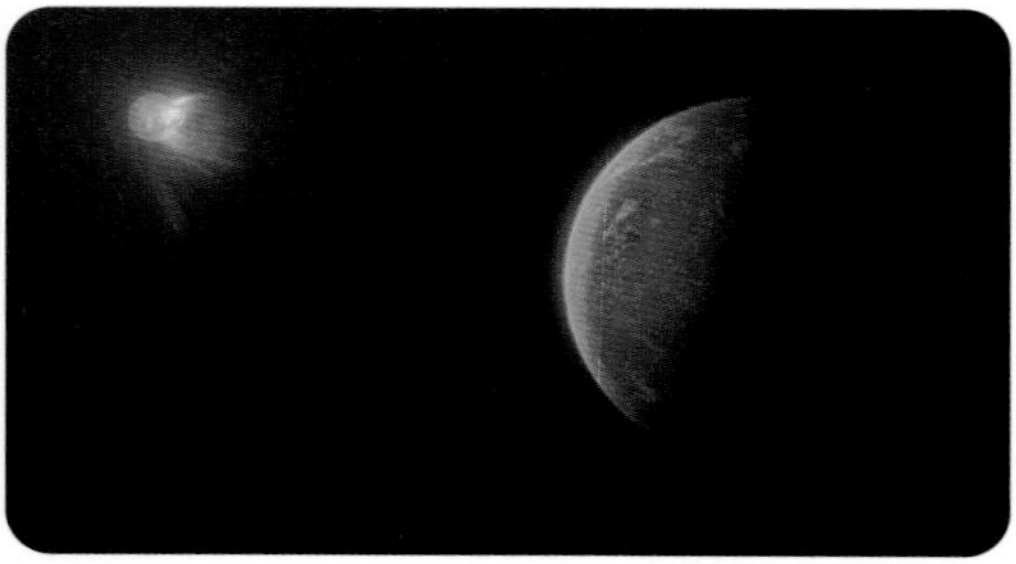

⬆惑星《わくせい》のプロキシマ・ケンタウリｂ（右《みぎ》）側《がわ》から見《み》た、恒星《こうせい》のプロキシマ・ケンタウリで発生《はっせい》する巨大《きょだい》フレアの想像図《そうぞうず》。

表面《ひょうめん》に液体《えきたい》の水《みず》がありそうな
系外惑星《けいがいわくせい》も見《み》つかっているんだよ！

生《せい》命《めい》が誕生《たんじょう》するためには、**液体《えきたい》の水《みず》、有《ゆう》機化合物《きかごうぶつ》という物質《ぶっしつ》、エネルギー**の3つが必要《ひつよう》です。これらの条件《じょうけん》がそろうと考《かんが》えられる環境《かんきょう》にある星《ほし》は、地球《ちきゅう》のように、表面《ひょうめん》に液体《えきたい》の水《みず》を蓄《たくわ》えられる岩石《がんせき》でできた惑星《わくせい》ということになります。

太陽《たいよう》に一番近《いちばんちか》い恒星《こうせい》は、およそ4・25光《こう》年離《ねんはな》れた**プロキシマ・ケンタウリ**です。その恒星《こうせい》のハビタブルゾーンを回《まわ》っている惑星《わくせい》が、**プロキシマ・ケンタウリb**です。

これは、地球《ちきゅう》より少《すこ》し大《おお》きい、岩石《がんせき》でできた**地球型惑星《ちきゅうがたわくせい》**として生命《せいめい》の存在《そんざい》が注目《ちゅうもく》されて

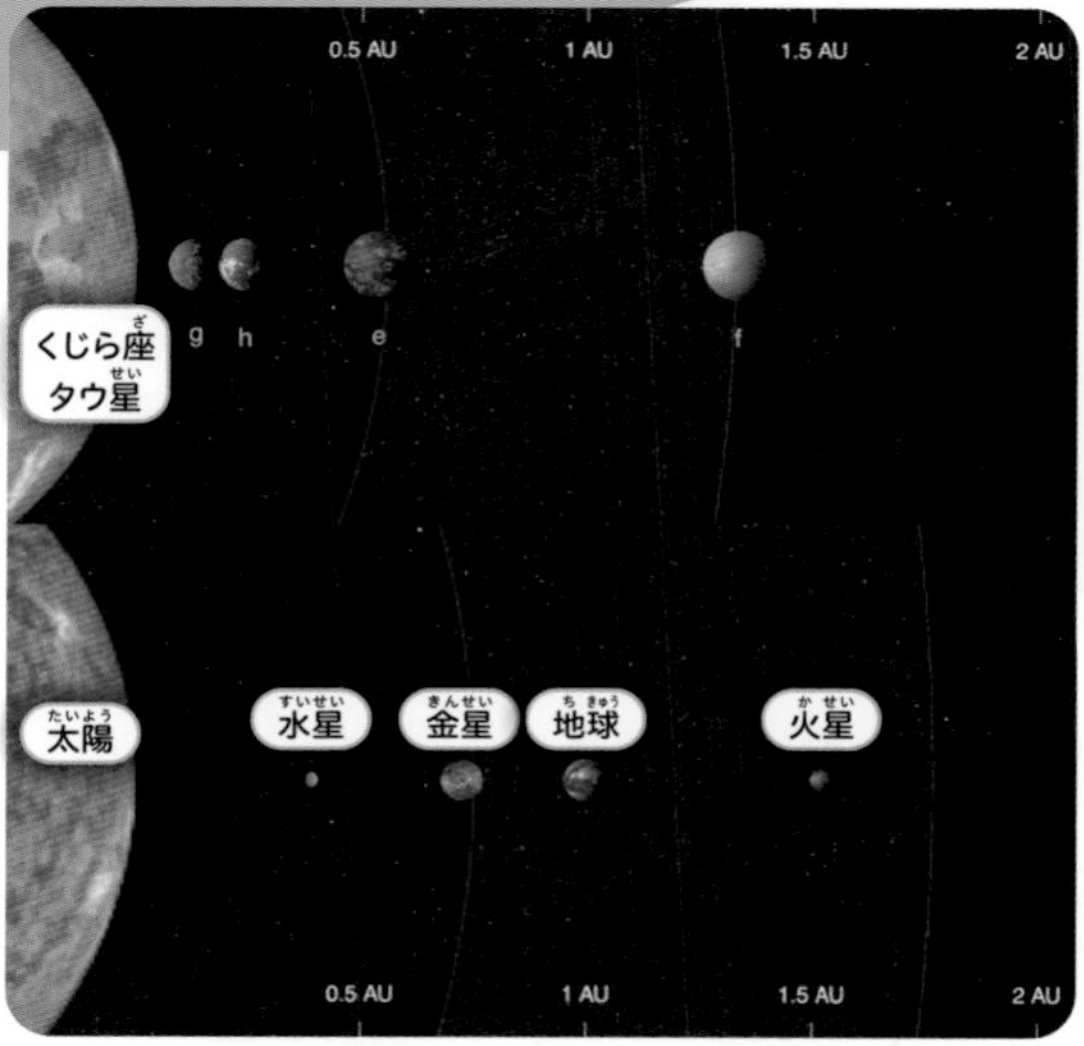

⬆くじら座《ざ》タウ星系《せいけい》と太陽系《たいようけい》のハビタブルゾーンを比較《ひかく》した図《ず》。「くじら座《ざ》タウ星《せい》」は、太陽《たいよう》に似《に》た黄色《きいろ》の恒星《こうせい》で、太陽《たいよう》よりもやや小《ちい》さくて低温《ていおん》です。

©F.Feng,University of Hertfordshire.

⬆オズマ計画《けいかく》により世界初《せかいはつ》のSETI《セティ》を行《おこな》ったアメリカ国《こく》立《りつ》電波天文台《でんぱてんもんだい》（NRAO）にある口径約《こうけいやく》26mの電波《でんぱ》望《ぼう》遠鏡《えんきょう》とSETI《セティ》を進《すす》めた天文《てんもん》学者《がくしゃ》のフランク・ドレイク。

©NRAO/AUI/NSF

います。ところが、プロキシマ・ケンタウリのような暗《くら》い恒星《こうせい》の表面《ひょうめん》では、ときどき大《おお》きな爆発《ばくはつ》（フレア）が起《お》きています。そうなると、その近《ちか》くを回《まわ》る惑星《わくせい》のプロキシマ・ケンタウリbに、生命《せいめい》が誕生《たんじょう》するのは難《むずか》しいと考《かんが》える研究者《けんきゅうしゃ》もいます。

地球《ちきゅう》からくじら座《ざ》の方向《ほうこう》に12光年《こうねん》離《はな》れた**くじら座《ざ》タウ星《せい》**には、4つの系外惑星《けいがいわくせい》が見《み》つかっています。4つの惑星《わくせい》のうち、外側《そとがわ》のふたつはハビタブルゾーンにある**スーパーアース**で、表面《ひょうめん》には液体《えきたい》の水《みず》があると考《かんが》えられ、生命《せいめい》が存在《そんざい》する可能性《かのうせい》のある惑星《わくせい》といえそうです。この惑星《わくせい》は、1960年《ねん》に行《おこな》われた**地《ち》球外知的生命探査《きゅうがいちてきせいめいたんさ》（SETI《セティ》）**でも観測《かんそく》が行《おこな》われています。

進化《しんか》している系外惑星探査《けいがいわくせいたんさ》によって、今《こん》後《ご》、生命《せいめい》のいる可能性《かのうせい》がもっと高《たか》い星《ほし》が見《み》つかるかもしれません。注目《ちゅうもく》です。

宇宙《うちゅう》の豆知識《まめちしき》

1960年《ねん》に行《おこな》われたオズマ計画《けいかく》は、世界初《せかいはつ》の電波《でんぱ》による地球外知的生命探査《ちきゅうがいちてきせいめいたんさ》です。くじら座《ざ》タウ星《せい》とエリダヌス座《ざ》イプシロン星《せい》にアンテナを向《む》けて、恒星《こうせい》からの電波信号《でんぱしんごう》を観測《かんそく》するものでしたが、成果《せいか》はあげられませんでした。

68

太陽系《たいようけい》で地球《ちきゅう》のほかに生命《せいめい》が見《み》つかりそうな星《ほし》はある？

おおよそ45億《おく》〜35億年前《おくねんまえ》、**火星《かせい》には液体《えきたい》の水《みず》**がありました。ただし地球《ちきゅう》のような海《うみ》ではなく、あちこちに湖《みずうみ》のようにあったと考《かんが》えられています。その頃《ころ》、原始的《げんしてき》な生《せい》命《めい》が誕生《たんじょう》していたかもしれません。

現在《げんざい》、太陽系《たいようけい》の天体《てんたい》で、地下《ちか》に海《うみ》がある可《か》能性《のうせい》が高《たか》いと考《かんが》えられているのは、**木星《もくせい》の衛《えい》星《せい》エウロパ、土星《どせい》の衛星《えいせい》タイタンとエンケラドゥス、冥王星《めいおうせい》**などです。

なかでもエンケラドゥスは、探査機《たんさき》カッシーニによって、南極付近《なんきょくふきん》の割《わ》れ目《め》から**大量《たいりょう》の水蒸気《すいじょうき》や氷《こおり》の粒《つぶ》が噴《ふ》き出《だ》している**のが観測《かんそく》されていて、厚《あつ》さ30〜40㎞の氷《こおり》の層《そう》の下《した》に確《かく》実《じつ》に海《うみ》があると考《かんが》えられています。

太陽《たいよう》から遠《とお》く離《はな》れているため、表面《ひょうめん》が氷《こおり》で覆《おお》われているエンケラドゥスですが、土星《どせい》の重力《じゅうりょく》で引《ひ》っぱられたり縮《ちぢ》んだりを繰《く》り返《かえ》すときの摩擦《まさつ》で内部《ないぶ》が温《あたた》められて、熱水《ねっすい》が噴《ふ》き出《だ》していると考《かんが》えられています。

しかも、エンケラドゥスの水蒸気《すいじょうき》からは、熱《ねつ》（エネルギー）、液体《えきたい》の水《みず》、有機物《ゆうきぶつ》といった生命《せいめい》の誕生《たんじょう》に必要《ひつよう》な3つの要素《ようそ》が見《み》つかっていて、**地球外生命《ちきゅうがいせいめい》が発見《はっけん》されるのではないか**という期待《きたい》が高《たか》まっています。

⬆火星《かせい》の北極《ほっきょく》付近《ふきん》にあるコロリョフ・クレーターには、１年《ねん》を通《とお》して深《ふか》さ1800mもの氷《こおり》ができています。白《しろ》く見《み》えるところはすべて氷《こおり》です。

⬆木星《もくせい》の衛星《えいせい》エウロパの地表《ちひょう》と地下《ちか》に広《ひろ》がる海《うみ》の想像図《そうぞうず》。水《みず》が地表《ちひょう》から噴《ふ》き出《だ》しています（右上《みぎうえ》は木星《もくせい》）。

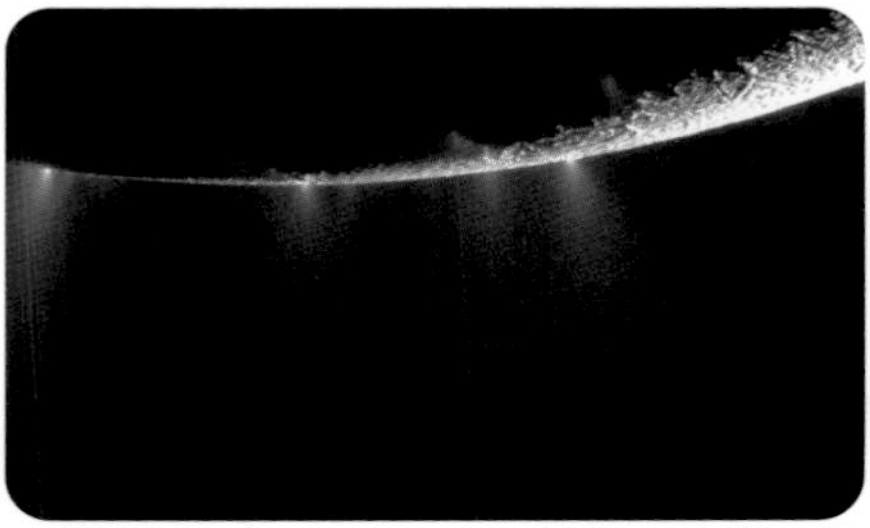

⬆土星《どせい》の衛星《えいせい》エンケラドゥスの南極《なんきょく》付近《ふきん》からは、氷《こおり》の粒《つぶ》や水蒸気《すいじょうき》が噴《ふ》き出《だ》しています。

⬆土星《どせい》の衛星《えいせい》タイタンには、メタンやエタンの海《うみ》がありますが、条件《じょうけん》が合《あ》うと上《うえ》の想像図《そうぞうず》のように海《うみ》には氷《こおり》がぷかぷか浮《う》いているかもしれません。

宇宙《うちゅう》の豆《まめ》知《ち》識《しき》

表面《ひょうめん》が氷《こおり》で覆《おお》われた土星《どせい》の衛星《えいせい》エンケラドゥスの南極《なんきょく》付近《ふきん》には、４本《ほん》の長《なが》いひび割《わ》れのような地形《ちけい》が伸《の》びていて「タイガーストライプ」と呼《よ》ばれています。このタイガーストライプから、水蒸気《すいじょうき》や氷《こおり》の粒《つぶ》が勢《いきお》いよく噴《ふ》き出《だ》しています。

69

本当《ほんとう》のところ「宇宙人《うちゅうじん》」はいるんでしょ？

太《たい》陽系《ようけい》の探査《たんさ》で地球外生命《ちきゅうがいせいめい》が見《み》つかったとしても、**微生物**《びせいぶつ》の可能性《かのうせい》が高《たか》いでしょう。わたしたち地球人《ちきゅうじん》のような知性《ちせい》をもった生命《せいめい》、宇宙人《うちゅうじん》はいないのでしょうか。

太陽系《たいようけい》で知的生命《ちてきせいめい》がいるのは地球《ちきゅう》だけですが、太陽《たいよう》のような恒星《こうせい》は宇宙《うちゅう》では非常《ひじょう》にたくさんあり、その周《まわ》りを回《まわ》る惑星《わくせい》もたくさんあることがわかっています。そのなかのいくつかの惑星《わくせい》に生命《せいめい》が生《う》まれて進化《しんか》して、地球人《ちきゅうじん》のように知性《ちせい》をもった宇宙人《うちゅうじん》がいても、おかしくありません。

そんな地球外生命《ちきゅうがいせいめい》を探《さが》そうという世界的《せかいてき》なプロジェクトが**地球外知的生命体探査**《ちきゅうがいちてきせいめいたいたんさ》**（SETI**《セティ》**）**です。もっとも多《おお》く行《おこな》われているのが、電波望遠鏡《でんぱぼうえんきょう》で宇宙《うちゅう》からの電波《でんぱ》を受信《じゅしん》し、それを解析《かいせき》して地球外知的生命《ちきゅうがいちてきせいめい》が出《だ》した電波《でんぱ》を探《さが》すというものです。

また、**アレシボメッセージ**のように、知的《ちてき》生命《せいめい》のいそうな天体《てんたい》に向《む》かって、地球《ちきゅう》から電《でん》波《ぱ》を送《おく》る試《こころ》みも行《おこな》われています。

宇宙人《うちゅうじん》へのメッセージとして、探査機《たんさき》パイオニア10号《ごう》・11号《ごう》には金属《きんぞく》のプレートが、ボイジャー1号《ごう》・2号《ごう》には**ゴールデンレコード**が搭載《とうさい》されました。

⬅SETI《セティ》協会《きょうかい》とカリフォルニア大学《だいがく》バークレー校《こう》が共同《きょうどう》で運用《うんよう》するアレン・テレスコープ・アレイ。天体観測《てんたいかんそく》と地球外知的《ちきゅうがいちてき》生命体探査《せいめいたいたんさ》の両方《りょうほう》に力《ちから》を入《い》れています。完成《かんせい》すると、ここには350台《だい》のパラボナアンテナが並《なら》びます。

©SETI Institute

➡プエルトリコにあった、口径《こうけい》305mのアレシボ電波望遠鏡《でんぱぼうえんきょう》（アレシボ天文台《てんもんだい》）。地球外生命探査《ちきゅうがいせいめいたんさ》を進《すす》めるなかで、1974年《ねん》には球状星団《きゅうじょうせいだん》M13に向《む》けてメッセージ（アレシボメッセージ）が送《おく》られました。2020年《ねん》12月《がつ》に受信機《じゅしんき》が落下《らっか》して望遠鏡《ぼうえんきょう》は崩壊《ほうかい》、再建《さいけん》はされませんでした。

©NAIC-Arecibo Observatory,a facility of the NSF

⬅探査機《たんさき》ボイジャー1号《ごう》・2号《ごう》は、金《きん》メッキされたレコードを積《つ》んでいます。地球上《ちきゅうじょう》のさまざまな言葉《ことば》、音楽《おんがく》、画像《がぞう》などが記録《きろく》してあります。右《みぎ》はゴールデンレコード、左《ひだり》は再生方法《さいせいほうほう》が書《か》かれたレコードのケースです。

©NASA/JPL

宇宙《うちゅう》の豆知識《まめちしき》

1974年《ねん》、アレシボ電波望遠鏡《でんぱぼうえんきょう》からヘルクレス座《ざ》の「M13に住《す》むかもしれない宇宙人《うちゅうじん》」に向《む》けてメッセージが送信《そうしん》されました。電波《でんぱ》によるSETI《セティ》のひとつですが、電波《でんぱ》がM13へ届《とど》くのはずっと先《さき》、約《やく》2万《まん》5000年後《ねんご》です。

コラム

教《おし》えて山岡先生《やまおかせんせい》！

もっと知《し》りたい宇《う》宙《ちゅう》のロマン No.4

スキャパレリとローウェルが探《さが》し求《もと》めた火星人《かせいじん》って？

1877年《ねん》、地球《ちきゅう》に大接近《だいせっきん》した火星《かせい》を望遠鏡《ぼうえんきょう》で観測《かんそく》していたイタリアの天文《てんもん》学者《がくしゃ》ジョバンニ・スキャパレリは、火星表面《かせいひょうめん》にいくつもの筋《すじ》が走《はし》っているのを発見《はっけん》します。彼《かれ》はこの筋《すじ》を溝《みぞ》か水路《すいろ》と考《かんが》えて、イタリア語《ご》で「カナリ（水路《すいろ》）」と名《な》づけましたが、英語《えいご》では「キャナル（運河《うんが》）」と訳《やく》されたため、火星《かせい》には大規模《だいきぼ》な土木工事《どぼくこうじ》を行《おこな》うことができる文明《ぶんめい》がある、と考《かんが》えられてしまいました。

とくにこの考《かんが》えを広《ひろ》めたのが、アメリカの天文学者《てんもんがくしゃ》パーシバル・ローウェルです。ローウェルは、アメリカのアリゾナ州《しゅう》に天文台《てんもんだい》をつくって火星《かせい》を観測《かんそく》しました。そして、彼《かれ》の説《せつ》をもとに火星人《かせいじん》の姿《すがた》が考《かんが》え出《だ》されます。高度《こうど》な文明《ぶんめい》をもつ火星人《かせいじん》の頭《あたま》（脳《のう》）は大《おお》きく、食《た》べ物《もの》は栄養素《えいようそ》しか取《と》らないため胴体《どうたい》は退化《たいか》していて、重力《じゅうりょく》は地球《ちきゅう》の3分《ぶん》の1なので足《あし》が細《ほそ》いに違《ちが》いない、とまるでタコのような火星人《かせいじん》の想像図《そうぞうず》がつくられたのです。1938年《ねん》、ローウェルの影響《えいきょう》を受《う》けたアメリカのSF作家《さっか》H・G・ウェルズが書《か》いた、火星人《かせいじん》が地球《ちきゅう》に攻《せ》めてくるという小説《しょうせつ》『宇宙戦争《うちゅうせんそう》』がラジオドラマとして放送《ほうそう》されると、本気《ほんき》にした人々《ひとびと》がパニックを起《お》こしたともいわれています。しかし、火星《かせい》の表面温度《ひょうめんおんど》がとても低《ひく》く、表面《ひょうめん》に液体《えきたい》の水《みず》が流《なが》れることはないことなどがわかってくると、火星運河説《かせいうんがせつ》は否定《ひてい》されていきました。

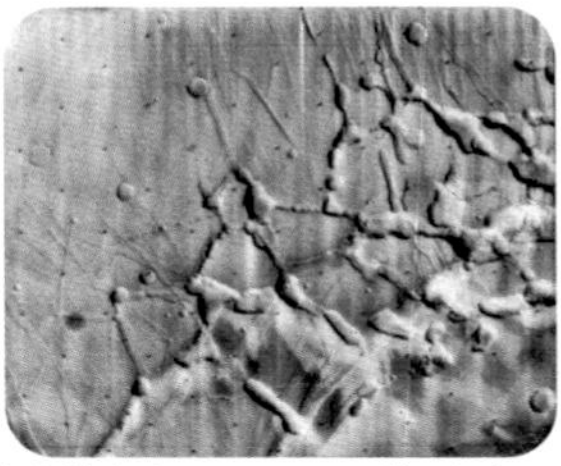

↑火星探査機《かせいたんさき》のマリナー9号《ごう》が撮影《さつえい》した、火星《かせい》の赤道《せきどう》に沿《そ》って伸《の》びる巨大《きょだい》なマリネリス峡谷《きょうこく》の西《にし》の端《はし》っこに広《ひろ》がる入《はい》り込《こ》んだ谷《たに》。

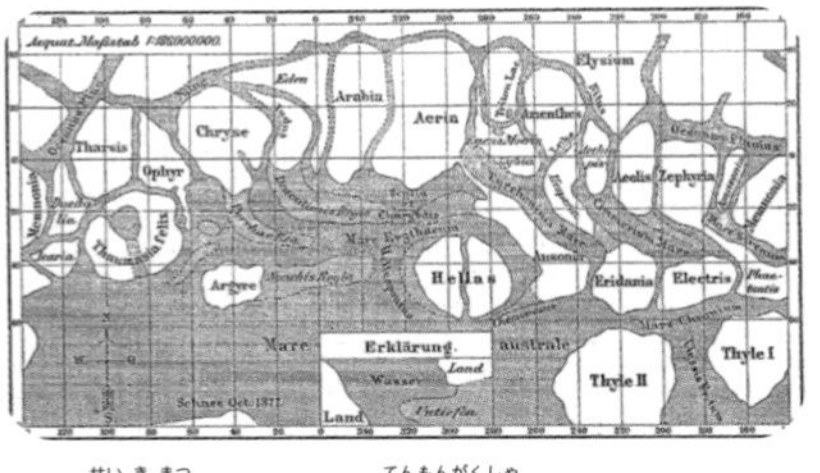

↑19世紀末《せいきまつ》、イタリアの天文学者《てんもんがくしゃ》だったジョバンニ・スキャパレリが描《えが》いた火星《かせい》のスケッチ。

Part6

宇《う》宙《ちゅう》はどんな しくみになっているの？

ダークマターやダークエネルギーなど、
宇宙《うちゅう》は人間《にんげん》には正体《しょうたい》がわかっていない
成分《せいぶん》でいっぱいです。
そんな不思議《ふしぎ》だらけの宇宙《うちゅう》は
どのようにしてできたのか、
将来《しょうらい》はどうなるのかなど、
ここでは宇宙《うちゅう》の過去《かこ》と未来《みらい》を見《み》ていきましょう。

70

宇宙《うちゅう》の誕生《たんじょう》は138億《おく》年《ねん》前《まえ》あっという間《ま》にできた！

わたしたちの宇宙《うちゅう》が誕生《たんじょう》したのは、およそ138億年前《おくねんまえ》だと考《かんが》えられています。でも、どうやって宇宙《うちゅう》が誕生《たんじょう》したのかについては、まだ多《おお》くの謎《なぞ》が残《のこ》っています。

ある説《せつ》では、宇宙《うちゅう》は**「無《む》」から生《う》まれた**と考《かんが》えられています。無《む》とは、物質《ぶっしつ》や空間《くうかん》や時《じ》間《かん》もない状態《じょうたい》です。何《なに》もないといっても、そこでは、ごく小《ちい》さな宇宙《うちゅう》が生《う》まれたり消《き》えたりを繰《く》り返《かえ》しています。そのうちのひとつが、消《き》えずに大《おお》きくなったのが、わたしたちの宇《う》宙《ちゅう》だという考《かんが》えです。

無《む》から誕生《たんじょう》した宇宙《うちゅう》は、1秒《びょう》にも満《み》たない、とても短《みじか》い時間《じかん》のうちに、想像《そうぞう》できないほど大《おお》きく膨《ふく》らみました。これを**インフレーション**といって、それ以後《いご》、宇宙《うちゅう》には時間《じかん》が流《なが》れて空間《くうかん》を広《ひろ》げていきます。

宇宙《うちゅう》が急激《きゅうげき》に膨《ふく》らむと、少《すこ》し前《まえ》まで宇宙《うちゅう》を満《み》たしていた膨大《ぼうだい》なエネルギーが熱《ねつ》に変《か》わって、宇宙《うちゅう》は超高温《ちょうこうおん》・超高密度《ちょうこうみつど》の**火《ひ》の玉状態《たまじょうたい》**になって膨張《ぼうちょう》を始《はじ》めました。これが**ビッグバン**です。ビッグバン以後《いご》、宇宙《うちゅう》は膨《ふく》らみ続《つづ》けています。宇宙《うちゅう》は膨《ふく》らむにつれて温度《おんど》が下《さ》がり、物質《ぶっしつ》が生《う》まれて、現在《げんざい》のような姿《すがた》に進化《しんか》していったのです。

宇宙《うちゅう》の誕生《たんじょう》から現在《げんざい》まで

宇宙《うちゅう》はおよそ138億年前《おくねんまえ》に生《う》まれました。すると、粟粒《あわつぶ》ひとつがあっという間《ま》に太陽系《たいようけい》よりも大《おお》きくなったくらいの膨張《ぼうちょう》が起《お》こった（インフレーションといいます）かと思《おも》うと、ビッグバンによって宇宙《うちゅう》はさらに大《おお》きくなりました。ビッグバンが始《はじ》まった直後《ちょくご》の宇宙《うちゅう》は100兆《ちょう》～ 1000兆《ちょう》℃という高温《こうおん》でした。宇宙誕《うちゅうたん》生《じょう》から1万分《まんぶん》の1秒後《びょうご》になると、温度《おんど》は1兆《ちょう》℃まで下《さ》がります。そして素粒子《そりゅうし》がお互《たが》いに結《むす》びついて陽子《ようし》や中性子《ちゅうせいし》になり、水素《すいそ》やヘリウムなど軽《かる》い原子核《げんしかく》ができ、電子《でんし》と結《むす》びつきました（宇宙《うちゅう》の晴《は》れ上《あ》がり）。宇宙《うちゅう》は今《いま》も大《おお》きくなって（膨張《ぼうちょう》を続《つづ》けて）います。

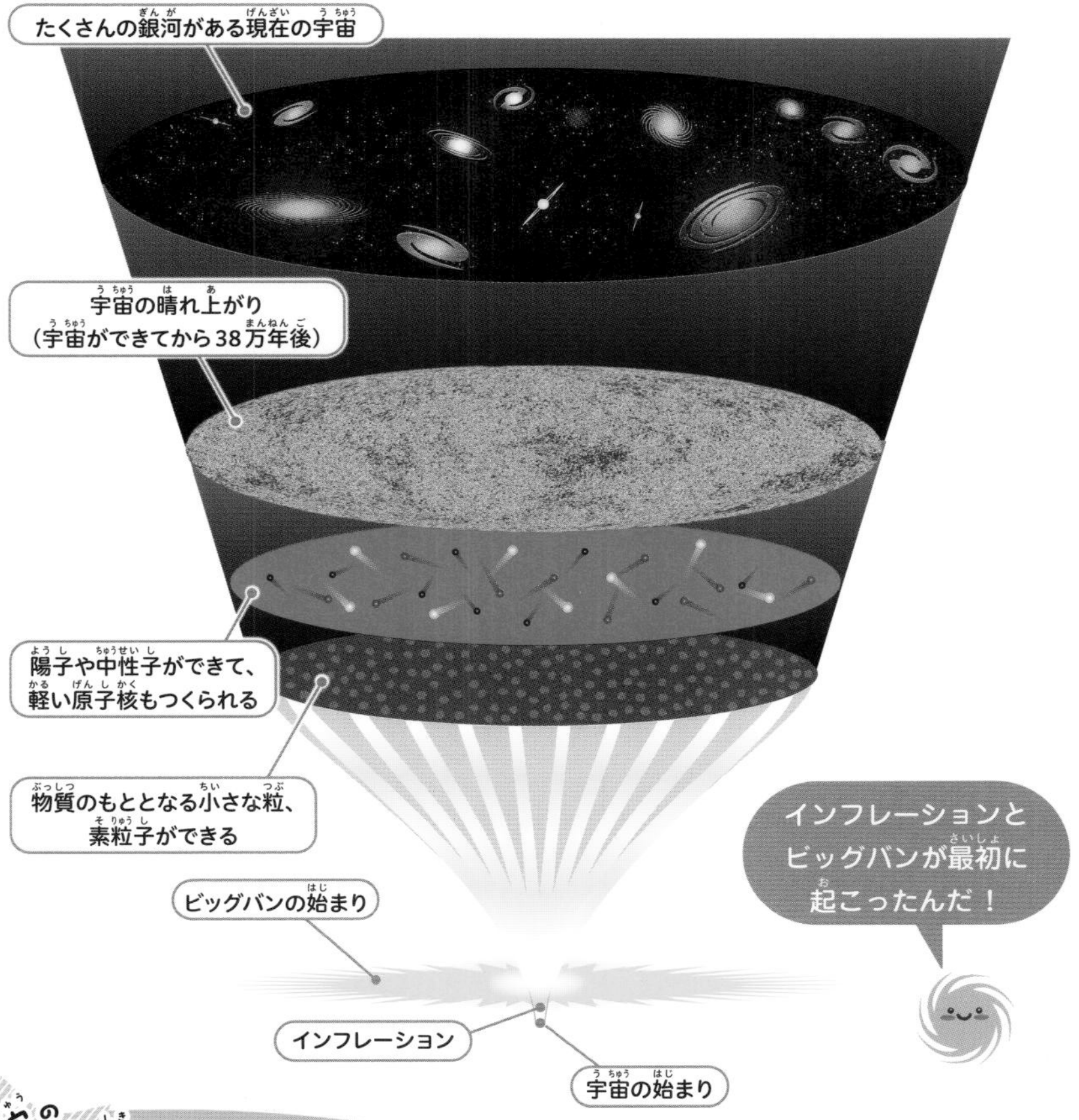

宇宙《うちゅう》の豆《まめ》知《ち》識《しき》

アメリカの物理学者《ぶつりがくしゃ》ガモフは、宇宙《うちゅう》はとても小《ちい》さな高温《こうおん》・高密《こうみつ》の火《ひ》の玉《たま》として生《う》まれ、膨《ふく》らむにつれて温度《おんど》が下《さ》がって現在《げんざい》のような宇宙《うちゅう》の姿《すがた》になっていったと考《かんが》えました。これを「ビッグバン宇宙論《うちゅうろん》」と呼《よ》びます。

71

すべてのモノのもと「原子核《げんしかく》」は宇宙《う》宙《ちゅう》誕《たん》生《じょう》の3分《ぷん》後《ご》にはもうあった

身《み》の回《まわ》りにある物質《ぶっしつ》は、すべて**原子**《げんし》でできています。原子《げんし》は中心《ちゅうしん》の**原子核**《げんしかく》と、その周《まわ》りを回《まわ》る**電子**《でんし》からできていて、原子核《げんしかく》は**陽子**《ようし》**と中性子**《ちゅうせいし》でできています。

このすべての物質《ぶっしつ》のもととなる、最初《さいしょ》の原子核《げんしかく》が生《う》み出《だ》されたのは、宇宙《うちゅう》が誕生《たんじょう》してから**約**《やく》**3分間**《ぶんかん》のことでした。

超高温《ちょうこうおん》の状態《じょうたい》で生《う》まれた宇宙《うちゅう》は、急激《きゅうげき》に膨《ふく》らむと同時《どうじ》に温度《おんど》を下《さ》げていきます。すると、宇宙誕生《うちゅうたんじょう》から1万分《まんぶん》の1秒後《びょうご》、温度《おんど》が1兆《ちょう》℃以下《いか》になった頃《ころ》、陽子《ようし》や中性子《ちゅうせいし》ができました。さらに、宇宙誕生《うちゅうたんじょう》から3分後《ぷんご》、温度《おんど》が約《やく》10億《おく》℃になると、陽子《ようし》や中性子《ちゅうせいし》が集《あつ》まって**水**《すい》**素**《そ》**やヘリウムの原子核**《げんしかく》が生《う》まれたのです。

このとき宇宙《うちゅう》は、水素《すいそ》やヘリウムの原子核《げんしかく》と電子《でんし》がバラバラに飛《と》びまわっている状態《じょうたい》で、光《ひかり》の粒子《りゅうし》（光子《こうし》）は、電子《でんし》がじゃましてまっすぐ進《すす》むことができませんでした。

宇宙誕生《うちゅうたんじょう》から**38万年後**《まんねんご》、温度《おんど》が3000℃に下《さ》がると、原子核《げんしかく》と電子《でんし》が結《むす》びついて水素《すいそ》やヘリウムの原子《げんし》ができました。光《ひかり》がまっすぐ進《すす》めるようになり、これを**宇宙**《うちゅう》**の晴**《は》**れ上**《あ》**がり**といって、そのときの光《ひかり》が、現在《げんざい》も**宇宙**《うちゅう》**マイクロ波**《は》**背景放射**《はいけいほうしゃ》として観測《かんそく》されています。

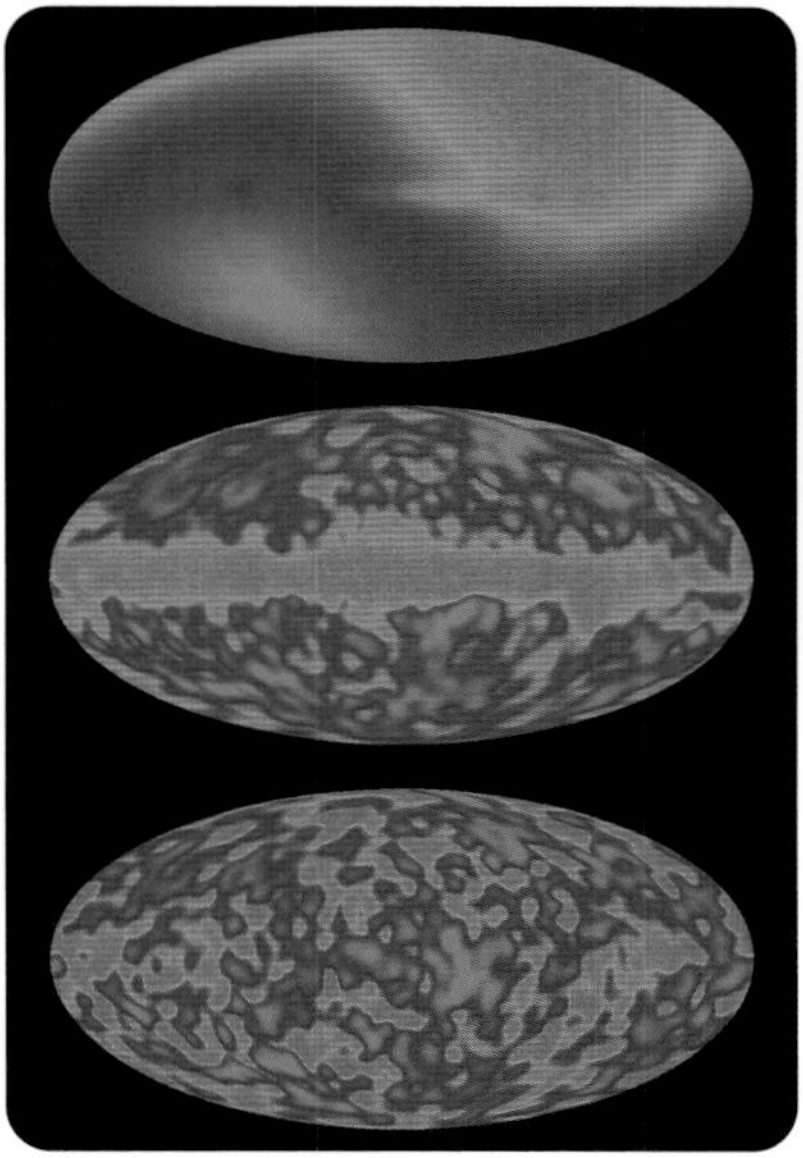

⬆これは、ベル研究所《けんきゅうじょ》のペンジアスとウィルソンが偶然発見《ぐうぜんはっけん》した「宇宙《うちゅう》マイクロ波背景放射《ははいけいほうしゃ》（CMB）」という「ビッグバンの証拠《しょうこ》」をくわしく観測《かんそく》したものです。一番上《いちばんうえ》が加工《かこう》していないデータで、下《した》へいくほどくわしくデータを分析《ぶんせき》した結果《けっか》です。青《あお》と赤《あか》の色《いろ》がまざっていることは、電波《でんぱ》にわずかなムラがあることを示《しめ》しています。

©NASA

宇宙《うちゅう》で最初《さいしょ》に生《う》まれた原子核《げんしかく》

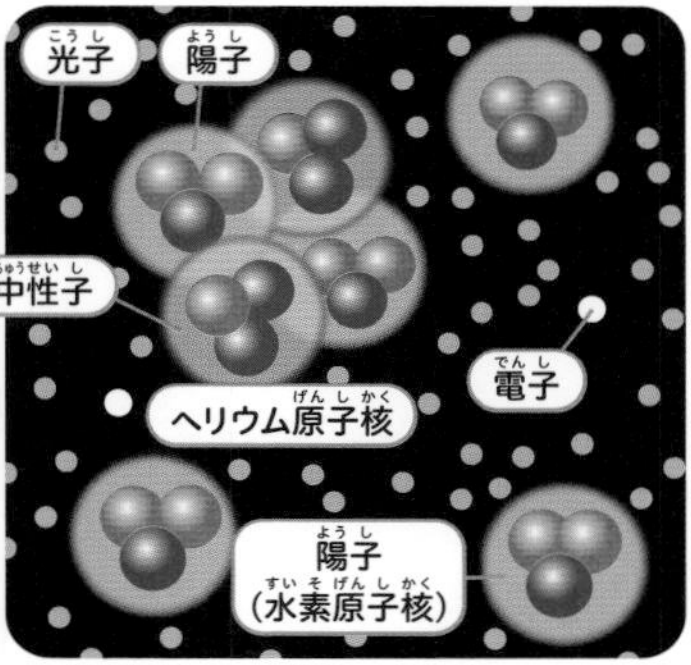

⬆宇宙誕生《うちゅうたんじょう》から3分後《ぶんご》、素粒子《そりゅうし》をもとにしてできた陽子《ようし》と中性子《ちゅうせいし》が結《むす》びついて、元素《げんそ》のなかで一番軽《いちばんかる》い水素《すいそ》、その次《つぎ》に軽《かる》いヘリウムの原子核《げんしかく》がつくられました。

⬇宇宙《うちゅう》マイクロ波背景放射《ははいけいほうしゃ》を世界《せかい》で初《はじ》めて観測《かんそく》した、ベル研究所《けんきゅうじょ》（アメリカ）のアンテナ。

©NASA

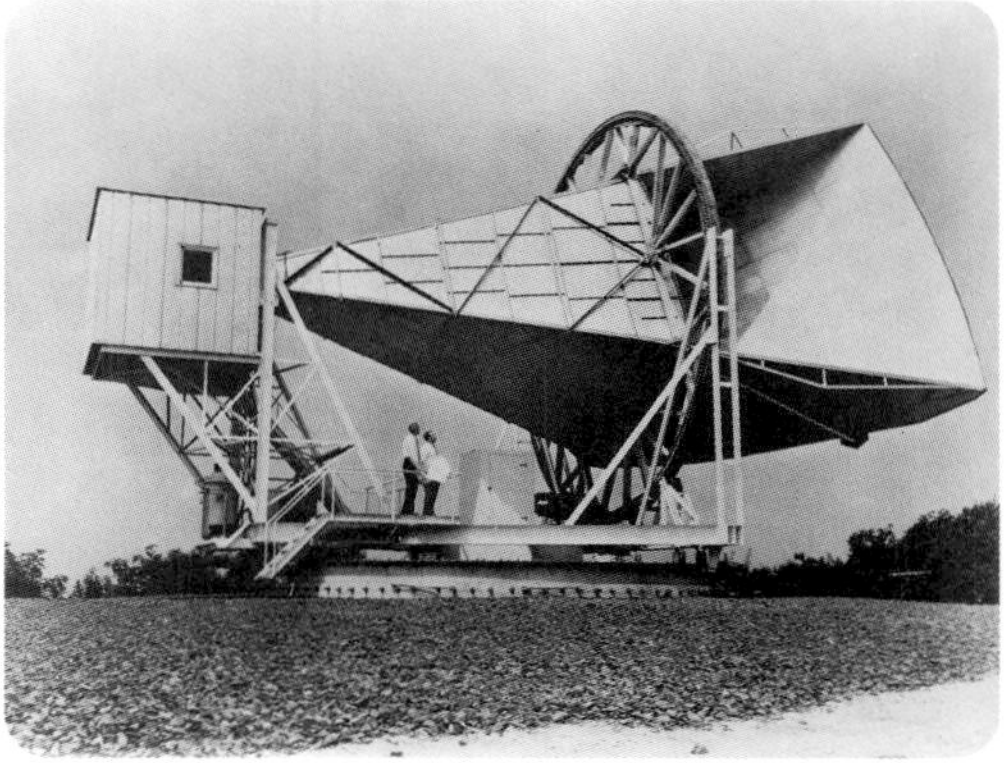

宇宙《うちゅう》の豆知識《まめちしき》

原子《げんし》は、物質《ぶっしつ》をつくるとても小《ちい》さな粒子《りゅうし》で、陽子《ようし》、中性子《ちゅうせいし》、電子《でんし》でできています。元素《げんそ》は水素《すいそ》、ヘリウム、酸素《さんそ》などのように原子《げんし》の種類《しゅるい》を指《さ》しています。たとえば水《みず》（H_2O）は原子《げんし》3つでできていますが、元素《げんそ》は2種類《しゅるい》となります。

72

宇《う》宙《ちゅう》で一《いち》番《ばん》最《さい》初《しょ》にできた星《ほし》はいったいどんな星《ほし》だった？

生《う》まれたばかりの宇宙《うちゅう》には、まだ星《ほし》がひとつもなく、**真《ま》っ暗《くら》な時代《じだい》**が続《つづ》いていました。その頃《ころ》の宇宙《うちゅう》には、水素《すいそ》やヘリウムといった物質《ぶっしつ》のガスや、ダークマターという謎《なぞ》の物質《ぶっしつ》が広《ひろ》がっていました。

これらの物質《ぶっしつ》には、場所《ばしょ》によってわずかに濃《こ》いところと薄《うす》いところ（ゆらぎ）がありました。宇宙《うちゅう》が誕生《たんじょう》してから数億年後《すうおくねんご》、物質《ぶっしつ》が濃《こ》いところに、さらに物質《ぶっしつ》が集《あつ》まって、最初《さいしょ》の星《ほし》が誕生《たんじょう》しました。この星《ほし》を**ファーストスター（初代星《しょだいせい》）**といいます。

ファーストスターはひとつではなく、この時期《じき》にいくつも生《う》まれたと考《かんが》えられています。ファーストスターは、太陽《たいよう》の40倍以上《ばいいじょう》の重《おも》さで、寿命《じゅみょう》は２００～３００万年《まんねん》ほど。寿命《じゅ》を終《お》えると、**超新星爆発《ちょうしんせいばくはつ》**という大爆発《だいばくはつ》を起《お》こしたと考《かんが》えられています。

生《う》まれて間《ま》もない初期《しょき》の宇宙《うちゅう》には、水素《すいそ》やヘリウムといった軽《かる》い元素《げんそ》しかなかったので、ファーストスターは水素《すいそ》やヘリウムより重《おも》い元素《げんそ》をほとんど含《ふく》んでいません。宇宙《うちゅう》の進化《しんか》の謎《なぞ》を解《と》くため、ファーストスター探《さが》しが行《おこな》われていますが、これまでのところその直接《ちょくせつ》の証拠《しょうこ》は見《み》つかっていません。

⬆太陽《たいよう》の約《やく》300倍《ばい》も重《おも》たい（質量《しつりょう》をもった）宇宙《うちゅう》で第一世代《だいいちせだい》の星《ほし》、ファーストスターが最期《さいご》に起《お》こした超新星爆発《ちょうしんせいばくはつ》の想像図《そうぞうず》。

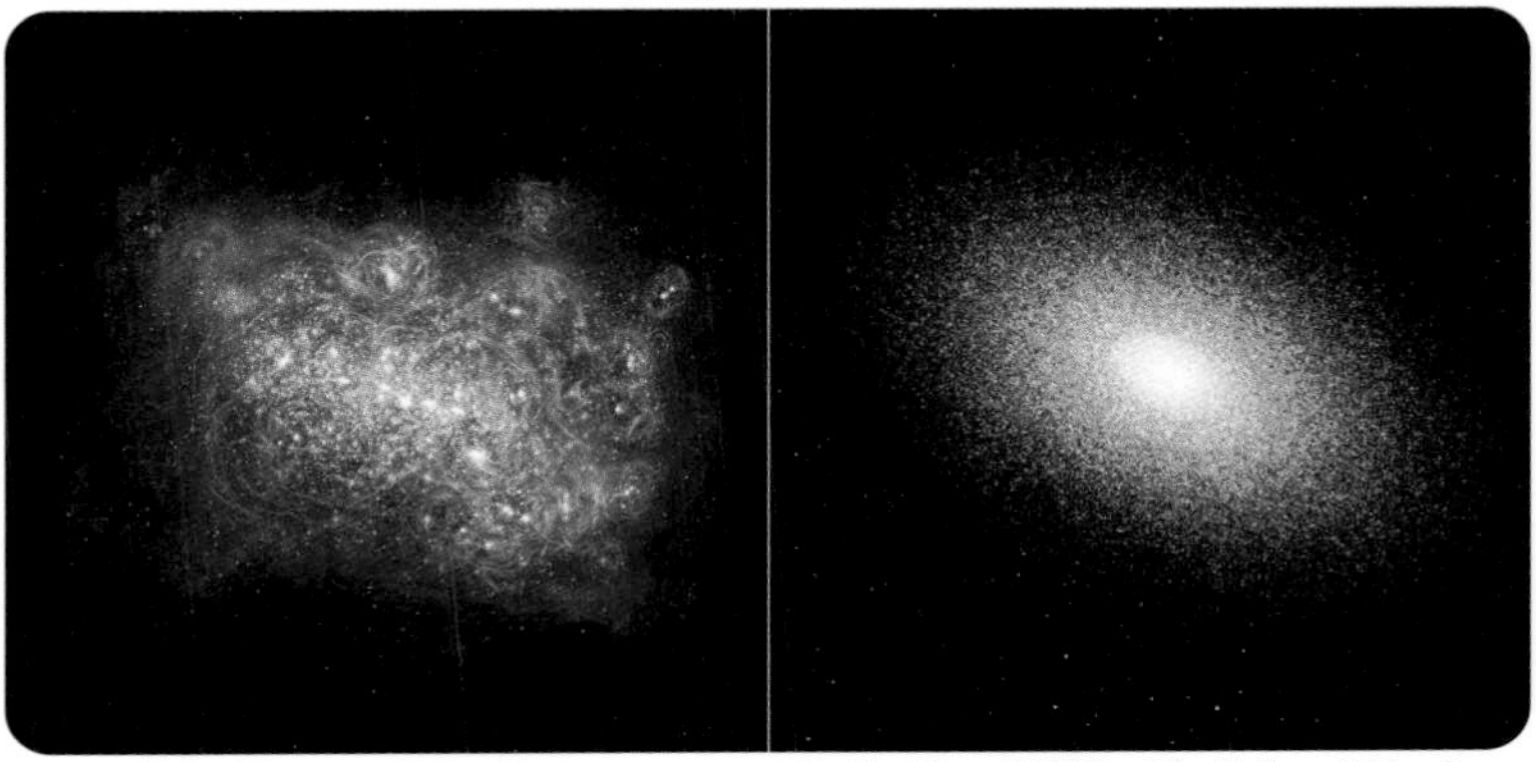

⬆老《ふ》けた銀河《ぎんが》（右《みぎ》）とその銀河《ぎんが》で星《ほし》がつくられていた若《わか》い頃《ころ》（左《ひだり》）の想像図《そうぞうず》。右《みぎ》の銀河《ぎんが》は、宇宙《うちゅう》が生《う》まれてたった3億年《おくねん》しか経《た》っていない時代《じだい》に生《う》まれた可能性《かのうせい》が高《たか》いと考《かんが》えられています。

宇《う》宙《ちゅう》の豆《まめ》知《ち》識《しき》

ファーストスターの中心《ちゅうしん》では、太陽《たいよう》と同《おな》じ核融合反応《かくゆうごうはんのう》が起《お》きていて、炭素《たんそ》や酸《さん》素《そ》などの重《おも》い元素《げんそ》ができます。星《ほし》の寿命《じゅみょう》がつきて大爆発《だいばくはつ》を起《お》こすと、それらの元素《げんそ》を含《ふく》んだガスが宇宙《うちゅう》にばら撒《ま》かれ、第《だい》2世代《せだい》の星《ほし》の材料《ざいりょう》になりました。

73

宇《う》宙《ちゅう》は生《う》まれてからずっと膨《ふく》らみ続《つづ》けているの？

⬆大《だい》マゼラン雲《うん》にあるⅠa型超新星《いちえいがたちょうしんせい》の残骸《ざんがい》SNR 0509-67.5。緑《みどり》や青《あお》はチャンドラ宇宙望遠鏡《うちゅうぼうえんきょう》のX《エックス》線《せん》データでわかった高温《こうおん》の物質《ぶっしつ》、赤《あか》やピンク色《いろ》の環《わ》はハッブル宇宙望遠鏡《うちゅうぼうえんきょう》の可視光《かしこう》データで得《え》られた衝撃波《しょうげきは》で超高温《ちょうこうおん》に熱《ねっ》せられたガスです。

宇《う》宙《ちゅう》は、およそ１３８億年前《おくねんまえ》に**ビッグバン**で生《う》まれてから、今《いま》も膨《ふく》らみ続《つづ》けています。これを**宇《う》宙《ちゅう》の膨張《ぼうちょう》**といいます。

宇《う》宙《ちゅう》のなかには、わたしたち人間《にんげん》の体《からだ》や宇《う》宙《ちゅう》の星《ほし》、星間《せいかん》ガス、ブラックホールなどをつくっている**ふつうの物質《ぶっしつ》（原子《げんし》）**と光《ひかり》を出《だ》したり吸収《きゅうしゅう》したりはしないけれど重力《じゅうりょく》ははたらく**謎《なぞ》の物質《ぶっしつ》（ダークマター）**があります。それらの物質《ぶっしつ》の間《あいだ》にはたらく重力《じゅうりょく》によって、宇《う》宙《ちゅう》の膨張《ぼうちょう》は引《ひ》き戻《もど》され、徐々《じょじょ》に速度《そくど》が遅《おそ》くなっていると考《かんが》えられていました。

ところが、１９９８年《ねん》、ふたつの研究《けんきゅう》チー

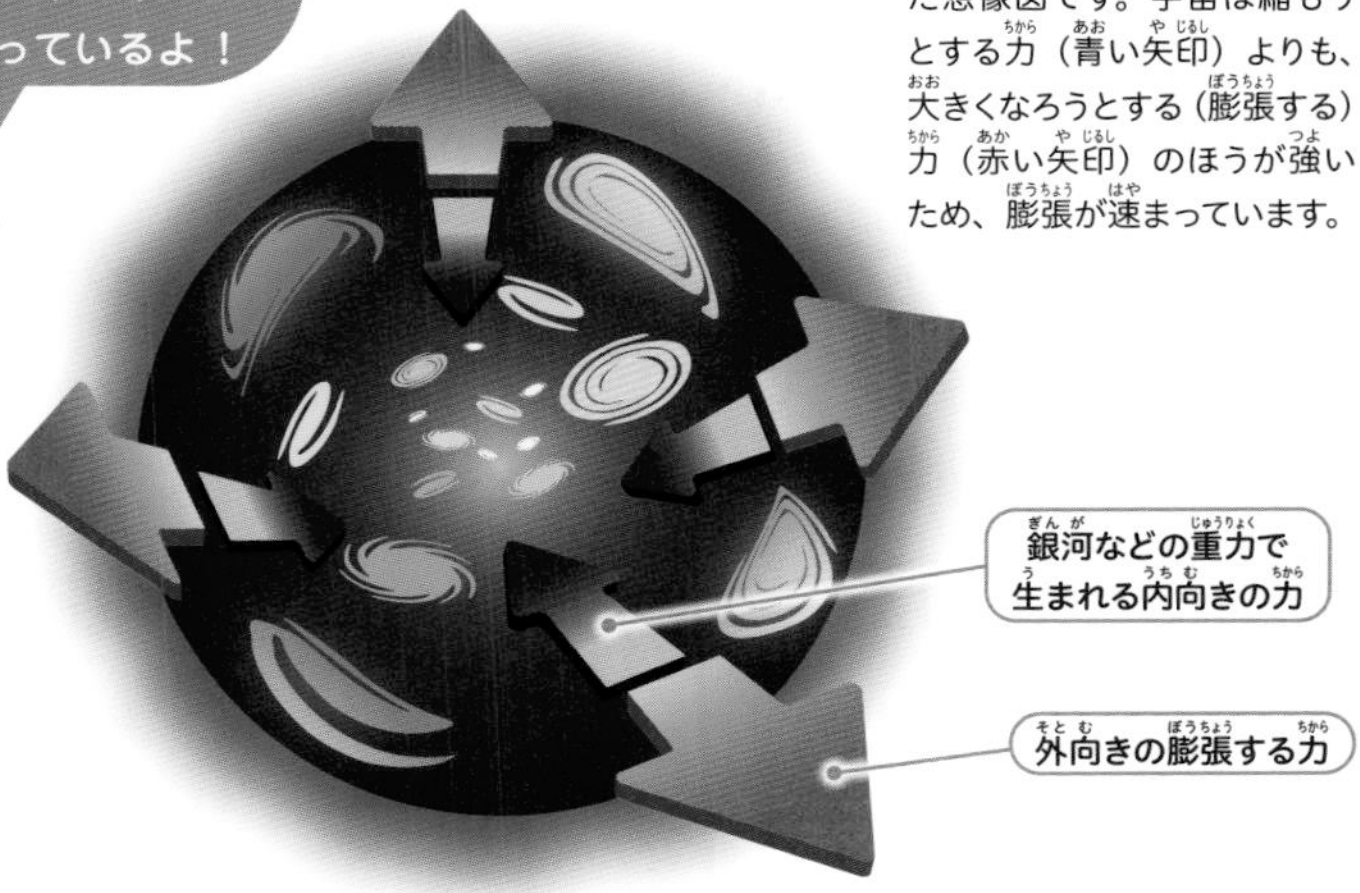

膨張《ぼうちょう》する宇宙《うちゅう》

宇宙《うちゅう》を球《きゅう》にたとえた、時間《じかん》がたつとどうなっていくかを示《しめ》した想像図《そうぞうず》です。宇宙《うちゅう》は縮《ちぢ》もうとする力《ちから》（青《あお》い矢印《やじるし》）よりも、大《おお》きくなろうとする（膨張《ぼうちょう》する）力《ちから》（赤《あか》い矢印《やじるし》）のほうが強《つよ》いため、膨張《ぼうちょう》が速《はや》まっています。

ムが、地球《ちきゅう》から約《やく》40〜90億光年《おくこうねん》離《はな》れた**Ia型《いちえいがた》**という超新星爆発《ちょうしんせいばくはつ》を調《しら》べたところ、その明《あか》るさが、それまで考《かんが》えられていた宇宙《うちゅう》の膨張速度《ぼうちょうそくど》から予測《よそく》される明《あか》るさよりも、暗《くら》く見《み》えることがわかりました。

これは、**宇宙《うちゅう》の膨張《ぼうちょう》する速度《そくど》がより速《はや》くなっていて、予測《よそく》されたよりも宇宙《うちゅう》が大《おお》きくなっている**ことを意味《いみ》していました。観測《かんそく》によれば、膨張《ぼうちょう》する速《はや》さは、約《やく》60億年前《おくねんまえ》からだんだん速《はや》くなっているようです。

宇宙《うちゅう》が大《おお》きくなれば、宇宙空間《うちゅうくうかん》にある物質《ぶっしつ》の密度《みつど》は低《ひく》くなります。すると、膨張速度《ぼうちょうそくど》は遅《おそ》くなるはずです。なのに膨張速度《ぼうちょうそくど》が速《はや》くなっているのは、物質《ぶっしつ》の重力《じゅうりょく》による力《ちから》よりも強《つよ》い謎《なぞ》のエネルギーがはたらいていることになります。このエネルギーは、正体《しょうたい》がわからないことから**ダークエネルギー（暗黒《あんこく》エネルギー）**と呼《よ》ばれています。

宇宙《うちゅう》の豆知識《まめちしき》

遠《とお》くにある銀河《ぎんが》ほど、地球《ちきゅう》から速《はや》く遠《とお》ざかっています。では、地球《ちきゅう》が宇宙《うちゅう》の中《ちゅう》心《しん》なのでしょうか。そうではありません。宇宙《うちゅう》のどこから見《み》ても、その場所《ばしょ》が宇宙《うちゅう》の中心《ちゅうしん》のように見《み》えるので、宇宙《うちゅう》に中心《ちゅうしん》という特別《とくべつ》な場所《ばしょ》はありません。

74 わたしたちの「宇宙《うちゅう》」とは別《べつ》の宇《う》宙《ちゅう》があるの？

わたしたちは今《いま》、宇宙《うちゅう》のなかに生《い》きています。これは不思議《ふしぎ》でも何《なん》でもないことですが、宇宙《うちゅう》の成《な》り立《た》ちを考《かんが》えると、とても不思議《ふしぎ》なことでもあるのです。

宇宙《うちゅう》が誕生《たんじょう》してすぐ、含《ふく》まれるエネルギーがちょっと小《ちい》さかっただけで宇宙《うちゅう》はすぐにつぶれていたし、ちょっと大《おお》きかったら膨張《ぼうちょう》するスピードが速《はや》すぎて水素原子《すいそげんし》がつくられず、星《ほし》やわたしたち生命《せいめい》が生《う》まれることはありませんでした。なのにどういうわけか、わたしたちの宇宙《うちゅう》には**星《ほし》や人間《にんげん》が生《う》まれるのに適《てき》した条件《じょうけん》**が揃《そろ》っています。

その理由《りゆう》について、この宇宙《うちゅう》とは別《べつ》に、つぶれてしまったり、物質《ぶっしつ》が生《う》まれなかったりしたたくさんの宇宙《うちゅう》があって、わたしたちの宇宙《うちゅう》の物理法則《ぶつりほうそく》がたまたま、星《ほし》や生命《せいめい》が生《う》まれるのにぴったりだったという考《かんが》え方《かた》があります。そのようなたくさんの宇宙《うちゅう》を**マルチバース（多元宇宙《たげんうちゅう》）**といいます。先《さき》にインフレーションが終《お》わった宇宙《うちゅう》（母宇宙《ははうちゅう》）から、さらにインフレーションによって別《べつ》の宇《う》宙《ちゅう》（子宇宙《こうちゅう》）が生《う》まれていくという考《かんが》え方《かた》や、宇宙《うちゅう》を薄《うす》い膜《まく》にたとえたブレーンワールド（膜宇宙《まくうちゅう》）という考《かんが》え方《かた》もあります。

マルチバース

⬆ひとつの母宇宙《ははうちゅう》がインフレーションを起《お》こすと泡《あわ》のような部分《ぶぶん》ができて、これがだんだん大《おお》きくなっていきます。インフレーションは次々《つぎつぎ》に起《お》きて、泡同士《あわどうし》の間《あいだ》にある空間《くうかん》が、新《あたら》しくインフレーションを起《お》こしてできた宇宙《うちゅう》（子宇宙《こうちゅう》や孫宇宙《まごうちゅう》）をつないでいきます。

ブレーンワールド

⬇「超《ちょう》ひも理論《りろん》」という物理《ぶつり》の理論《りろん》をもとにした多元宇宙論《たげんうちゅうろん》のひとつで、3次元空間《じげんくうかん》と時間《じかん》を加《くわ》えた4次元《じげん》の宇宙《うちゅう》が、薄《うす》い膜《まく》のようになって、いくつも存在《そんざい》しているという考《かんが》え方《かた》です。薄《うす》い膜宇宙《まくうちゅう》をブレーンといって、ブレーンのなかの銀河《ぎんが》などが別《べつ》の宇宙《うちゅう》へ移動《いどう》することはできません。

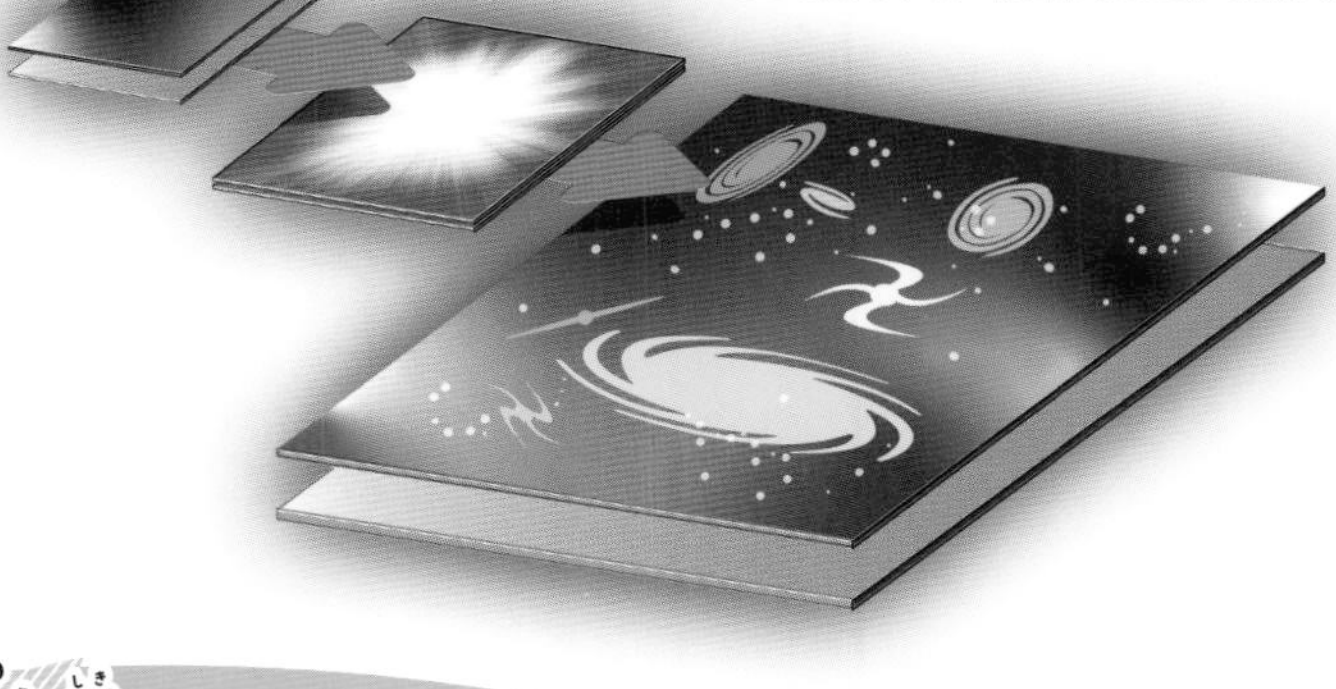

宇宙《うちゅう》の豆知識《まめちしき》

わたしたちの世界《せかい》は「縦《たて》・横《よこ》・高《たか》さ」という3つの方向《ほうこう》の軸《じく》がある3次元空間《じげんくうかん》です。時間《じかん》は過去《かこ》から未来《みらい》へ一方向《いちほうこう》にしか流《なが》れませんが、空間《くうかん》が伸《の》び縮《ちぢ》みすると時間《じかん》も伸《の》び縮《ちぢ》みするので時間《じかん》と空間《くうかん》を一体化《いったいか》して「4次元時空《じげんじくう》」と呼《よ》びます。

75

宇宙《うちゅう》には星《ほし》がないスカスカなところがあるの？

宇《う》宙《ちゅう》には、数千億個《すうせんおくこ》とも数兆個《すうちょうこ》ともいわれる銀河《ぎんが》が存在《そんざい》していて、数百《すうひゃく》～数千《すうせん》個《こ》の銀河《ぎんが》が集《あつ》まって銀河団《ぎんがだん》、銀河団《ぎんがだん》が集《あつ》まって超銀河団《ちょうぎんがだん》をつくっています。

宇宙《うちゅう》を数億《すうおく》～数十億光年先《すうじゅうおくこうねんさき》まで見《み》てみると、銀河《ぎんが》が群《む》れをなしているところと、ほとんどないところがあります。たくさんの銀河《ぎんが》が数億光年《すうおくこうねん》という長《なが》さで細長《ほそなが》く並《なら》んでいて（フィラメントといいます）、この**フィラメント同士《どうし》がぶつかるところが銀河団《ぎんがだん》や超銀河団《ちょうぎんがだん》**になっています。

また、星《ほし》や銀河《ぎんが》がほとんどない空《から》っぽの**ボイド（超空洞《ちょうくうどう》）**と呼《よ》ばれる空間《くうかん》があって、網《あみ》目《め》のようにフィラメントと絡《から》み合《あ》っています。このような宇宙《うちゅう》のしくみを**宇宙《うちゅう》の大規模《だいきぼ》構造《こうぞう》**といいます。

宇宙《うちゅう》の大規模構造《だいきぼこうぞう》ができる原因《げんいん》は、**ダークマター**という謎《なぞ》の物質《ぶっしつ》だと考《かんが》えられています。宇宙《うちゅう》が誕生《たんじょう》したとき、ダークマターの密《みつ》度《ど》が場所《ばしょ》によってほんのわずかな差《さ》（ムラ）がありました。ダークマターの量《りょう》が多《おお》かった場所《ばしょ》には物質《ぶっしつ》が集《あつ》まって星《ほし》や銀河《ぎんが》ができ、ダークマターがあまりないところはボイドになったと考《かんが》えられています。

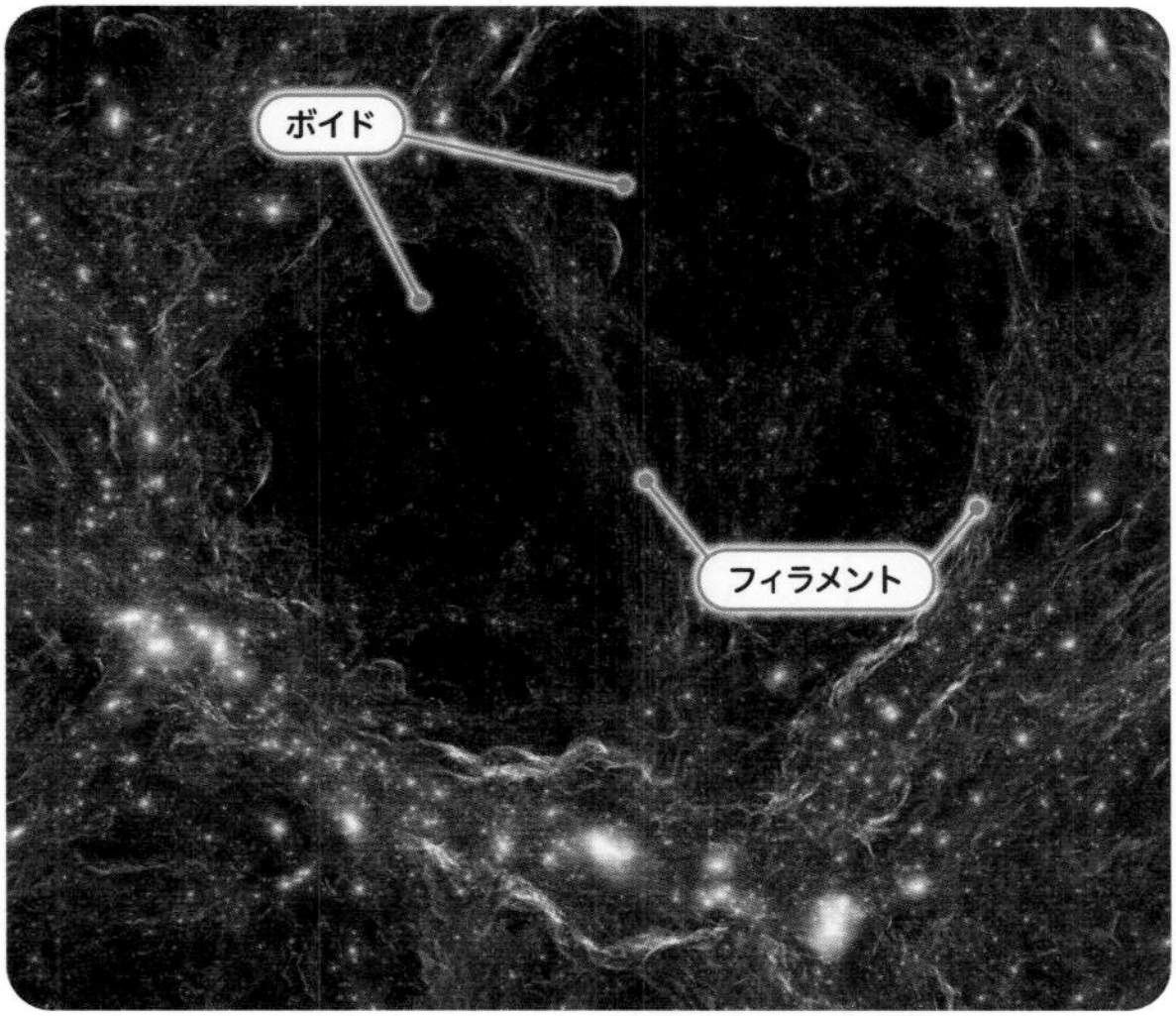

⬅コンピューターシミュレーションで再現《さいげん》された宇宙《うちゅう》の大規模《だいきぼ》構造《こうぞう》を示《しめ》しています。天体《てんたい》がほとんどないスカスカな場所《ばしょ》（ボイド）を取《と》り囲《かこ》むように、たくさんの銀河《ぎんが》を含《ふく》むフィラメントと呼《よ》ばれる領域《りょういき》が網《あみ》の目《め》のように存在《そんざい》しています。オレンジ色《いろ》が銀河《ぎんが》で、青色《あおいろ》はガスやダークマターと考《かんが》えられています。

©TNG Collaboration

宇宙《うちゅう》は「宇宙《うちゅう》の大規模構造《だいきぼこうぞう》」って いうしくみになっているんだ！

➡ふたつある扇形《おうぎがた》が交《まじ》わっている、画像《がぞう》の中心《ちゅうしん》に天《あま》の川銀河《がわぎんが》があります。天《あま》の川銀河《がわぎんが》から遠《とお》くにある天体《てんたい》ほど、扇形《おうぎがた》の外側《そとがわ》に示《しめ》されています。銀河《ぎんが》がたくさんある場所《ばしょ》は赤色《あかいろ》、少《すく》ない場所《ばしょ》は青色《あおいろ》、まったくない場所《ばしょ》は黒色《くろいろ》になっています。宇宙《うちゅう》には銀河《ぎんが》があるところ、あまりないところがあるなど、同《おな》じになっていないことがわかります。画像《がぞう》の上下《じょうげ》の黒色部分《くろいろぶぶん》は、銀河《ぎんが》の分布《ぶんぷ》を観測《かんそく》できていないエリアです。

©AAO/2dFGRS

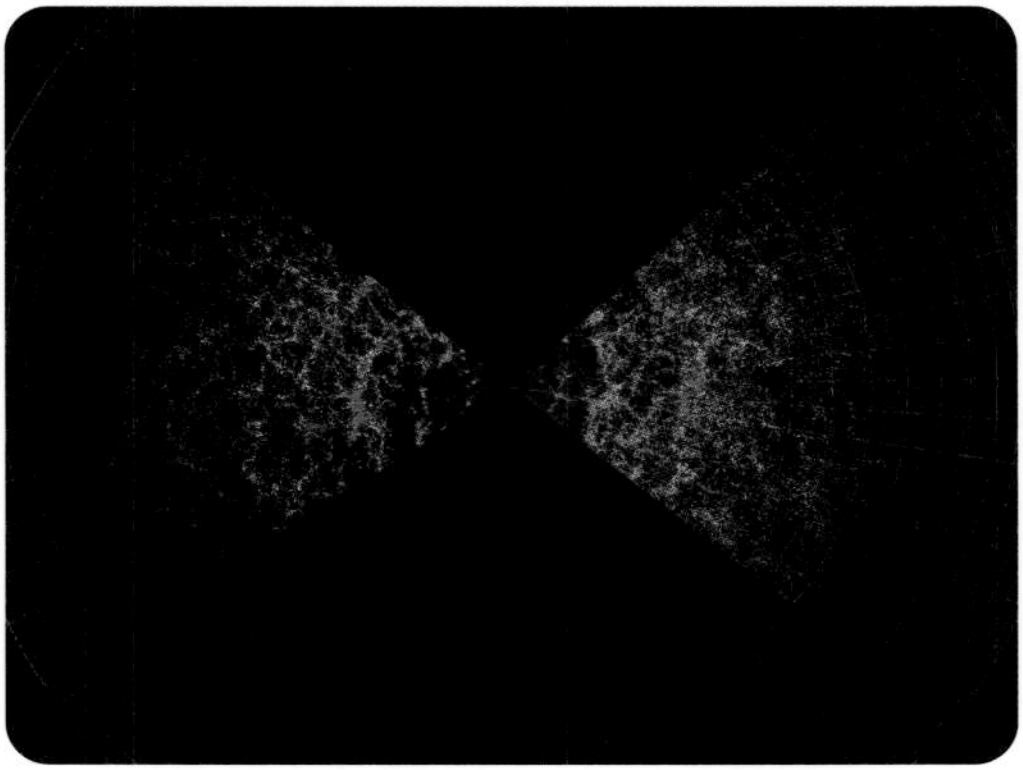

宇宙《うちゅう》の豆《まめ》知識《ちしき》

ボイドの大《おお》きさは1億光年《おくこうねん》ほどですが、10億光年《おくこうねん》以上《いじょう》というスーパーボイドが見《み》つかっています。場所《ばしょ》は、地球《ちきゅう》から60 ～ 100億光年《おくこうねん》離《はな》れたエリダヌス座《ざ》の方向《ほうこう》。宇宙《うちゅう》マイクロ波《は》背景放射観測衛星《はいけいほうしゃかんそくえいせい》 WMAPの観測《かんそく》でわかりました。

76

あるはずなのに見《み》えない宇宙《うちゅう》の忍者《にんじゃ》ダークマター

ダークマターは、重《おも》さをもっているのに姿《すがた》が見《み》えない謎《なぞ》の物質《ぶっしつ》です。

銀河《ぎんが》が回転《かいてん》する速《はや》さを調《しら》べてみると、その速《はや》さで回《まわ》るためには、**目《め》に見《み》えている星《ほし》以外《いがい》に、その何倍《なんばい》もの重《おも》さの物質《ぶっしつ》**が必要《ひつよう》だということがわかりました。それまでは宇宙《うちゅう》を観測《かんそく》するのに、目《め》に見《み》える光《ひかり》（可視光《かしこう》）やX線《エックスせん》、赤外線《せきがいせん》などを利用《りよう》してきましたが、この物質《ぶっしつ》は、光《ひかり》（電磁波《でんじは》）では観測《かんそく》できません。そのため、**暗黒物質《あんこくぶっしつ》（ダークマター）**と名《な》づけられたのです。

この宇宙《うちゅう》には、原子《げんし》からできている「ふつうの物質《ぶっしつ》」の5倍以上《ばいいじょう》のダークマターが存在《そんざい》しているという観測結果《かんそくけっか》が出《だ》されています。

またダークマターは、宇宙《うちゅう》が誕生《たんじょう》した直後《ちょくご》、重力《じゅうりょく》によってガスや物質《ぶっしつ》を引《ひ》き寄《よ》せて、星《ほし》や銀河《ぎんが》が誕生《たんじょう》するのに大《おお》きな役割《やくわり》を果《は》たしたと考《かんが》えられています。

ダークマターの正体《しょうたい》としては、見《み》つかっていない小《ちい》さな粒《つぶ》（素粒子《そりゅうし》）、ブラックホール、星《ほし》の最期《さいご》にできる白色矮星《はくしょくわいせい》や中性子星《ちゅうせいしせい》、銀河《ぎんが》に存在《そんざい》する光《ひかり》を発《はっ》しない小《ちい》さな星《ほし》など、いろいろな候補《こうほ》が考《かんが》えられていますが、まだよくわかっていません。

ダークマターの分布《ぶんぷ》

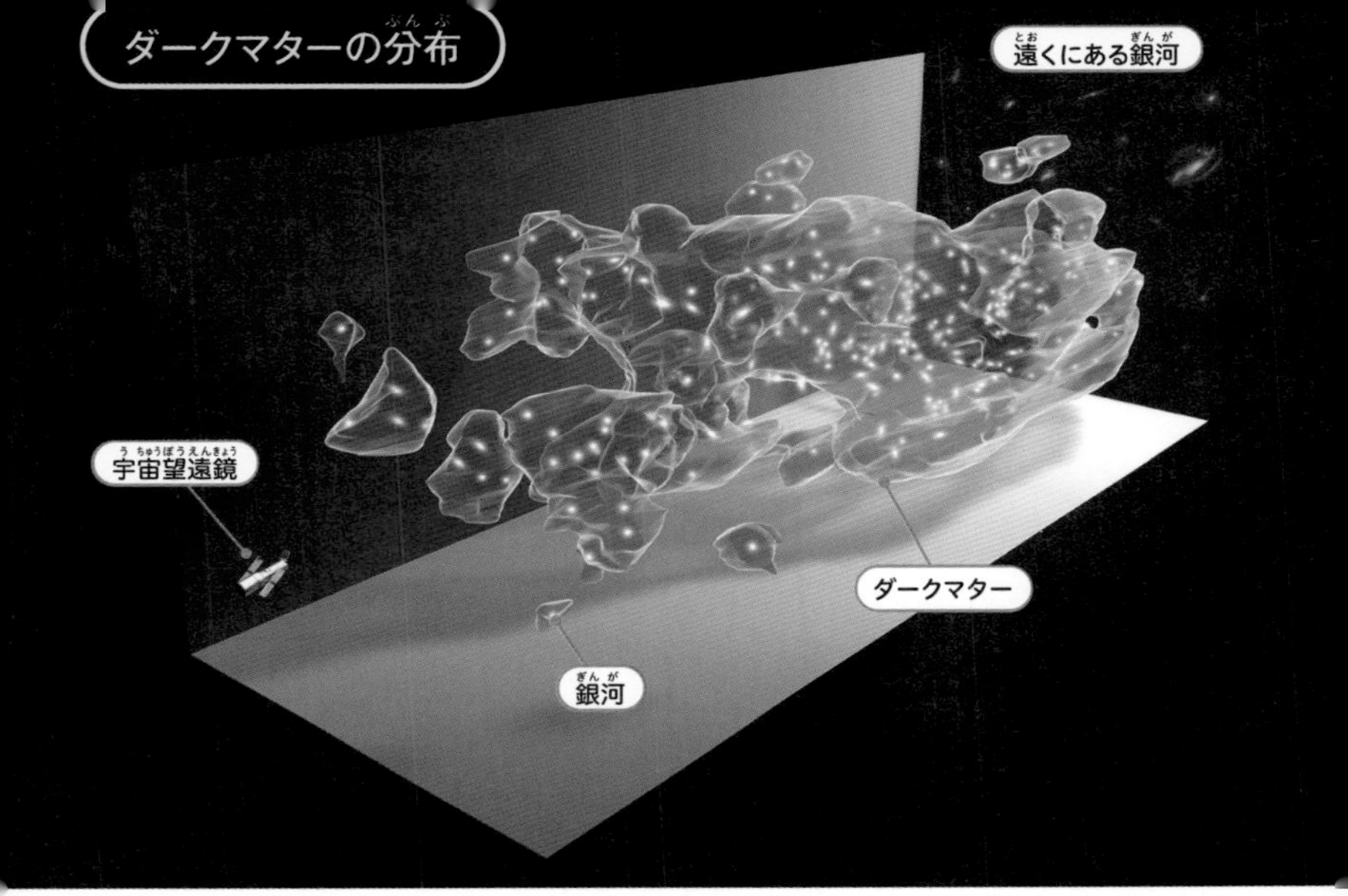

⬆この3Dマップは、地球《ちきゅう》から80億光年先《おくこうねんさき》（右《みぎ》ほど遠《とお》い）までのダークマターの分布《ぶんぷ》を示《しめ》しています。遠《とお》くの銀河《ぎんが》を観測《かんそく》することで、手前《てまえ》にあるはずのダークマターによる重力《じゅうりょく》レンズ効果《こうか》から計算《けいさん》されたものです。黄色《きいろ》い点《てん》は銀河《ぎんが》で、ダークマターの分布《ぶんぷ》と重《かさ》なっていることがわかります。

©NASA,ESA and R.Massey(California Institute of Technology)

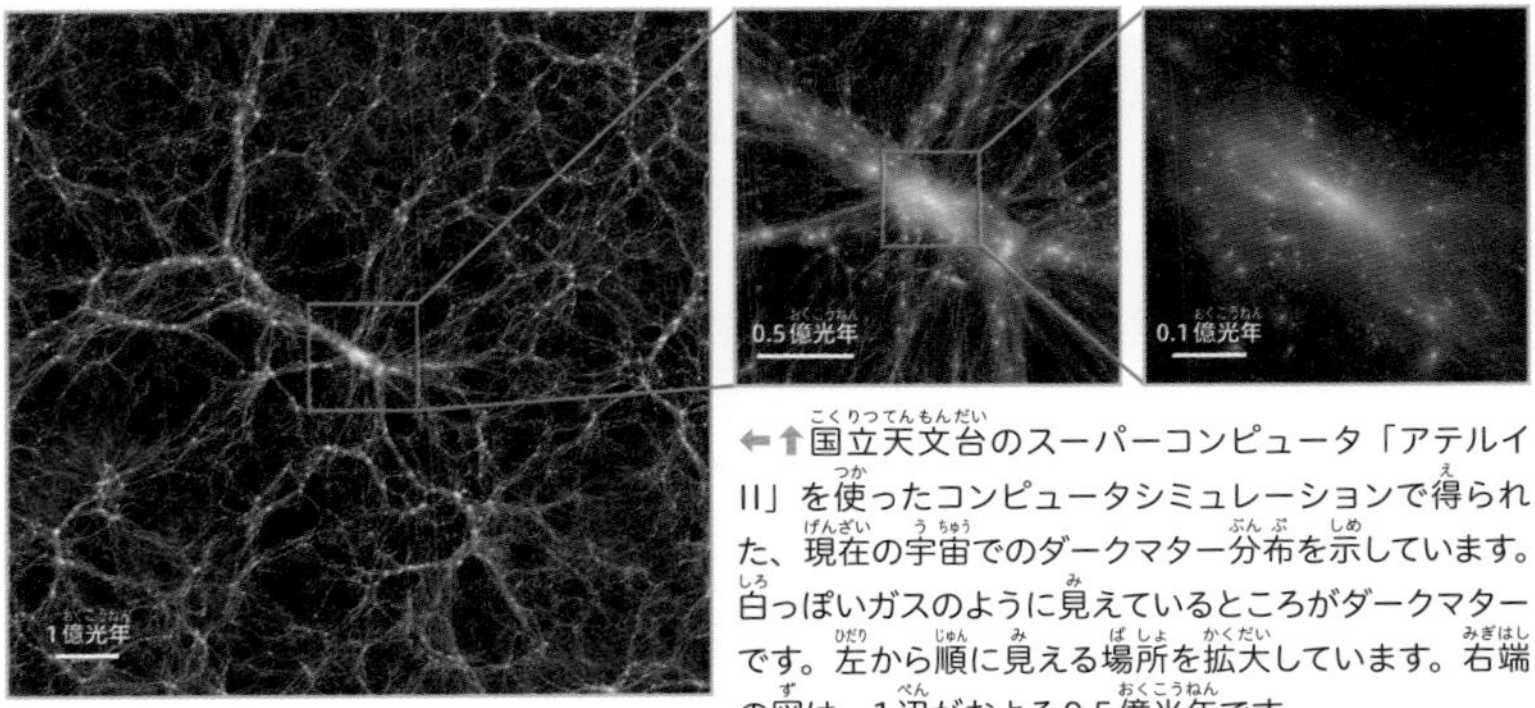

⬅⬆国立天文台《こくりつてんもんだい》のスーパーコンピュータ「アテルイII」を使《つか》ったコンピュータシミュレーションで得《え》られた、現在《げんざい》の宇宙《うちゅう》でのダークマター分布《ぶんぷ》を示《しめ》しています。白《しろ》っぽいガスのように見《み》えているところがダークマターです。左《ひだり》から順《じゅん》に見《み》える場所《ばしょ》を拡大《かくだい》しています。右端《みぎはし》の図《ず》は、1辺《ぺん》がおよそ0.5億光年《おくこうねん》です。

© 石山智明

宇宙《うちゅう》の豆知識《まめちしき》

ヨーロッパ宇宙機関《うちゅうきかん》（ESA《イーサ》）が打《う》ち上《あ》げた宇宙《うちゅう》マイクロ波背景放射《ははいけいほうしゃ》を観測《かんそく》するための衛星《えいせい》が「プランク」です。プランクの観測《かんそく》から、ダークマターは宇宙《うちゅう》の約《やく》27%、姿《すがた》が見《み》えないのに3割近《わりちか》くを占《し》めることがわかっています。

77

宇宙《うちゅう》を膨《ふく》らませる正体《しょうたい》不明《ふめい》のダークエネルギー

宇《う》宙《ちゅう》が膨《ふく》らんで大《おお》きくなればなるほど、宇宙《うちゅう》にあるエネルギーの密度《みつど》が薄《うす》まって、膨《ふく》らむ速度《そくど》は遅《おそ》くなるはずです。

ところが、1998年《ねん》にふたつの研究《けんきゅう》チームが、宇宙《うちゅう》が膨《ふく》らむ速度《そくど》が遅《おそ》くなるどころか、速《はや》くなっていることを発見《はっけん》しました。

速《はや》くなっているということは、わたしたちの宇宙《うちゅう》は、いくら宇宙《うちゅう》が膨《ふく》らんでもエネルギー密度《みつど》が変《か》わらない、未知《みち》のエネルギーで満《み》たされているということです。

この宇宙《うちゅう》が膨《ふく》らむスピードを速《はや》くしている謎《なぞ》のエネルギーを、**ダークエネルギー**といいます。このダークエネルギーは、重力《じゅうりょく》を上回《うわまわ》る反発力《はんぱつりょく》（空間《くうかん》を広《ひろ》げる力《ちから》）をもっていて、宇宙《うちゅう》が大《おお》きくなればなるほど大《おお》きくなります。これまでの観測《かんそく》によれば、**宇宙《うちゅう》の全《ぜん》エネルギーの約《やく》70％**が、ダークエネルギーであることがわかっています。

宇宙《うちゅう》が膨《ふく》らむ速度《そくど》は、60億年《おくねん》ほど前《まえ》に速《はや》くなり始《はじ》めて、それが今《いま》も続《つづ》いています。宇宙《うちゅう》の膨張《ぼうちょう》が速《はや》まる現象《げんしょう》は、宇宙《うちゅう》が生《う》まれた直後《ちょくご》に起《お》こったインフレーション以来《いらい》となります。そのため、今《いま》の宇宙膨張《うちゅうぼうちょう》は**第《だい》2のインフレーション**と呼《よ》ばれています。

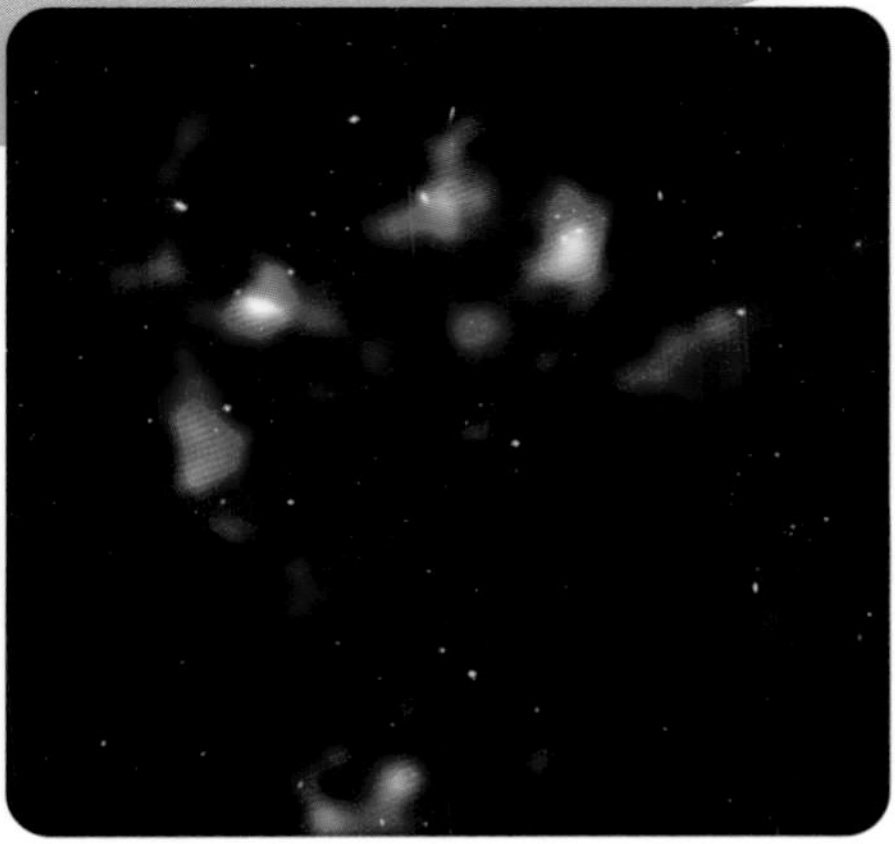

⬅ COSMOSフィールドという宇宙《うちゅう》の領域《りょういき》での物質《ぶっしつ》の分布《ぶんぷ》を示《しめ》している画像《がぞう》です。ここからダークマターの分布《ぶんぷ》がわかって、宇宙《うちゅう》の膨張《ぼうちょう》がダークエネルギーによって加速《かそく》していることが確認《かくにん》されました。

加速膨張《かそくぼうちょう》する宇宙《うちゅう》

ダークエネルギーが宇宙《うちゅう》を押《お》し広《ひろ》げている？

⬆ 宇宙《うちゅう》はスピードを上《あ》げ（加《か》速《そく》し）ながら膨張《ぼうちょう》しています。そのためには宇宙全体《うちゅうぜんたい》を押《お》し広《ひろ》げる力《ちから》が必要《ひつよう》ですが、その源《みなもと》がダークエネルギーではないかと考《かんが》えられています。

宇宙《うちゅう》の構成《こうせい》

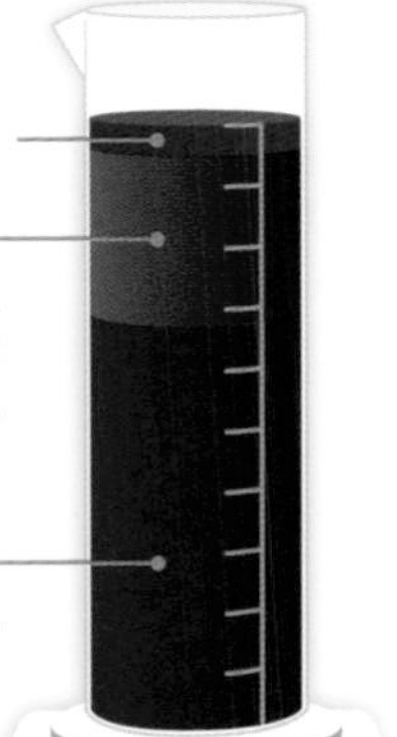

ふつうの物質《ぶっしつ》 5%

人間《にんげん》の体《からだ》や地球《ちきゅう》や銀河《ぎんが》、ブラックホールなどほとんどの天体《てんたい》は「ふつうの物質《ぶっしつ》」でできています。

ダークマター 27%

重《おも》さ（質量《しつりょう》）があって、周囲《しゅうい》に重《じゅう》力《りょく》をおよぼします。直接《ちょくせつ》は観測《かんそく》できませんが存在《そんざい》する証拠《しょうこ》は見《み》つかっています。

ダークエネルギー 68%

宇宙《うちゅう》を加速膨張《かそくぼうちょう》させているエネルギー源《げん》と考《かんが》えられていますが、まだ正体《しょうたい》はわかっていません。

宇宙《うちゅう》の豆《まめ》知《ち》識《しき》

宇宙《うちゅう》には星《ほし》や銀河《ぎんが》などからの電波《でんぱ》、赤外線《せきがいせん》、可視光《かしこう》、紫外線《しがいせん》、X線《エックスせん》、ガンマ線《せん》が出《で》ていてにぎやかです。だけど、宇宙《うちゅう》はほとんど何《なに》もない真空《しんくう》のため、光《ひかり》はまっすぐ通過《つうか》していきます。そのため背景《はいけい》の宇宙《うちゅう》は黒《くろ》く見《み》えるのです。

78

未来《みらい》の宇宙《うちゅう》は大《おお》きくなる？小《ちい》さくなる？消《き》えてなくなる？

宇《う》宙《ちゅう》に待《ま》ち受《う》ける未来《みらい》には、次《つぎ》の3つのパターンが予想《よそう》されています。

①ビッグクランチ

ビッグバンで膨張《ぼうちょう》を始《はじ》めた宇宙《うちゅう》ですが、宇《う》宙内部《ちゅうないぶ》の星《ほし》や銀河《ぎんが》などの物質《ぶっしつ》の重力《じゅうりょく》の影響《えいきょう》で、膨《ふく》らむ速度《そくど》が落《お》ちていって、そのうちに縮《ちぢ》み始《はじ》めます。そして宇宙《うちゅう》はどんどん小《ちい》さくなっていって、最後《さいご》には**高温《こうおん》で高密度《こうみつど》のひとつの点《てん》**になって消《き》えてしまいます。

②ビッグリップ

ダークエネルギーがどんどん強《つよ》くなって、宇宙《うちゅう》が膨《ふく》らむ速《はや》さが速《はや》くなり、宇宙《うちゅう》を引《ひ》き裂《さ》いてしまうというのがビッグリップです。最《さい》後《ご》には銀河《ぎんが》も星《ほし》もバラバラになり、**原子《げんし》まで引《ひ》き裂《さ》かれて宇宙《うちゅう》は死《し》**を迎《むか》えます。

③ビッグフリーズ

宇宙《うちゅう》がいつまでも膨《ふく》らみ続《つづ》けるという予想《よそう》です。宇宙《うちゅう》が膨《ふく》らむことで、銀河《ぎんが》と銀河《ぎんが》の距《きょ》離《り》がどんどん離《はな》れていきます。そしてやがて、一番近《いちばんちか》くにあったはずの銀河《ぎんが》の光《ひかり》も届《とど》かなくなります。銀河《ぎんが》のなかでは星《ほし》が燃《も》えつき、新《あたら》しい星《ほし》が生《う》まれなくなって、ブラックホールが増《ふ》え、やがてそのブラックホールも消《き》えてしまいます。最後《さいご》に宇宙《うちゅう》は、**極低温《きょくていおん》の闇《やみ》の世《せ》**

宇宙《うちゅう》の未来《みらい》予想図《よそうず》

ビッグクランチ

宇宙《うちゅう》は膨張《ぼうちょう》から収縮《しゅうしゅく》に変《か》わって、やがては縮《ちぢ》んでつぶれてしまうという予想《よそう》です。最後《さいご》に宇宙《うちゅう》はただの点《てん》になって、ビッグバンが起《お》きた頃《ころ》のように高温《こうおん》になります。

ビッグリップ

ダークエネルギーの力《ちから》が強《つよ》くなって、膨張《ぼうちょう》を続《つづ》ける宇宙《うちゅう》がやがては張《は》り裂《さ》けてしまうという予想《よそう》です。すべての天体《てんたい》はバラバラになり、宇宙《うちゅう》は素粒子《そりゅうし》レベルになって活動《かつどう》を終《お》えます。

ビッグフリーズ

宇宙《うちゅう》の膨張《ぼうちょう》がこの先《さき》もずっと続《つづ》くという予想《よそう》です。膨張《ぼうちょう》で銀河同士《ぎんがどうし》が離《はな》れていき、そのスピードも速《はや》まります。銀河《ぎんが》に水素《すいそ》はなくなって、新《あたら》しい星《ほし》が生《う》まれない闇《やみ》の世界《せかい》になります。

界《かい》になります。

以上《いじょう》、3つのどれが起《お》こるにしても、何百億年《なんびゃくおくねん》も何千億年《なんぜんおくねん》も先《さき》の話《はなし》ですし、まだ宇宙《うちゅう》がどのような運命《うんめい》をたどるのかは、はっきりとわかりません。なぜならば、**ダークエネルギーの正体《しょうたい》**はわかっていませんし、これから先《さき》の宇宙《うちゅう》で、膨《ふく》らむ速《はや》さがどう変《か》わっていくかもわかっていないからです。これらの謎《なぞ》が解《と》けたとき、宇宙《うちゅう》の運命《うんめい》が明《あき》らかになることでしょう。

宇宙《うちゅう》の豆知識《まめちしき》

ブラックホールはとても長《なが》い間光《あいだひかり》を放出《ほうしゅつ》して、最後《さいご》には蒸発《じょうはつ》して消《き》えてしまうと考《かんが》えられています。宇宙《うちゅう》が膨《ふく》らみ続《つづ》けた場合《ばあい》、最後《さいご》に残《のこ》ったブラックホールまでなくなると、宇宙《うちゅう》は素粒子《そりゅうし》だけの空《から》っぽな世界《せかい》になってしまいます。

約《やく》138億年《おくねん》というとても長《なが》い宇宙《うちゅう》の歴史《れきし》を1年間《ねんかん》にたとえた「宇宙《うちゅう》カレンダー」を見《み》ると、宇宙《うちゅう》ができて生《い》きものが現《あらわ》れるまでにとても長《なが》い時間《じかん》がかかったことがわかります。太陽系《たいようけい》や地球《ちきゅう》ができたのは9月《がつ》、最初《さいしょ》の生《い》きものが地球《ちきゅう》に現《あらわ》れたのも9月《がつ》、生《い》きものの進化《しんか》のほとんどが12月《がつ》に入《はい》ってからのできごとなのです。

写真：ESA、NASA、ALMA、PIXTA

4月《がつ》	5月《がつ》	6月《がつ》
10月《がつ》  大酸化《だいさんか》イベント（光合成《こうごうせい》の始《はじ》まり）	11月《がつ》 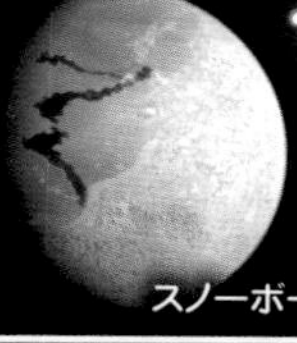 スノーボールアース	12月《がつ》  多細胞生物《たさいぼうせいぶつ》の誕生《たんじょう》ほか

12月《がつ》だけを見《み》てみよう

6	7	8	9	10
6 スノーボールアース 多細胞生物《さいぼうせいぶつ》の誕生《たんじょう》	17 古生代《こせいだい》の始《はじ》まり 魚類《ぎょるい》の誕生《たんじょう》	18	19 昆虫《こんちゅう》の誕生《たんじょう》	20
6	27 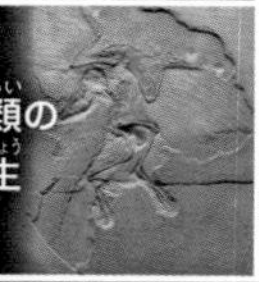 鳥類《ちょうるい》の誕生《たんじょう》	28  被子植物《ひししょくぶつ》の誕生《たんじょう》	29	30 恐竜《きょうりゅう》の絶滅《ぜつめつ》（K-Pg境界《きょうかい》、新生代《しんせいだい》の始《はじ》まり）

残《のこ》り10秒《びょう》 ピラミッドの建設《けんせつ》

残《のこ》り1秒《びょう》 ガリレオが望遠鏡《ぼうえんきょう》を使《つか》う

残《のこ》り0.1秒《びょう》 人類《じんるい》が月《つき》に着陸《ちゃくりく》

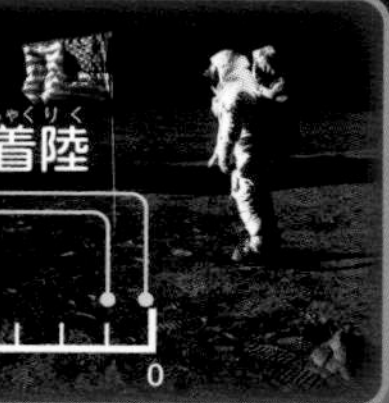

30 20 10 0

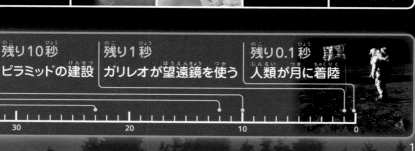

138億《おく》年《ねん》を1年《ねん》にたとえてみたら……？

宇《う》宙《ちゅう》カレンダー

1年間《ねんかん》に起《お》こったできごと

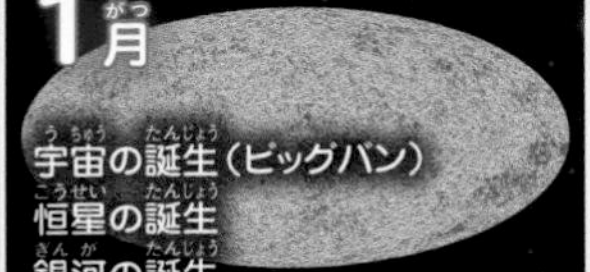

1月《がつ》 宇宙《うちゅう》の誕生《たんじょう》（ビッグバン） 恒星《こうせい》の誕生《たんじょう》 銀河《ぎんが》の誕生《たんじょう》	2月《がつ》 宇宙《うちゅう》の大規模構造《だいきぼこうぞう》が つくられ始《はじ》める	3月《がつ》 天《あま》の川《かわ》銀河《ぎんが》の誕生《たんじょう》
7月《がつ》	8月《がつ》	9月《がつ》 太陽系《たいようけい》の誕生《たんじょう》 最初《さいしょ》の生《い》きもの （原核生物《げんかくせいぶつ》）が誕生《たんじょう》

12月《がつ》に起《お》こったおもなできごと

1	2	3	4	5
11	12	13 スノーボールアース	14	15
21	22 両生類《りょうせいるい》の誕生《たんじょう》	23	24	25 超大陸《ちょうたいりく》パンゲア の形成《けいせい》 恐竜時代《きょうりゅうじだい》の始《はじ》ま
31 人類《じんるい》の祖先《そせん》が 誕生《たんじょう》 ホモ・サピエンス の登場《とうじょう》				

12月《がつ》31日《にち》23時《じ》59分《ふん》
「最後《さいご》の1分《ぷん》」のできごと

残《のこ》り23秒《びょう》　農耕《のうこう》の始《はじ》まり

残《のこ》り12秒《びょう》
文字《もじ》の誕生

60　50　40

カウントダウンスタート！

おわりに

宇宙《うちゅう》にはじつにたくさんの種類《しゅるい》の天体《てんたい》があり、それぞれに魅力《みりょく》と謎《なぞ》がたくさんあります。この本《ほん》では、宇宙《うちゅう》の誕生《たんじょう》やブラックホールなど話題性《わだいせい》の高《たか》いテーマ、宇宙生命《うちゅうせいめい》の探求《たんきゅう》や宇宙《うちゅう》を満《み》たすダークマターやダークエネルギーなど、最新《さいしん》の研究《けんきゅう》が挑《いど》むテーマをたくさん紹介《しょうかい》してきました。

いっぽうで、わたしたちが住《す》む太陽系《たいようけい》のなかにも、謎《なぞ》はたくさん隠《かく》されています。地球《ちきゅう》に水《みず》をもたらしたのはどんな天体《てんたい》か。表面《ひょうめん》が氷《こおり》で覆《おお》われた衛星《えいせい》の地下《ちか》には水《みず》があり生命《せいめい》が住《す》んでいるのか。また、太陽系第《たいようけいだい》9惑星《わくせい》は存在《そんざい》するのか否《いな》か。そして、月《つき》は人類《じんるい》にとってどのような存在《そんざい》なのか。身近《みぢか》なようで遠《とお》くにあるのが太陽系《たいようけい》の天体《てんたい》たちです。

わたしたち人類《じんるい》は、宇宙《うちゅう》からどんなことを学《まな》ぶのでしょう？　どうしてわたしたちは宇宙《うちゅう》について理解《りかい》したいと考《かんが》えるのでしょう？　それは、わたしたちがどうして宇宙《うちゅう》に存在《そんざい》するのか、その答《こた》えへの一里塚《いちりづか》であるからかもしれません。その答《こた》えに近《ちか》づいていくのは、あなたです。

山岡均《やまおかひとし》

主要参考文献（刊行年順）

クリストファー・ウォーカー編、山本啓二・川和田晶子訳
『望遠鏡以前の天文学ー古代からケプラーまで』（恒星社厚生閣、2008年）

高橋典嗣『138億年の宇宙絶景図鑑』（KKベストセラーズ、2015年）

縣秀彦監修『ハッブル宇宙望遠鏡がとらえた宇宙の絶景』（洋泉社、2015年）

池内了監修『小学館の図鑑 NEO 新版 宇宙』（小学館、2018年）

磯崎行雄ほか『地学 改訂版』（啓林館、2019年）

渡部潤一、出雲晶子監修・指導・執筆
『小学館の図鑑 NEO 新版 星と星座』（小学館、2020年）

高橋典嗣監修『はやぶさ2全軌跡と宇宙の最前線』（昭文社、2021年）

高水裕一『面白くて眠れなくなる宇宙』（PHP研究所、2022年）

中村尚ほか『高等学校 地学基礎』（数研出版、2022年）

主要参考ウェブページ（五十音順／アルファベット順）

宇宙航空研究開発機構（JAXA）	https://www.jaxa.jp
国立科学博物館	https://www.kahaku.go.jp
国立天文台	https://www.nao.ac.jp
スーパーカミオカンデ	https://www-sk.icrr.u-tokyo.ac.jp/sk
すばる望遠鏡	https://www.subarutelescope.org/jp
理科年表オフィシャルサイト	https://official.rikanenpyo.jp

ESA	https://www.esa.int
ESAWEBB	https://esawebb.org
ESO	https://www.eso.org
GREEN BANK OBSERVATORY	https://greenbankobservatory.org
HUBBLESITE	https://hubblesite.org
JAMES WEBB SPACE TELESCOPE	https://www.jwst.nasa.gov
NASA	https://www.nasa.gov
NOAA	https://www.noaa.gov

索引《さくいん》

太字の数字は「見出し」になっているページ数を示しています。

監修：山岡《やまおか》 均《ひとし》

1965年愛媛県生まれ。国立天文台天文情報センター長・広報室長・准教授。東京大学理学部天文学科卒、同大学院理学系研究科天文学専攻で学び、博士（理学）。九州大学大学院理学研究院助教などを経て現職。専門は天体物理学、とくに、星の一生の最期を飾る超新星爆発の理論的観測的研究。天文学の教育や普及にも尽力しており、国際天文学連合天文アウトリーチ日本窓口、日本天文学会天文教育担当理事などを歴任。著書に『大宇宙101の謎』（河出書房新社）、『君も新しい星を見つけてみないか』（実業之日本社）など多数。

編集協力：田口学、鈴木菜央（株式会社アッシュ）
執筆：村沢譲、田口学
本文デザイン：奥主詩乃（株式会社アッシュ）
イラスト：矢戸優人、藤井龍二
写真：国立天文台、JAXA、NASA、ESA、ESO、ALMA、東京大学、EHT、気象庁、大林組、NOAA、LIGO、The Open University、ルーブル美術館、David Rumsey Map Collection、J. Willard Marriott Digital Library、Science Museum Group、NRAO、University of Hertfordshire、SETI Institute、NRAO、NOIRLab、AAO、TNG Collaboration、石山智明、アフロ、PIXTA、村上裕也
編集担当：横山美穂（ナツメ出版企画株式会社）

本書に関するお問い合わせは、書名・発行日・該当ページを明記の上、
下記のいずれかの方法にてお送りください。電話でのお問い合わせはお受けしておりません。
・ナツメ社 webサイトの問い合わせフォーム
https://www.natsume.co.jp/contact
・FAX（03-3291-1305）
・郵送（下記、ナツメ出版企画株式会社宛て）
なお、回答までに日にちをいただく場合があります。
正誤のお問い合わせ以外の書籍内容に関する解説・個別の相談は
行っておりません。あらかじめご了承ください。

ナツメ社Webサイト
https://www.natsume.co.jp
書籍の最新情報（正誤情報を含む）は
ナツメ社Webサイトをご覧ください。

宇《う》宙《ちゅう》には138億年《おくねん》のふしぎがいっぱい！月《つき》と銀《ぎん》河《が》と星《ほし》のロマン

2024年1月5日　初版発行

監修者　山岡 均《やまおかひとし》
発行者　田村正隆

Yamaoka Hitoshi,2024

発行所　株式会社ナツメ社
東京都千代田区神田神保町1-52　ナツメ社ビル1F（〒101 - 0051）
電話 03 - 3291 - 1257（代表）　FAX 03 - 3291 - 5761
振替 00130 - 1 - 58661
制　作　ナツメ出版企画株式会社
東京都千代田区神田神保町1-52　ナツメ社ビル3F（〒101 - 0051）
電話 03 - 3295 - 3921（代表）
印刷所　ラン印刷社

ISBN978-4-8163-7472-2
Printed in Japan